少年数学实验

〔第2版〕

张景中　王鹏远

著

人民邮电出版社

北京

图书在版编目（ＣＩＰ）数据

少年数学实验 / 张景中，王鹏远著. -- 2版. -- 北
京 ： 人民邮电出版社，2022.6（2024.1重印）
　ISBN 978-7-115-58842-5

　Ⅰ．①少… Ⅱ．①张… ②王… Ⅲ．①数学－少年读
物 Ⅳ．①01-49

中国版本图书馆CIP数据核字(2022)第042604号

◆ 著　　　　张景中　　王鹏远

　责任编辑　刘　朋

　责任印制　陈　犇

◆ 人民邮电出版社出版发行　　北京市丰台区成寿寺路 11 号

　邮编　100164　　电子邮件　315@ptpress.com.cn

　网址　https://www.ptpress.com.cn

　涿州市般润文化传播有限公司印刷

◆ 开本：720×960　1/16

　印张：20.75　　　　　　　　2022 年 6 月第 2 版

　字数：350 千字　　　　　　2024 年 1 月河北第 5 次印刷

定价：79.90 元

读者服务热线：**(010)81055410**　印装质量热线：**(010)81055316**
反盗版热线：**(010)81055315**
广告经营许可证：京东市监广登字 20170147 号

　　长期以来，数学一直以强调抽象思维能力而著称，缺少必要的实验手段，这也给不少人尤其是青少年带来了学习上的困扰。有没有有效的解决方法呢？

　　本书以我国自主研发的数学教育软件网络画板为操作平台，设计了数十个由浅入深的趣味数学实验，让你可以通过自己在计算机、智能手机或者平板电脑上作图、计算、测量等，观察图形和数量关系的变化，发现数学的奥秘，体验数学的力量，理解数学原理，欣赏数学之美。全书分为两大部分，其中第 1 部分"漫游数学百花园"选取的内容与当前初中数学学习密切相关，例如平移、旋转、对称、相似……但似乎又是在讲述生活中的有趣故事。平日给人以严肃面孔的数学瞬间变得亲切生动，给人的感觉大不一样了。第 2 部分"计算机帮你解题"包括三角形、四边形、一次函数和二次函数等内容，这里的题目源于数学学习中读者关心的热点问题，但采取了不同的处理方式，能够很好地帮你拓展思路，加深对相关数学知识的理解。当然，你也可以使用网络画板免费版自主探索其他数学问题。

　　相信这本书会给你学习数学、理解数学和应用数学带来不一样的启示。让我们开始吧！

《义务教育数学课程标准（2022 年版）》指出："利用数学专用软件等教学工具开展数学实验，将抽象的数学知识直观化，促进学生对数学概念的理解和数学知识的建构。"数学实验这种学习方式不是让学生被动地接受课本上介绍的或老师叙述的现成结论，而是让他们从自己的"数学现实"出发，通过自己动手动脑，用观察、模仿、实验、猜想等手段获得经验，逐步建构并发展自己的数学认知结构。荷兰数学教育家弗赖登塔尔说："数学学习是一种活动，这种活动与游泳、骑自行车一样，不经历亲身体验，仅仅通过看书本、听讲解、观察他人的演示是学不会的。"

张景中院士和王鹏远先生编著的这本书提供了大量有价值的实验案例和素材，有利于学生在老师的指导下或独立自主地开展数学实验。这本书构建了新型数学课程体系：重视四基；提升发现、提出、分析和解决问题（实际和数学）的能力；发展数学核心素养（数学抽象、逻辑推理、数学建模、直观想象、数学运算、数据分析），促进学生全面发展。这本书甫一推出就深受好评，现在基于新的网络画板智能数学教育软件进行了改编和扩充，顺应了"双减"背景下师生对数学实验探究课程和数学科普活动的需求，是学好数学的好帮手。

王尚志

首都师范大学教授

《高中数学课程标准》研制组副组长

《高中数学课程标准》修订组组长

《义务教育数学课程标准》修订组核心成员

国家基础教育课程专家委员会委员

国家教师教育资源专家委员会委员

　　传统的数学主要依靠一个聪明的脑袋，用笔在纸上进行演算。在很长时间内，中小学生的数学学习也基于这样的思路。随着现代数学的发展，人们已经改变了对数学的认识，数学实验已经成为数学研究的重要方法，并进入中小学数学教学活动。

　　本书以我国自主研发的数学教育软件网络画板为操作平台，设计了一系列由浅入深的趣味数学实验，可以让学生自己在计算机、智能手机或者平板电脑上玩数学，揭示数学的奥秘，欣赏数学之美，让数学变得有趣，从中获得不一样的学习体验。这不仅能激发学生学习数学的兴趣，而且能让他们更好地理解数学。

北京师范大学数学科学学院教授
中国数学会数学教育分会常务副理事长
《义务教育数学课程标准》修订组组长
国家教材委员会专家委员会委员

《少年数学实验》一书是 2012 年 10 月与读者初次见面的。与以往的数学科普类读物不同的是，该书有一批与之配合的计算机课件可在网络上免费下载，这就开启了线上与线下结合的数学阅读的新模式。把数学实验贯穿其中，极大地增强了该书的可读性与趣味性。

该书一经面世就受到了广大读者的欢迎，2014 年获得第三届中国科普作家协会优秀科普作品奖（科普图书类）金奖。

时隔 9 年，该书获得再版的机会。与原版相比，我们做了一些改进：一是阅读环境的与时俱进，二是图书内容的丰富扩充。

我们应用新的互联网数学教学工具网络画板对原书进行了提升，能让读者随时随地在阅读中通过本书行文中的网址或二维码参与数学实验，使阅读更为便捷和高效。

本书第 1 部分"漫游数学百花园"增加了"影子与图形变换""有趣的反演变换""古算法中的球体积公式"三章，帮助读者开阔视野，用高等几何的观点居高临下地理解初等几何中的图形变换。第 2 部分"计算机帮你解题"增加了一章"关注数学的新题型"，我们收集了近年来中考中的一些新题型，着重尝试借助计算机解读、构建这类题型的解题思路，相信这是广大教师和学生关心的话题。另外，对第 1 版的编排顺序和文字也做了少许调整。

本书的再版工作得到了成都景中教育软件有限公司和多位老师的大力支持。公司经理尧刚组织了本书的改版工作，文庆在新课件的创作、原课件的美化和文本校对方面做了大量工作；华中师范大学的徐章韬教授提供了第 13 章的内容；陕西汉中 405 中学的樊广顺老师对本书第 1 版中的超级画板课件进行了改造，全部更新为网络画板课件，并重新做了文字说明；贵州仁怀二中的王俊老师承担了四道典型中考试题的改编工作，并且制作了新增的"有趣的反演变换"一章的相关课件。在此，我们对上述人士表示衷心的感谢。

我们欣喜地看到数学实验的理念已被越来越多的数学教师接受并渗透到平日的教学中。近年来数学实验已经在全国更大范围的学校里展开，并于 2021 年在华东师范大学召开的国际数学教育大会上被介绍给国外的同行。

2020 年，全国近 200 所学校的教师参与了教育部教师工作司委托的专项课题"中小学数学教师信息化教学能力显著提升的研究与实践"（课题编号：JSSKT2020012）。部分教师在进行互联网＋数学实验课程设计时参考了本书的内容，撰写了一些优秀的教学案例和论文，并向我们提供了一些意见和建议。这对本书的修改和再版提供了很好的参考意见。在此向他们表示感谢。

我们希望数学教育技术能为今后的数学课程改革注入更强劲的活力，也希望本书能为学校开展课后服务提供一些指导，对学生减负增效发挥一定的作用，让更多的学生喜欢数学，学好数学。

张景中　王鹏远

2021 年 9 月 1 日

《少年数学实验》是一本帮助广大初中学生学习数学的新鲜有趣的读物。它不仅可供读者阅读，还可供读者利用计算机软件通过动手实验去发现数学，深刻理解数学，感受数学的美，接受数学思想的熏陶。

理想的数学学习本来应该是充满乐趣、生动活泼和富有个性的数学活动过程。除了接受式学习外，亲自动手实践和自主探究同样是学习数学的重要方式。观察、实验、猜想是发现数学的重要手段，而计算、推理、验证和证明则可以判断、巩固和发展数学发现的成果。以上这些构成了丰富多彩的数学活动。

对于数学实验，其实大家并不陌生，例如通过剪纸和拼图发现三角形内角和定理和勾股定理，通过画图和测量发现三角形中线交点的性质……近年来，由于信息技术的迅速发展和计算机的普及，数学实验从内容到形式焕然一新，有了质的飞跃，对数学教学和研究产生了深刻的影响。计算机在数学教育中的应用得到了越来越广泛的认可。国内外不少高等学校开设的数学实验课受到了学生的普遍欢迎，国内供高等学校相关专业使用的数学实验教材已有多种出版。

近年来，在国内的中小学开展数学实验活动的想法和做法引起了多方面的兴趣。有的中小学教育软件被命名为"数学实验室"，有的中学数学教材设置了《数学实验》栏目，有些学校还建立了实实在在的数学实验室。教育部发布的《全日制义务教育数学课程标准（修改稿）》两次提到数学实验室，同时指出有条件的学校可以建立数学实验室供学生使用，以拓宽他们的学习领域，培养他们的实践能力，发展他们的个性品质，发扬他们的创新精神，促进不同的学生在数学学习上得到不同的发展。

我们编写本书的目的就是为中学的数学实验活动提供资源，让信息技术的进步更多地惠及广大学生，使他们的数学活动变得更加丰富有趣，让抽象的数学知识变得更加容易理解，同时使得学生有更多自己"做"数学、探究数学的机会。我们相信本书能达到上述目的，有助于丰富和改进学生的数学学习。

全书分两大部分：第1部分为"漫游数学百花园"，第2部分为"电脑解题空间"。第1部分包括10章，你浏览一下目录就会发现书中选择的材料与当前初中数学学习的内容密切相关（例如平移、旋转、对称、相似等），但似乎又是在讲述生活中的有趣故事，平日里给人以严肃面孔的数学瞬间变得亲切生动了。当你真正深入阅读时，将会有一种在数学百花园中漫步的感觉，体会如何用一双数学的慧眼观察世界，如何从数学的角度发现和提出问题，如何毫无拘束地直观猜想，继而进行实验验证和计算推理。这当中动手实验是最引人入胜的，比如在计算机上观察小鸡吃米、小鸟排成一排飞翔、正方形车轮转动，还可以在计算机上打台球，亲手制作一群雪人，制作变速齿轮和动态的方孔钻头……这些还是我们在课堂上学过的那些内容，但现在我们的感觉大不一样了。第2部分包括4章，涉及三角形、四边形、一次函数和二次函数。这里的题目源于数学竞赛和中考的压轴题，都是学生关心的热点问题，但处理方式有别于一般的复习资料和题解丛书。本书的特点是通过利用计算机开展的数学实验和动态演示启迪解题思路，进而构建多种思路并对题目加以引申拓广。

阅读本书有以下三种不同的方法。

第一种，在看书的同时或前后，在计算机或手机上打开相应的课件，从图形的运动和变化中发现规律，寻求解决问题的思路。

第二种，结合书中介绍的数学问题和操作说明，力争自己动手在计算机或手机上作图计算，制作相应的动态文档。

第三种，仅仅看书中的内容和插图，而不用计算机和手机。

对于书中的多数内容，我们建议有条件的读者采用第一种方法，打开计算机或手机看一看，动动手，做做实验。动态的画面比静态的插图包含了更多的信息，可为你提供更多的启迪。做实验好像要花些时间，但能够促进你的数学思维能力的发展，使你更快地发现问题的实质，更容易找到解决问题的途径，甚至发现新的现象和问题，触发创造的灵感。所谓磨刀不误砍柴工，总的来说，做实验能够提高学习数学的效率，使你更早地不通过实验就能达到对某些数学问题和数学知识的深刻理解和融会贯通。

如果你希望学一些计算机操作知识和技能，或希望自己能够通过在计算机上做实验探索更多的数学问题或其他科学问题，那么就采用第二种方法，自己动手在计算机上作图计算，而不必完全依赖现成的课件。授人以鱼不如授人以渔，给你现成的课件不如教你自己做课件。

如果你暂时没有条件使用计算机和手机，或者对书中的某个问题已经十分清楚，或者看看插图就清楚了，就不必打开计算机或手机做实验。实验是为了不实验。数学讲究理性，讲究抽象，讲究把动态的过程归结为静态的逻辑，讲究把生动的图像浓缩为简短的符号。如果你对一个问题的数学理解比较透彻，就能从符号里看出图像，由静态的插图想象出动态的过程，在自己的头脑中完成数学实验，也就是能够做思想实验。这时就不需要对这个问题再做物质的实验了。幼儿园的阿姨用篮子里的苹果教小朋友认识1、2、3，这是数学实验；小朋友长大了，研究数学问题时不再需要数苹果了，这就是通过实验达到了不必做实验的境界。大数学家陈省身说他研究数学时从来不用计算机，这是因为他已经达到了不必做实验的境界，他所关心的数学问题在他的头脑中已经很具体、鲜明和生动了。

本书使用的数学软件是我国自主开发的超级画板。超级画板很容易上手，其操作方式与数学思想密切相关。学习使用超级画板的过程也是提高数学思考水平的过程。

书中有些章节提出了供你进一步思考的问题，欢迎你在独立思考的基础上写出相关的小论文，请你的老师审阅后推荐给我们。我们将择优在本书再版时发表，并颁发奖品以资鼓励。

本书可供中学生自学或在教师、家长的指导下学习，也可以作为中学数学教师和信息技术课教师的教学参考资料，还可以作为数学实验校本课程的教材蓝本。

如果你是一位数学教师，那么学会使用超级画板就可以节省你在教学活动中的时间和精力，让计算机代替你做一些重复性的、机械性的劳动，从而让自己多做一些创造性的教书育人工作。恰当地使用超级画板，能够帮你创新教学思路，改进教学方法，讲起课来更加生动，更能激发学生的兴趣和思考的欲望。

书中有许多操作说明，其中特别说明了超级画板免费版本的操作方法。这些操作说明穿插在各章之中，本书的附录中也有索引备查。

为中学生编写数学实验方面的书是一次新的尝试。书中难免存在错误和不当之处，欢迎批评指正。

张景中　　王鹏远

本书提供与《少年数学实验（第 2 版）》各章节一一对应的网络画板同名资源，同时书中所有示例均配有网络画板课件的二维码和网址链接（或唯一编号）。你可以通过手机或平板电脑扫描二维码查看课件，或利用计算机进入网络画板网站（www.netpad.net.cn），单击图 0-1 中的"教学资源"按钮或"资源"菜单，进入"资源中心"，按课件编号搜索查看每一个示例，如图 0-2 所示。打开"共享"课件后，不仅能欣赏动画，还能自己编辑共享的课件。如图 0-3 所示，单击演示页面上方的"编辑"按钮，或单击底部演示工具中的"更多"按钮，再单击"编辑本页"按钮，就能打开书中课件的编辑页面。

图 0-1　进入"资源中心"欣赏课件

图 0-2　按编号搜索课件

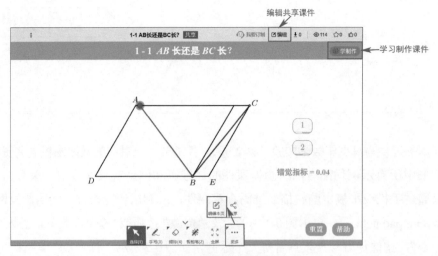

图 0-3　编辑共享的课件

单击图 0-1 中的"开始作图"按钮，就可以自己制作课件了，如图 0-4 所示。部分课件右上角有一个"学制作"按钮，如图 0-3 所示。单击此按钮，可以打开介绍当前课件制作过程的视频。这些视频是另外收费的，有需求的读者可以自主选择观看视频。如有问题，请通过售后客服微信号 scicpadu 联系我们。

图 0-4　网络画板作图界面

左侧的大窗口是展示课件和供我们写字画图的地方，叫作作图区。作图区的右上方有一个较小的窗口，窗口的左上角有"对象"两字。这个窗口叫作对象列表。对象列表里已经有一行字了，如图 0-5 所示。

　　单击带数字的小圆圈，圆圈的颜色就会变深，作图区里的坐标系也会出现。再单击这个小圆圈，颜色又会变浅，坐标系消失。

　　再单击"对象组"，">"立刻变成了"∨"，文件夹展开，如图 0-6 所示。

图 0-5　图形对象工作区的一部分　　　　图 0-6　展开文件夹

　　每行前面都有一个小圆圈。单击第一行中的小圆圈，5 个小圆圈的颜色就都会变深。当然，如我们所料，作图区的坐标系也会出现。再单击第一行中的小圆圈，刚才显示的东西又会被隐藏起来。分别单击下面的几个小圆圈，就会知道它们都有什么作用。

　　注意到这几行前面有数字 0 ~ 3，就会明白"对象组"前数字 4 的来历。原来坐标系是一个对象组，它由 0 号对象、1 号对象、2 号对象和 3 号对象组成，所以这个对象的编号就为 4。按顺序排下来，新创建的对象就是 5 号对象了。这样把对象编号编组，可为今后的操作带来不少方便。

　　单击"对象组"，"∨"变回">"，刚才显示的5行变成一行。在作图区中写字画图时，网络画板会自动地对你创建的新对象进行编号，并将其记录到对象列表中。

　　为了更好地服务读者，本书编者与网络画板服务团队设立了 QQ 交流群，你可以通过搜索群号 583853222 或扫描下面的二维码加入 QQ 交流群。你可以在 QQ 交流群里直接向编者咨询相关问题，欢迎加入。

群名称：《少年数学实验》交流群
群　号：583853222

目 录

第 1 部分　漫游数学百花园

第1章 跟你的眼睛开个小玩笑

世界是客观存在的。公园里的小桥流水、亭台水榭、花草树木，这一切都是客观存在的。小桥亭台的形状和大小不会因为是你看还是我看而有所变化，但公园的美景只能经过我们的感知而被欣赏。我们通过感官才能得到外部世界的信息，而视觉是人们认识外部世界最重要的途径。

现在的问题是，我们的眼睛总可靠吗？它提供的外部世界的视觉信息总是准确的吗？让我们先进行一个小测试。

【实验 1-1】 在图 1-1 中，*AB* 和 *BC* 中的哪条线段长？

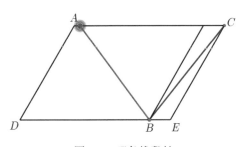

图 1-1 哪条线段长

你的第一反应可能和我一样，感到线段 *AB* 比 *BC* 长。

如何检验自己的感觉是否正确呢？你会想到各种方法，例如用刻度尺量一下，结果发现线段 *AB* 比 *BC* 还短一点！因为这两条线段相差无几，也许刚才的测量不够精确？有没有其他更可靠的检验方法呢？除了刻度尺，文具盒里还有圆规。以点 *B* 为圆心过点 *A* 作个圆看看，结果如图 1-2 所示，点 *C* 在圆外。看来线段 *AB* 确实比 *BC* 还短。这个测试跟我们的眼睛开了个小玩笑！

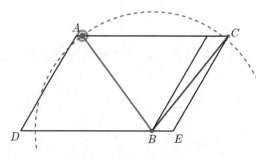

图 1-2　点 C 在圆外

英国著名的生物学家、进化论的奠基人达尔文有一句幽默的名言："大自然是一有机会就要说谎的。"所以，我们要正确地认识世界，不能只凭直观的感觉，有时还需要设计实验。用尺测量线段的长度就是在进行实验，以点 B 为圆心过点 A 作个圆也是实验，用实验可以纠正直观可能产生的错觉。

你可能感到纳闷，为什么在图 1-1 中一眼看上去会觉得线段 AB 比 BC 长呢？其实这是"障眼法"，图中的那个平行四边形干扰了我们对两条线段的观察。把它隐藏掉就能看出庐山真面目了。

通过网址 https://www.netpad.net.cn/svg.html#posts/362454 或者下面的二维码，打开课件"1-1 是线段 AB 长还是 BC 长"。单击课件界面上的按钮 1，我们发现平行四边形消失了，此时就能看出线段 AB 比 BC 短，如图 1-3 所示。再单击同一个按钮，我们发现平行四边形又出现了，还是觉得线段 AB 比 BC 长！两次观察都是我们用自己的眼睛进行的，凭什么说平行四边形消失以后看到的是真相？用鼠标单击课件界面上的"2"按钮，我们发现圆出现了（见图 1-2），这说明线段 AB 确实比 BC 短。

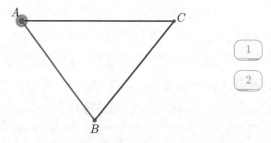

图 1-3　这样看出线段 AB 比 BC 短

　　根据这个题目，你可以设计一个小魔术，考考你的同伴。更有意义的是，我们可以进一步探索，做点科学研究。

　　在图 1-1 中，实际上线段 AB 比 BC 短，但我们感觉线段 AB 比 BC 长，这叫错觉。我们的眼睛毕竟是有用的，设计实验纠正错觉还是靠眼睛来看，而且错觉是有限度的。如果 AB 比 BC 短得多，你可能就不会感觉线段 AB 比 BC 长了。

　　我们可以在课件上做更多的操作。

【操作说明1-1】 如何"选择"对象以及为何选择对象？

　　作图区左上方画有箭头的按钮叫作"选择"按钮，如果该按钮上出现了一个外框，则表明选择功能已被激活。若选择功能没有被激活，则单击"选择"按钮，即可激活它，网络画板进入选择状态。在选择状态下，鼠标的指针是一个箭头。

　　这时把鼠标指针指向线段、点或作图区中的其他对象，它们都会变成手形。单击某一对象时，它会变色呈高亮显示状态。鼠标指针离开它，在空白区域内单击，它的颜色又会复原。

　　将鼠标指针指向点或线段并单击，这个对象就被选中了。被选中的对象会在对象列表中高亮显示，同时对象列表下方的属性表单中的内容也会变为被选中的对象。这时把鼠标指针移开，被选中的对象仍然保持选中状态，高亮状态不会恢复。

　　选中了某一对象以后，就可以对它进行各种操作。

　　① 删除。按一下 Delete 键，或单击"删除"按钮（垃圾筒图案），该对象就不见了。

　　② 改变线的粗细或点的大小。单击上方的加号按钮时，选中的线会变粗；单击减号按钮时，选中的线会变细。如果选中的对象是点，则单击加号按钮时它会变大，单击减号按钮时它会变小。

　　此外，还可以对选中的对象进行测量，改变其属性，以所选中的对象为基础来作图，等等。可见，"选择"操作是多么重要。

　　如果要选择多个对象，则可以连续单击多个对象，或按住鼠标左键进行框选。要解除对对象的选择时，在作图区的空白处单击即可。

　　两个图像比较接近时，可以在对象列表中单击对象所在的行进行选择。

在课件中选中点 A 并按住鼠标左键进行拖动，点 A 就会向左或向右移动。让它一点一点地向右移动，线段 AB 就会越来越短了。本来你感到线段 AB 比 BC 长，但当点 A 向右移动到一定程度时，你会感到线段 AB 和 BC 的长度相等。当点 A 向右移动时，你就会感到线段 AB 比 BC 短了。

这就达到了眼睛错觉的限度。

为了度量眼睛错觉的限度，用鼠标在右边的"对象"栏里单击 27 号对象前面的小圆圈，图上会显示"错觉指标"的度量结果，如图 1-4 所示。点 A 向右移动时，"错觉指标"就增大。我们感到线段 AB 和 BC 的长度相等时，记下"错觉指标"的值，这就是这一次眼睛错觉的限度。

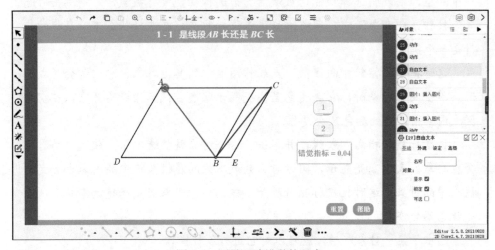

图 1-4　测量眼睛错觉的限度

我们在写作本书时测得自己的眼睛错觉限度为 0.10。我相信你的眼睛比我们的敏锐，错觉限度也许小于 0.05 吧。

用这个课件，你可以测试自己的眼睛在不同时间的错觉限度有没有差别，也可以测试同伴或爸爸妈妈的眼睛错觉限度并进行比较，还可以拖动图中的点 C 改变平行四边形的形状，测试一下平行四边形的形状对眼睛错觉的限度有没有影响。

你还可以想一想，能否用别的指标来度量眼睛错觉的限度？

下面再给你提供一些欺骗眼睛的"魔术"素材。

【实验 1-2】　图 1-5 中有一些"斜线"，它们平行吗？

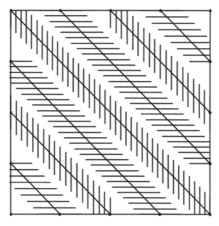

图 1-5　它们平行吗

先正对着此图观察，然后把书转过一定角度斜着观察，将有完全不一样的感觉。正对着看时，我们发现这些"斜线"不平行，而用后一种方式观察时，我们发现这些"斜线"又是平行的。其实这是图中的那些"水平"和"竖直"的线段在捣乱。你可以先在一张白纸上画出那个正方形和 7 条倾斜的平行线，再在透明的纸上画出那些"水平"和"竖直"的线段。将两张纸重叠在一起时，就会看到上面的图 1-5，而拿走上面的透明纸后就露出下面那幅图的真面目了！

通 过 网 址 https://www.netpad.net.cn/svg.html#posts/362455 或右侧的二维码，打开课件"1-2 是不是平行线"，然后就可以在计算机或手机上变这个"魔术"了。可以按照说明单击"1"按钮，把那些"水平"和"竖直"的线段隐藏起来；再单击一下"1"按钮，图 1-5 中的"水平"和"竖直"的线段就又出现了。

你还可以按页面上的说明调整这些点的位置，使几条斜线看起来平行，再把"水平"和"竖直"的线段隐藏起来，看看这几条斜线是不是真的平行。还可以单击"2"按钮，查看几个点的位置数据。真正平行时的标准数据为 0.25、0.5 和 0.75，据此判断那几条斜线偏离平行位置的程度，反思一下眼睛受骗的程度。

【实验 1-3】　在图 1-6 中，一眼看去似乎这个四边形的 4 条边都向内弯曲。其实，拿一把直尺贴着这个四边形的边，就可以看到这个图形的本来面目了。我们发现这个四方形的 4 条边都是线段。

通过网址 https://www.netpad.net.cn/svg.html#posts/362456 或者下页的二维码，

打开课件"1-3 同心圆形成的错觉"。在该课件的界面中，单击"同心圆"按钮，可使同心圆消失，此时便能看出那个四边形是正方形。再单击该按钮，同心圆会重新出现。

选择四边形的一条边的中点，按上、下箭头键调整此点的位置，使四边形看起来像正方形，然后隐藏同心圆，看看结果如何。

单击"描述数据"按钮，屏幕上会出现一个数据，再次单击时该数据又会隐去。在调整四边形的形状时，该数据会变化。做做想想，这个数据的意义何在？数据 0.000 表示什么？

【实验 1-4】　类似的情形还有图 1-7。在一组射线上方有一个多边形，你会感觉这个四边形似乎是一个梯形，上面的边比下面的边要短些，另外两条边向"外"倾斜。测量一下，看看上下两条边谁长谁短。

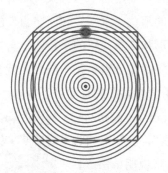

图 1-6　它是正方形吗

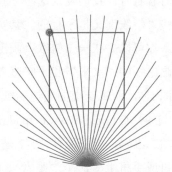

图 1-7　放射线引起的错觉

我们不再详细介绍这个例子了，请通过网址 https://www.netpad.net.cn/svg. html#posts/362457 或右侧的二维码打开课件"1-4 放射线引起的错觉"，然后按照说明自己操作和设计实验。

上面几个例子中的静态图片在不少书刊上出现过。在计算机或手机上，它们被动态化了，给了我们更大的实验、观察和思考的空间。

第 2 章 从小河上漂浮的树叶谈平移

在我们周围的世界中，运动和变化是普遍现象。

一条非常平静的小河上漂浮着一片树叶。5 秒钟后，树叶的形状和大小都与原来一模一样，但随着河水静静地流淌，它已经不在原来的位置了。如果水面足够平静，树叶毫无颠簸摇摆，以至于叶尖、叶柄甚至叶子上的每个细胞所发生的位移都完全相同，我们就说这片树叶做了一个平移。

在日常生活中，平移随处可见。乘坐公交车在笔直的马路上行驶时，你与公交车一起平移；乘坐电梯时，你和电梯一起平移；挎着背包踏上地铁站的自动扶梯时，你、背包与自动扶梯一起平移……

图形变换的形式是复杂多样的，你从电视广告文字的变换中就可以体会到这一点，而平移仅仅是形式各异的图形变换中的   种。

【实验 2-1】 通过网址 https://www.netpad.net.cn/svg.html#posts/362458 或者下面的二维码，打开课件"2-1 最简单的几种图形变换"，可以看到几个图形变换的例子。如果不在计算机和手机上操作，只看图 2-1，你能够指出哪片树叶是由另一片经平移变换而得到的，哪片树叶是由另一片经旋转变换而得到的，哪片树叶是由另一片经轴对称变换而得到的吗？

图 2-1　最简单的几种图形变换

单击不同的按钮，或拖动点 A、B，你可以观察动态的平移和旋转，了解轴对称的含义。

【实验 2-2】　再复杂一些的图形变换是仿射变换。通过网址 https://www.netpad.net.cn/svg.html#posts/362459 或者右侧的二维码，打开课件"2-2 仿射变换原理"，拖动几个红点，观察小鸡样子的变化（见图 2-2），初步体验什么是仿射变换。

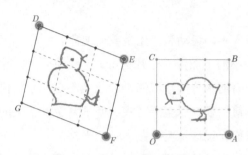

图 2-2　体验什么是仿射变换

【实验 2-3】　图形变换可能很复杂，通过网址 https://www.netpad.net.cn/svg.html#posts/362461 或者下面的二维码，打开相应的课件，可以看到一个圆变成四边形的过程，如图 2-3 所示。

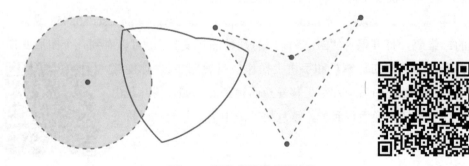

图 2-3　圆变成四边形的过程

下面来谈谈最简单的图形变换——平移。

从课本上，你可能已经学习过平移的概念。在平面内，将一个图形上的所有点都按照某个方向做相同距离的移动，这样的图形运动叫作图形的平移运动，简称平移。

怎样才能确定一个平移呢？一是移动的距离。乘坐电梯从 1 层到 18 层与从 1 层到 8 层，当然是不同的。二是平移的方向。踏上地铁站的自动扶梯移动 8 米进入地下和移动 8 米回到地面，由于方向不同，也显然是不同的运动。所以，要确定一个平移，需要两个要素，一是距离，二是方向。由距离和方向这两个要素确定的量在数学中叫作向量。在数学上，我们用一条确定了起点和终点的线段表示向量。

在上述课件"2-1 最简单的几种图形变换"中，平移是由向量 AB 确定的，你可以改变点 A 或 B 的位置，然后单击"平移"按钮，感受改变平移向量之后的不同平移效果。

现在让我们以一个任意四边形的平移为例，看看如何在计算机上实现几何图形的平移。

【操作说明 2–1】　用智能画笔作点、线段、圆和任意多边形。

输入网址 www.netpad.net.cn 进入网络画板，单击"开始作图"按钮，打开作图工具。画布中间是空白的作图区，全局坐标系默认被隐藏起来。

屏幕的左方有一竖排带图标的按钮，其中从下往上数第三个按钮的图标是一支笔。当鼠标的指针停留在这个图标上时，附近就会出现"智能画笔"四个字，如图 2-4 所示。

图 2-4　"智能画笔"按钮

单击这个"智能画笔"按钮，网络画板进入智能作图状态。

将鼠标指针移到作图区中时，它的形状会改变，从一只手变成了一支彩色的笔。

单击一下，就能画出一个没有命名的点，然后单击鼠标右键，结束智能作图状态，否则移动智能画笔后再单击鼠标左键或按住鼠标左键拖动，再松开

时，就会画出一条线段。怎样给点命名呢？单击"智能画笔"按钮上方的"文本|命名"按钮时，鼠标指针将变成一支灰色的笔，将其移到刚才画的点上并单击，网络画板自动将该点命名为 A，其他的点按顺序命名为 B、C……也可以在属性面板中勾选"新点自动命名"选项，这样新画的点就会被自动加上标签。

双击鼠标左键，移动智能画笔后再次单击鼠标左键，或双击鼠标左键并拖动智能画笔，松开后就能作出圆。

如果从点 A 处开始移动，就能作出线段 AB，接着作线段 BC、CD 等，最后回到点 A，从而得到一条封闭的折线。

这样作出的点都是自由点。用鼠标选择一个或多个自由点，按下左键移动鼠标时可以拖动它们。（关于"选择"的操作方法见操作说明 1-1。）

使用智能画笔作图，有时屏幕上会出现文字提示（如"平行""垂直""相交""相切""相等""中点""垂足""平行相交""垂直相交""平行且相等"等），与提示有关的一个或两个几何对象会变色。再次单击或松开鼠标左键后，就会作出具有所提示的性质的线段。例如，提示"相等"时会作出与当时变色的线段等长的线段，提示"垂直相交"时会作出与当时变色的一条线段垂直且与另一个变色的对象相交的线段。

有时也会出现"中点""垂足""相交"等提示，此时单击鼠标左键，就能作出所提示的点。

建议你随便作一些几何图形，感受一下智能作图的乐趣。

作图暂时结束后，单击左上方的"选择"按钮或在作图区中单击鼠标右键，退出智能作图状态。

注意，这样作出的封闭折线不包含内部区域，不能为其内部填充颜色。

作能填充颜色的多边形时，可以依次选择各个顶点，然后在下方的菜单中选择"多边形"命令。（注意，使用屏幕左侧的工具栏时，需要先选择工具，再绘制图形。使用屏幕下方的菜单命令时，需要先选择图形元素，再使用相应的菜单命令作出新图形。以作多边形为例，先选择屏幕左侧的"多边形"工具，再依次绘制或选择各个顶点；或者先依次选择各个顶点，再使用屏幕下方的"多边形"命令。）若要填充颜色，则可在多边形内单击选中它，再在右下方的属性面板中打开颜色表，选择你需要的颜色。

但是，如何平移画出来的图形呢？

——【操作说明 2-2】　几何对象的平移变换。——

选择两点或一条线段后，在上边的"标记"菜单中选择"标记向量"命令（注意，如果你选定两点作为平移对象，则"标记"菜单中出现的是"向量：点 []]"命令；如果你选择线段作为平移对象，则"标记"菜单中出现"向量：线段 []"命令。"[]"中显示的是对象的序号），再选择一个或多个要平移的对象，单击屏幕下方的菜单中的"平移"命令即可。当然，你也可以先选择要平移的对象，再单击屏幕下方的菜单中的"平移"命令，在弹出的对话框中选择平移类型，用鼠标拾取要标记的对象，然后单击"确定"按钮即可。此法更简便。

【实验 2-4】　看了上述说明，按照以下步骤进行练习，就能熟练掌握几何对象的平移变换。

①用智能画笔任意画一个五边形 *ABCDE*，如图 2-5 所示。

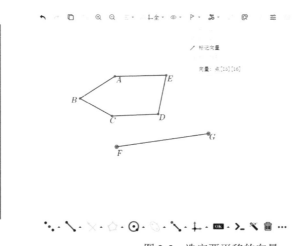

图 2-5　选定要平移的向量

②用智能画笔画线段 *FG*，选择点 *F*、*G* 标记向量。

③用鼠标选择五边形 *ABCDE* 的顶点和各边后，执行屏幕下方的菜单命令"平移"，在弹出的对话框中选择"两点向量"，单击"确定"按钮，结果如图 2-6 所示。

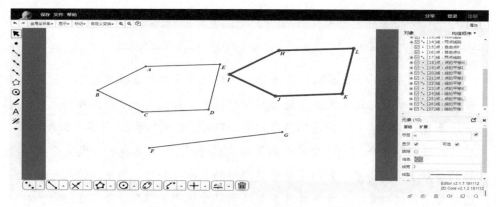

图 2-6　五边形 *ABCDE* 按向量 *FG* 平移

作出线段 *AH* 和 *BI*，观察一下四边形 *ABIH* 便会发现它是一个平行四边形！这是平移的特征。两个点连成的线段 *AB* 和平移后得到的线段 *HI* 的长度相等，且二者平行或共线。

如果你已经作出了五边形的内部区域，则可以仅仅单击五边形的内部做区域的平移，操作更简单。但平移的仅仅是五边形的内部区域，而没有顶点和线段。

拖动点 *G* 改变平移向量，可以得到不同的平移效果。

这给了我们一个启发：当平移向量的一个端点动起来时，平移后的多边形不是也就动起来了吗？下面的操作提供了让点动起来的方法。

【操作说明 2-3】 制作半自由点的动画。

在直线（含线段、射线）、圆或其他曲线上作的点都叫作半自由点。选择一个半自由点后，在屏幕下方的下拉菜单中单击"动画"命令，在弹出的对话框中进行适当的设置（关于该如何设置，多做几次就理解了。自己总结出方法来更有成就感），然后单击对话框下部的"确定"按钮，就制作出了该点的动画。单击"动画"按钮，该点会动起来。再单击该按钮，可以让该点停止运动。

不同计算机的运算速度可能不同。如果点运动得太慢或太快，则可以用右键单击（或用左键双击）"动画"按钮右侧的空白部分，在弹出的对话框中单击"编辑"按钮改变设置。运动的步数或间隔越大，点的运动速度就越慢。

按照上述说明，继续进行下面的操作。

① 进入智能作图状态，在线段 *FG* 上作点 *M*。选取 *FM* 作为平移向量，重复实验 2-4 中的步骤②、③，得到五边形 *ABCDE* 按向量 *FM* 平移后的图形。

② 用鼠标选择点 *M* 后，找到下面的"动画"按钮，在弹出的菜单的文本框中输入"M 运动动画"，然后单击"确定"按钮，如图 2-7 所示。

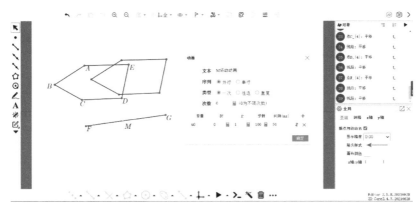

图 2-7　制作点的"动画"按钮

这时屏幕上将出现"动画"按钮。用鼠标单击该按钮的左部（主钮），可以观看图形平移的动画效果；单击该按钮的右部（副钮），图形回到原来的位置。

平移运动可以产生奇特的视觉效果，排列出有趣的图案。下面提供几个例子，供你赏玩仿制，进而创作出自己的作品。

【实验 2-5】　平移产生一群怪兽。

通过网址 https://www.netpad.net.cn/svg.html#posts/362463 或者下面的二维码，打开相应的课件，可以看见图 2-8 所示的一条曲线。

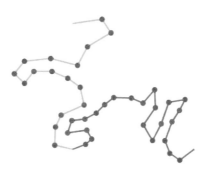

图 2-8　产生怪兽的曲线

单击"动画"按钮，这条曲线分身生出两族16条曲线，它们分别向上和向右平移，形成6头双翅四足怪兽，如图2-9所示。这时，你还可以拖动左下角的曲线上的红点，发挥自己的创意，设计怪兽的形状。

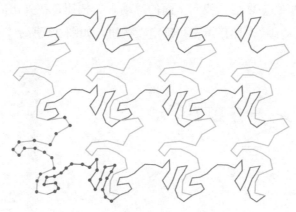

图2-9　曲线平移后产生的一群怪兽

单击"动画"按钮的右部，我们发现这些曲线平移回来了，恢复了原来的模样。

【实验2-6】　通过网址 https://www.netpad.net.cn/svg.html#posts/362464 或者下面的二维码，打开相应的课件（见图2-10），拖动图上的几个红点，欣赏图案的变化。想一想，如何制作这样的动态图案？

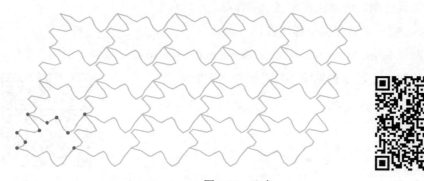

图2-10　飞鸟

先利用"绘图|标注"功能调出手写画笔，用手写画笔在左下角画一个小人，然后定义两个平移向量，从一个小人变出一排小人，又从一排小人变出三排小人，如图2-11所示。你可以通过改变平移向量变换它们的队形。如果有兴趣，

那么你还可以充分发挥自己的想象力，设计别的图案玩一玩。

图 2-11　手画小人排队

由于平移之后图形的形状和大小都不发生变化，当然其面积也不会发生变化，所以利用图形的平移还能解释一些数学问题呢！

【实验 2-7】　阿耶波多剪拼。

通过网址 https://www.netpad.net.cn/svg.html#posts/362466 或者下面的二维码，打开相应的课件。

图 2-12 是印度数学家阿耶波多（Arya-Bhata，生于公元 466 年）给出的图形，它证明了一条重要的数学定理。

看懂这两幅图了吗？用硬纸片剪出一个左面的图形，把该图中的四个三角形拼接到右面图形的适当位置，于是左面还剩下两个正方形，而右面刚好围成了一个正方形。这说明了什么呢？用字母表示这些直角三角形的边长，把你对这个图形的理解用符号表示出来。

从平移的角度看，左图中的四个三角形是按照哪个平移向量平移到右面的图形中去的？你能利用前面学会的操作在计算机上由左面的图形得到右面的图形吗？

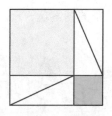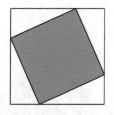

图 2-12　阿耶波多剪拼

【实验 2-8】　面积相等吗？

通过网址 https://www.netpad.net.cn/svg.html#posts/362467 或者下面的二维码，打开相应的课件，如图 2-13 所示。在该图中，左面的图形和右面的图形的面积相等吗？

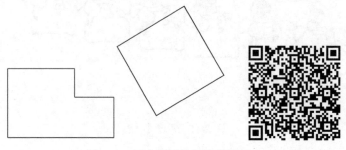

图 2-13　两个图形的面积相等吗

在课件中，单击"显示或隐藏"按钮得到图 2-14，这时你可能一下子就看清楚了。这个图形又说明了什么道理呢？

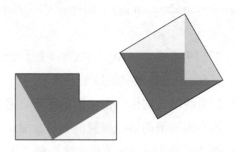

图 2-14　说明了什么

你还可以通过剪拼或作图由左面的图形得到右面的图形。上面的问题实际上是要用直线把一个给定的平面多边形剖分成几块，使它们能够拼成另外一些指定形状的图形。这就是所谓的几何剖分问题。你能把一个平行四边形通过剖分拼成一个与它的面积相等、给定长边的矩形吗？

下面是一个简单而有趣的剪拼例子。

【实验 2-9】　拼出正方形的空洞来。

通过网址 https://www.netpad.net.cn/svg.html#posts/362468 或者下面的二维码，打开相应的课件，用互相垂直的两条直线把一个正方形分为 4 块，将它们平移之后拼成一个有小正方形空洞的大正方形，如图 2-15 所示。想一想，三个正方形的面积有什么关系？这说明了什么道理？

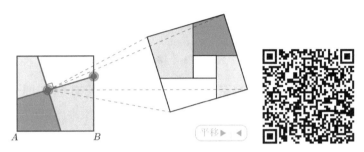

图 2-15　拼成有正方形空洞的大正方形

图 2-15 所示的剪拼方案是由左边的正方形上的两个红点确定的。拖动这两个红点，可以改变大正方形和空洞正方形的大小和位置。你能够根据 *AB* 的长度和红点的位置计算大正方形和空洞正方形的边长吗？为了保持大正方形和空洞正方形的完整性，对红点的拖动范围有什么限制吗？超出了这个范围以后，又该如何说明这三个正方形的关系呢？

关于平移，有几个问题可供你进一步实验和思考。

① 在平面上，什么图形能够在一些平移变换下不变？

② 在同一平面上画了两个三角形，怎样判断其中一个是不是由另一个经过平移变换得到的呢？（有不止一种方法！）

③ 下面的方格纸上有一个四边形（见图 2-16），怎样画出按照图中所示的两个平移向量平移后的图形？

你可以利用平行线画出平移后的图形，但既然给出了方格纸，就可以通过数格子画出四边形 *ABCD* 的 4 个顶点通过平移后的对应点。

例如，按照向量 *EF* 平移时，就需要把这些点都向右移动 4 个单位，再向下移动 1 个单位，所以这个平移可以用一对数（4，−1）来表示。这一对数是由向量 *EF* 确定的。而按照向量 *FG* 平移时，就可以用（2，2）表示。

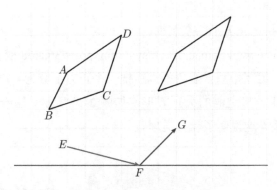

图 2-16　画出平移后的图形

　　如果把方格纸换成直角坐标系，图形上的每一个点就都可以用一对数（m，n）（也就是这个点的坐标）表示。这样一来，如果知道了原来图形的坐标和确定平移的向量，就能计算出平移后图形上各点的坐标，也就确定了平移后图形的位置。当然，通过人工一个个地计算和画出这些点比较费事，计算机干起这些事来却是轻而易举，是一瞬间的事。当计算机接到第一个命令"平移"时，它就弹出一个对话框。我们设置好该对话框后单击"确定"按钮，计算机就能在瞬间完成全部计算并根据计算结果画出平移后图形的对应点，也就得到了平移后的图形。这就是利用计算机实现平移的简单道理。（通过网址 https://www.netpad.net.cn/svg.html#posts/362472 或者右侧的二维码，观看相应的课件。）

　　④ 怎么利用平移知识画出图 2-17 所示的图形？第一个是一个柱体的直观图，第二个是一个具有立体效果的美术字（可以在纸上画，也可以在网络画板中作图）。

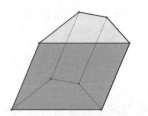

图 2-17　利用平移知识画出这些图形

你在电视节目里看过斯诺克台球比赛吗？现在让我们在计算机或手机上打打台球，过一把台球瘾！

【实验 3-1】 通过网址 https://www.netpad.net.cn/svg.html#posts/362474 或者下面的二维码，打开课件"3-1 台球"，如图 3-1 所示。这是一个台球模拟游戏。

图 3-1　台球模拟游戏

单击"击球"按钮，球杆前面的那个红球将被击出，你能猜到它将落到 6 个洞里的哪一个中吗？

单击"重新开始"按钮，红球将回到原处，你可以打第二杆。这时，你可以拖动球杆，调整击球的方向和力度。球杆向后移动表示击球力度大。如果想让红球撞到台侧反弹后落入左下方的洞内，那么该如何确定方向呢？

为了实现这样的效果，应该选择怎样的击球路线？

如图 3-2 所示，假设在球台的边缘放置一面大镜子 AB，只要瞄准镜子中的球洞打，真实的球和它的映像就会同时分别进入真实的球洞和镜中的球洞。这是因为球在台侧的反弹和光线在镜面上的反射遵循同样的规律，即反射角等于入射角。

通常说，球洞和它在镜子中的映像关于镜面对称。

在平面上类似于镜面对称的现象称为轴对称。

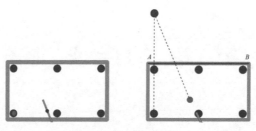

图 3-2   如何确定方向

其实，在生活中你肯定不止一次看到过轴对称图形了，例如图 3-3 中的蝴蝶、蜜蜂、海星、吊灯、项链、双喜字等，凭常识我们就知道它们是轴对称图形。

图 3-3   常见的轴对称图形

我们可以这样直观地理解轴对称图形：如果一个图形沿着一条直线折叠，直线两旁的部分能够互相重合，这个图形就叫作轴对称图形，这条直线就是它的对称轴。这时，我们也说这个图形关于这条直线（对称轴）对称。折叠后互相重合的那一对点叫对称点。

【实验 3-2】 通过网址 https://www.netpad.net.cn/svg.html#posts/362475 或者下面的二维码，打开相应的课件，观察折叠的动态过程和最终效果，如图 3-4 所示。

图 3-4   折叠效果与轴对称图形检验

纸可以折叠，但画在玻璃板上的图不能折叠。用折叠说明轴对称是一个直观的比喻，比折叠更贴切的比喻是全图绕一条轴翻转。通过网址 https://www.

netpad.net.cn/svg.html#posts/362477 或者下面的二维码，打开相应的课件，可以看到一个不能折叠的平板翻转的过程，如图 3-5 所示。

图 3-5　翻转与轴对称变换

我们看到，双喜字经过翻转后其位置和形状都不变。

前面我们已经讨论了图形的平移变换，现在讨论的翻转也是一种图形变换，叫作轴对称变换。

把轴对称变换作为更基本的概念，可以说"轴对称图形"就是在某个轴对称变换下保持不变的图形。

一个轴对称变换必有一条直线 AB 作为轴，叫作这个变换的对称轴，它也就是图形所在的平面在想象中翻转时的转动轴。如果图形甲在翻转完成后成为图形乙，我们就说图形甲和乙关于直线 AB 轴对称，这里的"轴"字通常可以省略。轴对称变换也可简称"反射"，对称轴叫作"反射轴"。

注意，"轴对称图形"说的是一个图形的性质，"关于直线 AB 轴对称"说的是两个图形的关系，两者不要混淆。

在计算机上用网络画板作图形的轴对称变换是很方便的，方法如下。

───── 【操作说明 3-1】　作关于直线对称的图形。 ─────

　　连续选择一个或多个几何对象，包括点、线、圆和图片等，最后选择一条直线（或线段、射线）作为对称轴，在空白处单击鼠标右键打开快捷菜单，选择"变换"子菜单中的"轴对称"命令即可。

【实验 3-3】　通过网址 https://www.netpad.net.cn/svg.html#posts/362478 或者下页的二维码，打开相应的课件，拖动图 3-6 中的图形，看看哪些图形关于哪些直线对称，体会轴对称变换的特点。如果自己动手作图，体验一下轴对称变换，就会有更大的收获。

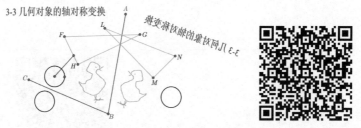

图 3-6 几何对象的轴对称变换

在图 3-6 中，通过观察、作图和测量探讨一下：如果两个点关于直线轴对称，则此直线与这两个点连成的线段有什么关系？如果两条线段关于直线轴对称，则这两条线段所在直线的交点与对称轴有什么关系？这两条线段的长度相等吗？如果两个三角形关于直线轴对称，它们就一定全等吗？

多次使用轴对称变换，能由看似杂乱无章的图形生成井然有序的美丽图案。

【实验 3-4】 万花筒。

经典玩具万花筒的设计就利用了平面镜的反射原理，即轴对称变换。万花筒是一个用三块宽度相同的矩形镜片支撑的硬纸卷成的小圆筒，前面有两层圆形的玻璃片，它们的中间夹着一些能活动的彩色透明碎纸片，后面有一个观察孔。把万花筒拿在手上不断地转动，从观察孔里将会看到千姿百态的图景。通过网址 https://www.netpad.net.cn/svg.html#posts/362482 或者下面的二维码，打开相应的课件，可以看到图 3-7 所示的图形。它是由一个分区着色的正三角形经多次轴对称变换后构成的，显示了数学之美。

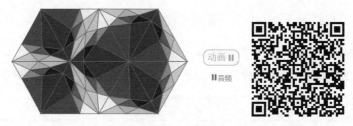

图 3-7 万花筒的设计原理

将平移和对称结合起来，还可以设计更多美丽的图案。图 3-8 是我们随便设

计的一个图案（先用"绘图 | 标注"工具画出一幅简单的图案，然后进行变换即可）。

图 3-8   平移和对称结合

这幅图里有几个动物的头呢？

【实验 3-5】 双向飞翔的密铺图案。

通过网址 https://www.netpad.net.cn/svg.html#posts/362485 或者下面的二维码，打开相应的课件，如图 3-9 所示。

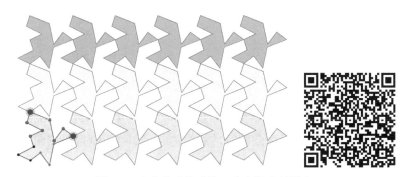

图 3-9   由多边形构成的双向飞翔密铺图案

图 3-9 中左下角的十四边形是基本图案，对它作多次平移后可以得到全图。但这个基本图案的制作只用平移是不够的。单击"辅助点"按钮显示或隐藏辅助点（见图 3-10），就知道其中的奥妙了。

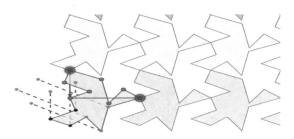

图 3-10   基本飞鸟图案的制作

原来，这个图案的基础是等腰三角形的顶点和底边的中点。5 个红点是可以拖动的自由点。以等腰三角形底边为对称轴，对 5 个红点做反射变换得到 5 个绿点，它们是辅助点。对 5 个绿点分别做平移变换，得到十四边形的另外 5 个顶点。知道了这个道理，你就会自己制作双向飞翔图了。可以多取几个自由点，让鸟儿的形象更好。当然，通过小心地拖动红点，还可以创作出自己的作品，如青蛙等。

通过网址 https://www.netpad.net.cn/svg.html#posts/362486 或者下面的二维码，打开相应的课件，可以看到图 3-11 所示的曲线形双向飞翔密铺图案。

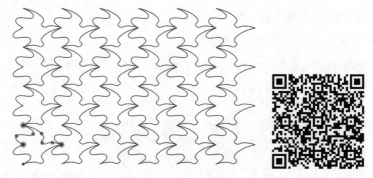

图 3-11   曲线形双向飞翔密铺图案

上述图案的基础仍是等腰三角形的顶点和底边的中点。5 个红点是可以拖动的自由点。通过这些点作了两条曲线，曲线的起点和终点是等腰三角形的顶点或底边中点，其中一条曲线经过了 3 个红点，另一条曲线经过了两个红点。

单击"辅助图形"按钮，可以显示或隐藏辅助图形，如图 3-12 所示。这里以等腰三角形的底边为对称轴，对两条曲线做反射变换，得到两条辅助曲线（一条绿线和一条虚线）。单击"动画"按钮，可以看到两条辅助曲线分别平移到了相应的位置。

图 3-12   经轴对称变换得到两条辅助曲线

你可以展开想象，调整红点的位置，改变曲线。

你可能要问，曲线是如何做出来的呢？在上一节中看到怪兽曲线时，你可能就在想这个问题了。下面将揭晓答案。

—— 【操作说明 3-2】 作经过指定点的曲线。——

依次选择 3 个或更多的点，在作图区的空白处单击鼠标右键，打开右键菜单，从中选择"构造"子菜单中的"路径"命令作出折线，然后打开其属性对话框，如图 3-13 所示。

图 3-13　路径属性对话框

在"设定"选项卡中勾选"圆滑"，折线就变成了曲线。拖动上面的点，可以改变曲线的形状。

【实验 3-6】 下面自己动手学作双向飞翔密铺曲线。

① 启动智能画笔，作线段 AB，自点 A 作 $AC \perp AB$，连接 CB。在线段 AC 附近作两个自由点 D、E，依次选择 A、D、E、C，然后在空白处单击鼠标右键打开右键菜单，再选择"构造"子菜单中的"路径"命令作出路径，如图 3-14 所示。

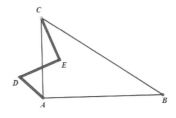

图 3-14　作直角三角形和路径

② 打开这个路径的属性对话框，勾选"圆滑"，路径变成了过点 A、D、E、C 的曲线。

③ 作这条曲线关于线段 AC 的对称曲线（图 3-15 中的虚线），并把所得曲线

按向量 CA 进行平移。选中虚线，在右键菜单中选择"隐藏"命令，使它消失。

④ 在线段 CB 两侧作自由点 F、G、H，按照上述操作方法作路径曲线 $CFGHB$，如图 3-16 所示。

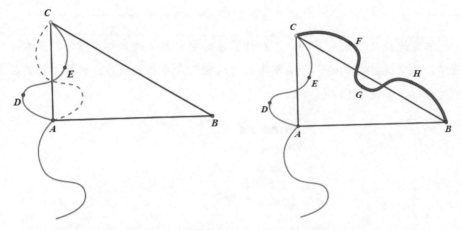

图 3-15　曲线 $ADEC$ 的轴对称和平移变换　　　　图 3-16　作路径曲线 $CFGHB$

⑤ 作这条曲线关于线段 AC 的对称曲线（在图 3-17 中用虚线表示），并把所得曲线按向量 CB 进行平移，再隐藏虚线。

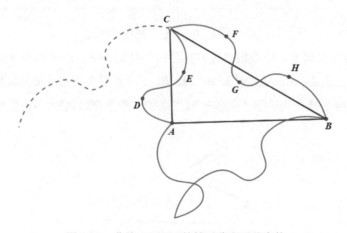

图 3-17　曲线 $CFGHB$ 的轴对称和平移变换

⑥ 作点 C 关于直线 AB 的对称点 I，隐藏线段 AB、AC、BC，再调整自由点的位置，使图形更像一只鸟。然后以 AB 为平移向量，选择 4 条曲线平移这只鸟，得到一排鸟，如图 3-18 所示。注意，完成一次平移后，新产生的曲线已被选中，

平移向量也没有变，只需按空格键即可。

图 3-18　曲线平移后产生一排鸟

⑦ 按向量 *IC* 向上平移这排鸟，就可得到鸟的阵列图案。最后隐藏点即可，如图 3-19 所示。

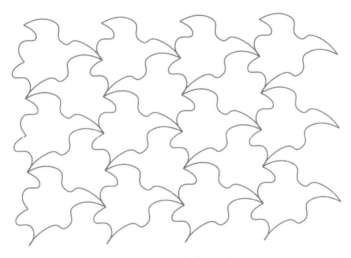

图 3-19　飞鸟阵列图案

好了，现在这群飞鸟的图案就完成了。

通过以上实验，你是否感到数学与艺术还有一些联系？你享受到数学思维给你带来的乐趣了吗？

【实验 3-7】　多次轴对称变换的效果。

通过网址 https://www.netpad.net.cn/svg.html#posts/362488 或者下页的二维码，打开相应的课件（见图 3-20），画面上的红色和蓝色三角形都与△*ABC* 全等。你能够用两次轴对称变换把△*ABC* 变成蓝色或红色三角形吗？

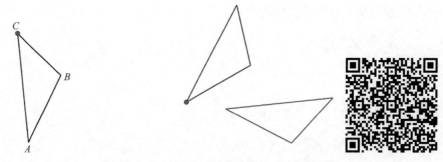

图 3-20   两次轴对称变换能有多大的本领

通过两次轴对称变换就能把△ABC变成蓝色三角形，可单击"答案"按钮观看变换过程，如图 3-21 所示。

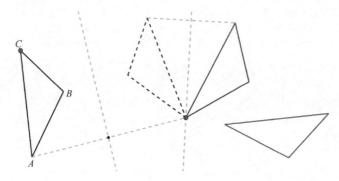

图 3-21   通过两次轴对称变换把△ABC变成蓝色三角形

由此可见，轴对称变换看似简单，能力却很强。

进一步想想，通过两次轴对称变换能把△ABC变成红色三角形吗？为什么？如果两次不行，那么需要几次呢？

关于轴对称变换和轴对称图形，值得深入思考的问题很多。例如，在平面上任给两个三角形，如何检验它们是否关于某条直线对称呢？任给一个五边形，如何检验它是不是轴对称图形呢？将这些图形画在纸上时，该如何检验？将它们画在网络画板的作图区中时，该如何检验？没有图，仅仅给出了有关点的坐标时，又该如何检验呢？

第4章 ⊙ 从小鸡吃米、风车与钟表说旋转

看到这个题目时，你可能觉得很奇怪，小鸡吃米、风车转动与钟表走动这三件事能有什么联系呢？

先通过网址 https://www.netpad.net.cn/svg.html#posts/362489 或者下面的二维码，打开课件"小鸡吃米"看一看。单击"动画"按钮，你会看到小鸡不停地低头吃米的生动画面，如图 4-1 所示。

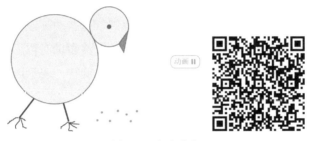

图 4-1　小鸡吃米

通过网址 https://www.netpad.net.cn/svg.html#posts/362490 或者下面的二维码，打开课件"大风车"，你能看到风车的转动情况，如图 4-2 所示。

图 4-2　风车转动

通过网址 https://www.netpad.net.cn/svg.html#posts/362491 或者下面的二维码，打开课件"钟表"，你能看到表针的走动情况，如图 4-3 所示。

图 4-3　钟表走动

　　从数学的角度，怎样描述它们的共同特点呢？这些动画显然都可以看成同一种类型的图形变换，这不同于我们过去研究过的平移和轴对称，我们将其归结为图形的旋转：表示小鸡的头和嘴巴的圆和三角形在旋转，表示风车叶片的四边形在旋转，表示时针的线段在旋转。

　　所谓图形的旋转是指一个图形绕着某一点 O 转动一定的角度。这里的点 O 叫作旋转中心，转动的角度叫作旋转角。

　　通常几何图形中最大的角是 180°，但是旋转打破了这个局限。转一圈就是 360°，一圈半就是 540°。此外，为了区别旋转的方向，我们约定沿逆时针方向旋转一圈是 360°，沿顺时针方向旋转一圈是 -360°。旋转角的度数可以是任意实数。例如，逆时针旋转 3 圈半是 1260°，顺时针旋转 4.2 圈是 -1512°，等等。这样一来，数字常常很大，使用起来不方便，我们不妨建立度量角的另一种方法，即用平角作为基本单位。"平"的拼音是 ping，我们将其简称为 pi。为了响亮一点，把 pi 读作 π。这样，180° 等于 1 pi；逆时针旋转一圈半就是 3 pi，顺时针旋转 4.3 圈就是 -8.6 pi，多么简单。这叫"平角制"。

　　我们的这种按照平角制度量角的方法和国际数学界的弧度制不谋而合。弧度制是用单位圆上的圆心角所对的弧长去度量角度，一圈的弧长就是 2π 弧度，简称 2π。所以，平角的弧度数就是 π，逆时针旋转一圈半就是 3π，顺时针旋转 4.3

圈就是 −8.6π。因此，把 pi 简单地换成 π，平角制的度量数据就成了弧度制的数据，而且两者的读音一致。在网络画板以及其他许多计算机软件中，默认 pi 等同于 π，它的数值就是 3.1415926535⋯了。

这里要提醒一下，平角制是名不见经传的，但它能帮你理解弧度制，而且有助于记忆弧度制与角度制的换算方法。

旋转角的大小是确定旋转的重要条件。选中"小鸡吃米"课件中的"动画"按钮，然后单击鼠标右键，在随后出现的右键菜单中选择"编辑"命令。在弹出的对话框中，把变量的起始值改为 0 或 −pi/3 后，单击"确定"按钮（按上面的说法，−pi/3 就是 −60°），如图 4-4 所示。这时再次单击"动画"按钮，你会看到小鸡的头旋转的角度过小而吃不到米或旋转的角度过大以至于把嘴啃到地里的滑稽场面。

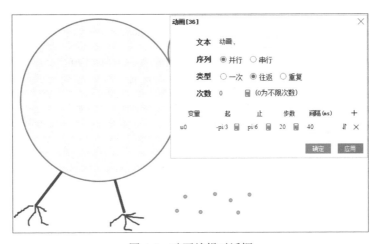

图 4-4　动画编辑对话框

利用同样的方法，让我们再做一些实验。

【实验 4-1】　通过网址 https://www.netpad.net.cn/svg.html#posts/362492 或者右侧的二维码，打开相应的课件，可以看到图 4-5 所示的图形。图中的许多三角形是由一个三角形多次旋转某个角度而形成的。旋转角变了，我们看到的三角形数目就不一样了！经过反复实验、观察和思考，你能对观察到的现象做出解释吗？

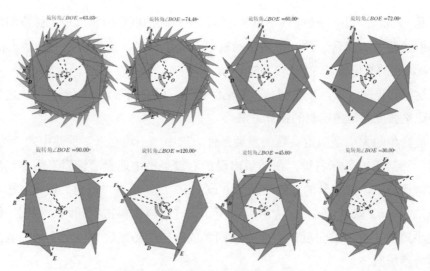

图 4-5 旋转角的变化使图像大不相同

旋转角固然重要，旋转中心的位置也同样重要。

【实验 4-2】 通过网址 https://www.netpad.net.cn/svg.html# posts/ 362493 或者右侧的二维码，打开相应的课件，可以看到图 4-6 所示的图形。对于同样的旋转角，改变旋转中心，感受不同的图形旋转效果。

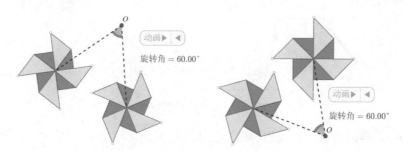

图 4-6 不同旋转中心的旋转效果

你看到尽管风车旋转的角度相同，但旋转中心的位置造成了不同的旋转效果吗？

【实验 4-3】 利用图形的旋转可以画出美丽的图案。通过网址 https://www.netpad.net.cn/svg.html#posts/362494 或者右侧的二维码，打开相应的课件，拖动图 4-7 中的点 D（或点 C）就可以看到不断变化的图案了。

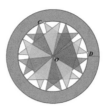

图 4-7 旋转生成的图案

在计算机上自己设计制作一些图案是有趣的工作。按照下面的步骤，学习完图形旋转变换的基本操作以后就可以制作旋转图案了。

—— 【操作说明 4–1】 用菜单命令实现旋转变换。 ——

先用智能画笔作一些图形，确定一点作为旋转中心。先选择需要旋转的图形，最后选择的一个点被软件默认为旋转中心。找到界面下方的菜单中的"旋转"命令（或在右键菜单中选择"变换"子菜单中的"旋转"命令），在随后弹出的对话框中填写旋转角的大小，例如"2*pi/5"。如果希望有动态旋转过程，则可以将其设为字母，然后单击"确定"按钮，屏幕上马上呈现旋转后的图形。如果事先已经指定了旋转中心（选择屏幕上方的"标记"菜单中的"标记中心"命令），此时只选择需要旋转的图形，后面的操作步骤同前。

【实验 4-4】 在网络画板中作出已知图形（例如三角形）以某点为旋转中心旋转某一角度后生成的图形。

① 利用智能画笔作一个三角形，再作一点作为旋转中心。

② 先选择三角形，然后选择旋转中心，执行屏幕下方菜单中的"旋转"命令。

③ 在随后弹出的对话框中填写旋转角的弧度（例如"2*pi/5"，即 72°），单击"确定"按钮后，屏幕上马上呈现旋转后的图形，如图 4-8 中的左图所示。

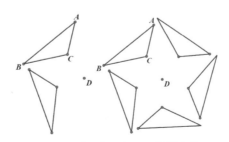

图 4-8 对三角形作 72° 旋转变换

④ 如果连续执行上面的操作，屏幕上将呈现图 4-8 中的右图。拖动旋转中心，可以进行更多的变形，如图 4-9 所示。

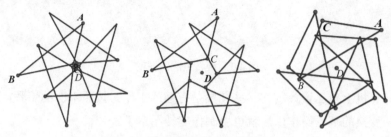

图 4-9 拖动旋转中心后实现的变形

如果被旋转的对象不是三边三点而是三角形内部的区域，则会出现图 4-10 所示的效果。

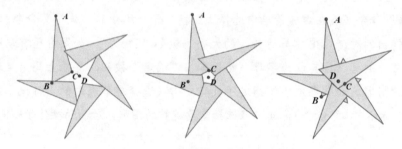

图 4-10 三角形内部区域的旋转变换

【操作说明 4-2】建立变量尺。

在网络画板中，单击屏幕下方菜单中带"变量"字样的图标，在弹出的对话框中将默认的变量名 a 改为 t，然后单击"确定"按钮，如图 4-11 所示。这时屏幕上将出现一个滑尺。用鼠标选择滑尺上的滑钮并拖动，就能控制变量 t 的变化。

图 4-11 变量编辑对话框

【操作说明 4-3】　建立和使用变量的"动画"按钮。

选择屏幕下方菜单中的"动画"命令，在弹出的对话框中输入变量名 t，如图 4-12 所示。

单击"确定"按钮，系统将生成一个"动画"按钮，可在图 4-13 中设置其动画属性。

图 4-12　动画编辑对话框　　　　图 4-13　"动画"按钮及其属性设置

"动画"按钮有左、中、右三部分。左边部分叫作"主钮"，我们说到的"单击'动画'按钮"均指单击主钮。中间部分称为"副钮"。单击主钮时，变量将由起值变到止值；单击副钮时，则反向变化。

单击"动画"按钮右边的无色部分时，可以选中它、拖动它；双击无色部分时，则打开动画编辑设置对话框。

注意到这个对话框里的最小值 0 和最大值 1，这是变量 t 的变化范围的缺省设置。你可以改变它。"步数 100"的意思是把 0 到 1 的变化过程均分成 100 步来完成。右边的"间隔 50 ms"的意思是计算机每两步操作的间隔时间为 50 ms，完成 100 步所用的总时间为 5000 ms。如果把"50 ms"改为"1000 ms"，则变量每秒切换一次，动画效果明显不连续了。

再看图 4-12 中的"类型"栏，当前的类型是"一次"运动，即单击"动画"按钮的主钮时变量由 0 变为 1。"往返"表示变量 t 在 0 到 1 之间来回变化。如果将"类型"设置为"重复"，再单击"动画"按钮的主钮时，变量 t 将一次一次地由 0 变到 1，单击副钮时则相反。"序列"栏中的"并行"表示多个动画同时运行，"串行"表示多个动画一个接一个地运行。

"动画"按钮的一个重要应用是准确切换变量的当前值。如果把"步数"设置为1，"类型"设置为"一次"，则单击"动画"按钮的主钮时变量就会一步到位地变成最大值，单击副钮时则变成最小值。更有用且有趣的是，对于变量为t的动画，如果把最大值设置为t+1，最小值设置为t−1，则单击"动画"按钮的主钮时变量加1，单击副钮时变量减1。这样还可以用一个"动画"按钮来控制和调整另一个按钮中的最大值和最小值。课件"4-3钟表"就用了这种方法来设置时间，而课件"4-4有多少三角形"用这种方法调整旋转变换的旋转角。你可以双击"动画"按钮的右端打开相应的对话框，了解其设置技巧。单击"取消"按钮关闭对话框，可以保持按钮的设置。

好了，根据上述说明，你可以设计"动画"按钮和变量尺，观察旋转变换的动态过程。

利用你刚刚制作的这个课件，借助网络画板的测量功能探索旋转的性质。

旋转前后的两个图形有着怎样的关系？

一对对应点到旋转中心的距离具有怎样的关系？

对应点与旋转中心所连线段的夹角与旋转角有什么关系？

如果从界面上看不出如何测量，就浏览下面的操作说明。

—— 【操作说明4-4】测量角度、长度和面积。——

若要测量∠ABC的大小，则可以依次选择A、B、C三个点，执行屏幕下方菜单中的"计算|测量"命令，在弹出的测量对话框中可以看到默认的测量单位为角度，也可选择"弧度"。确定测量的是"劣角"还是"优角"等之后，单击"确定"按钮，结果就显示出来了，如图4-14所示。

图4-14　测量三个点时的对话框

如果要测量三角形的内角和，那么就需要将三个内角分别测量出来，然后执行菜单命令"计算|测量"，在弹出的对话框中用鼠标逐个拾取测量结果并用加号连接，如图 4-15 所示。

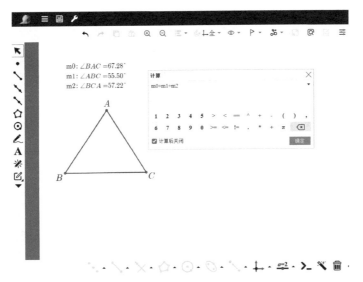

图 4-15 计算三角形内角和时的对话框

从对话框中看到，每个测量过的角度都被赋予了代号，m0 表示 $\angle BAC$，m1 表示 $\angle ABC$，等等。把表达式 m0+m1+m2 输入对话框里，就可以进行计算了。

线段和线段比值的测量也很常用，下面顺便说说。

选择线段 BC，执行菜单命令"计算|测量"，在弹出的对话框中选择"长度"，然后单击"确定"按钮（或者在右键菜单中选择"测量"子菜单中的"长度"命令），测量结果就会显示出来。若要再测量其他线段的长度，则只需选择要测量的线段，然后按空格键即可。

另一种方法是选择线段的两个端点，再执行菜单命令"计算|测量"（同上），或者在右键菜单中选择"测量"子菜单中的"距离"命令。

用类似的方法，依次选择简单多边形（边和边不相交的多边形叫作简单多边形）的各个顶点，再执行屏幕下方菜单中的"多边形"命令（或者在右键菜单的"构造"子菜单中选择"多边形"命令），就得到了该多边形。选

中该多边形，执行菜单命令"计算|测量"，在弹出的对话框中选择"面积"，或者在右键菜单的"测量"子菜单中选择"面积"命令。

测量了几条线段的长度之后，还可以计算它们的和、差、积以及比值，方法与三角形内角和的计算类似。

注意输入符号时计算机一定要保持在英文输入状态下。

【实验 4-5】　通过网址 https://www.netpad.net.cn/svg.html#posts/362495 或者下面的二维码，打开相应的课件，如图 4-16 所示。左下侧的小鸡是右上侧的小鸡经过两次轴对称变换得到的，那么能否通过一次旋转变换得到它呢？如果可以，如何确定旋转中心和旋转角？你可以通过在计算机上作图，想想其中的道理。

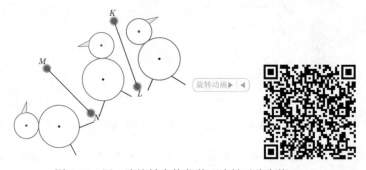

图 4-16　用一次旋转变换代替两次轴对称变换

【实验 4-6】　通过网址 https://www.netpad.net.cn/svg.html#posts/362496 或者下面的二维码，打开相应的课件，如图 4-17 所示。单击"动画"按钮，观察屏幕上呈现的图形旋转过程有什么特点。

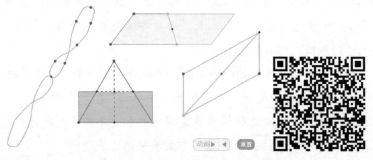

图 4-17　中心对称变换与中心对称图形

我们把这种特殊的图形旋转变换叫作中心对称。

如果一个图形围绕某一点旋转 180° 得到另外一个图形，那么我们就称这两个图形关于这一点中心对称，这个点就叫作对称中心。

如果一个图形围绕某一点旋转 180° 后能够与原图形重合，那么这个图形就叫作中心对称图形，这个点叫作对称中心。

【实验 4-7】　对于一个任意四边形（见图 4-18），能否裁剪两刀把它分成四块，再用这四块拼成一个平行四边形？（通过网址 https://www.netpad.net.cn/svg.html#posts/362497 或者下面的二维码，打开相应的课件。这里要利用图形变换的知识。）

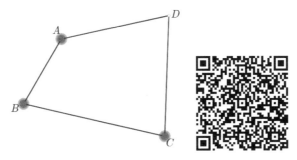

图 4-18　将一个任意四边形裁剪后拼成一个平行四边形

你不妨先用纸片进行实验，然后通过上述网址或二维码查看答案，或者直接在网络画板中进行图形的剪拼。

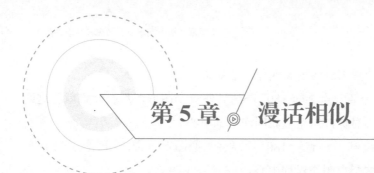

第 5 章 漫话相似

观察平面图形时主要关注两点，一是它的形状，二是它的大小。

经平移、旋转、对称变换得到的图形与原来的图形在形状和大小两方面都保持一致。

通过网址 https://www.netpad.net.cn/svg.html#posts/362576 或者下面的二维码，打开相应的课件，如图 5-1 所示。用鼠标拖动点 A、B 或 C，或者拖动变量尺的滑钮，你会发现其中三个小人的头像是一模一样的，只不过位置不同而已。从数学的角度说，这三个图形相互全等。而另外两个小人的头像就不一样了，形状和大小都发生了变化。

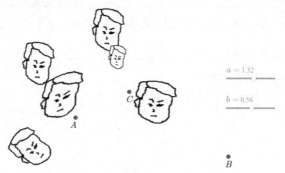

图 5-1　观察头像的形状和大小

我们感兴趣的是形状一样而大小不一定一样的图形，这在日常生活中经常遇到，例如身份证上的小照片和放大后的照片、比例尺不同的两幅地图等。它们的重要性不言而喻。通过网址 https://www.netpad.net.cn/svg.html#posts/362579 或者右侧的二维码，打开相应的课件，如图 5-2 所示。图中同一横排的树木可以看成形状和大小都一样的图形，而同一斜排的树木则可以看成形状一样而大小不一的图

形，我们在数学上把它们叫作相似图形。

图 5-2　观察同一横排和同一斜排的树木

【**实验 5-1**】　怎么从数学上描述两个图形是相似图形呢？由于多边形是最简单的平面图形，所以我们从什么是相似多边形谈起。

在一般情况下，我们凭直觉就能判断两个图形是否相似。例如，图 5-1 所示的小人头像中的胖子和瘦子就不相似。换句话说，它们的长宽不成比例！所以，如果要求两个多边形相似，除了必须边数相同之外，还要求它们的边对应成比例。这是判断两个多边形是否相似的一个重要条件。通过网址 https://www.netpad.net.cn/svg.html#posts/362581 或者下面的二维码，打开相应的课件，如图 5-3 所示。图中的大小两个矩形是否相似（你可以把它们想象成一个镜框的外缘和内缘）？这时凭肉眼观察就很难判断了，一般人凭直觉会认为它们的形状没有什么两样。单击课件中的"答案"按钮，马上就能够看到这两个矩形的长宽不成比例。

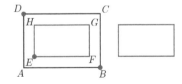

图 5-3　观察图中的大小两个矩形是否相似

一般说来，镜框的外缘和内缘这两个矩形的长宽什么时候成比例呢？这个问题留给你思考。

【**实验 5-2**】　上面谈了从边的比例关系判断多边形相似的条件，但是仅有这一个条件还不够。通过网址 https://www.netpad.net.cn/svg.html#posts/362582 或者下页的二维码，打开相应的课件，如图 5-4 所示。

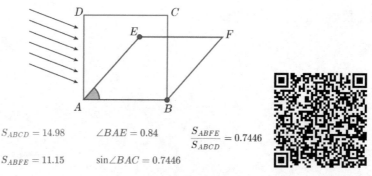

$S_{ABCD} = 14.98$　　$\angle BAE = 0.84$　　$\dfrac{S_{ABFE}}{S_{ABCD}} = 0.7446$

$S_{ABFE} = 11.15$　　$\sin\angle BAC = 0.7446$

图 5-4　正方形受到挤压变成了菱形

　　图 5-4 中的正方形和菱形的边长都是 a（$a > 0$），想象这个正方形是用 4 根钉子和 4 根木条钉起来的，它受到力的挤压变成了菱形。这里的菱形和正方形的形状显然不一样，但它们的边对应成比例。所以，判断两个多边形相似时，不单考虑边，还要考虑角。

　　单击"测量"按钮，看到一些测量数据。从这些数据看，菱形的性质和角的大小有密切的关系。

　　现在可以用数学的语言精确地描述什么是相似多边形了。

　　相似多边形：在两个边数相同的多边形中，如果各角对应相等，各对应边成比例，则称这两个多边形是相似多边形。

　　反过来，如果两个多边形是相似多边形，那么各对应角相等，对应边成比例。

　　特别简单、基本且重要的是三角形相似。

　　相似三角形：在两个三角形中，如果各角对应相等，各对应边成比例，则称这两个三角形是相似三角形。

　　反过来，如果两个三角形是相似三角形，那么各对应角相等，对应边成比例。

　　【实验 5-3】　有了相似三角形的概念和性质，我们可以解决大量的实际问题。例如，图 5-5 中的 C 处有一艘船发出呼救信号，A、B 是岸边相距 1000m 的两个观察站，图中标出了从这两个观察站测得的船的方向。如果你现在正在观察站 A 中，那么能计算出求救船只离你有多远吗？

　　利用相似三角形的性质可以这样解决问题：在纸上画 $\triangle ABC$，使 $AB = 10\text{cm}$，

$\angle A=40°$，$\angle B=53°$，然后用刻度尺量出 AC 的长度，再将其扩大 10000 倍就得到求救船只与观察站 A 的距离。

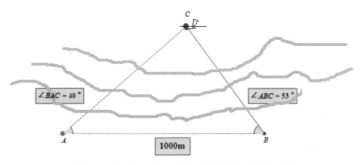

图 5-5　相似三角形帮助我们解决实际问题

道理如下：在纸上画的三角形和实际图形相似，不过把实际图形缩小到了原来的万分之一。既然两个观测站的距离缩小到了原来的万分之一，画在纸上的 $\triangle ABC$ 的边 AC 的长度就应该是求救船只与观察站 A 的距离的万分之一。所以，量出 AC 的长度后再将其扩大 10000 倍就得到了所求的实际距离。

上面说的是纸上作图。在计算机屏幕上，已知两个角及其所夹的边，如何作出三角形呢？已知一个任意三角形和一条线段，如何以此线段为一条边，作一个和已知三角形有两个角对应相等的三角形呢？

──── 【操作说明 5-1】 作一个与已知三角形有两个角对应相等的三角形。 ────

这相当于作两角已知的三角形。

通过网址 https://www.netpad.net.cn/svg.html#posts/362584 或者下面的二维码，打开相应的课件，如图 5-6 所示。用智能画笔作任意三角形 ABC 和线段 DE。下面要画一个 $\triangle DEF$，使它和 $\triangle ABC$ 有两个角对应相等。

测量 $\angle BAC$ 和 $\angle ABC$，测量数据分别为 m_0 和 m_1（在网络画板中记为 m0 和 m1）。

将线段 DE 绕点 D 沿逆时针方向旋转 m_0，旋转单位为角度。

类似地，将线段 DE 绕点 E 沿顺时针方向旋转 m_1，旋转单位为角度。

再选中旋转后的两条线段，执行屏幕下方菜单中的"交点"命令，作旋转后生成的两条线段的交点 F。

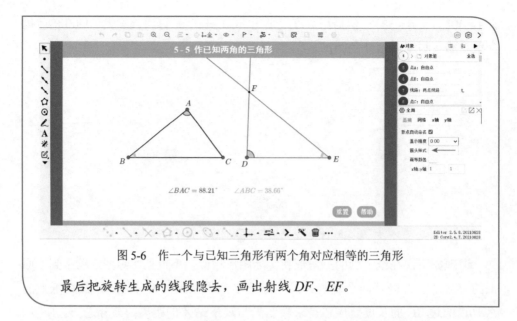

图 5-6 作一个与已知三角形有两个角对应相等的三角形

最后把旋转生成的线段隐去，画出射线 DF、EF。

这里遗留的问题是怎么判断这两个三角形相似？根据相似三角形的定义，需要各角对应相等，各对应边成比例，现在只满足了两角对应相等，怎么断定这样的两个三角形相似呢？

为了探讨这个问题，我们先做实验，再来推理。

【实验 5-4】 两角对应相等的两个三角形相似。

你最好在自己作图的基础上进行测量。如果你没有动手作图，则可以直接观看课件。

通过网址 https://www.netpad.net.cn/svg.html#posts/362585 或者下面的二维码，打开相应的课件，如图 5-7 所示。图中的两个三角形中有两对角对应相等，利用网络画板的测量功能验证这两个三角形是否相似。测量边长和计算其比值的方法见操作说明 4-4。

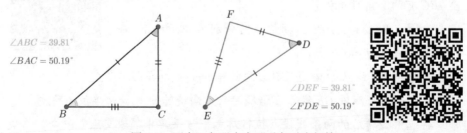

图 5-7 两个三角形中有两对角对应相等

如果想直接看测量数据，就可以单击"测量"按钮，显示对应边的长度及其比值；再次单击该按钮时，隐藏测量数据和计算结果。

你还可以拖动点 A 改变三角形的形状，看看在保持两角对应相等的条件下这两个三角形是否仍然相似。

通过实验，我们得到了判断两个三角形相似的一种方法，具体描述如下。

两角对应相等的两个三角形相似。

能够证明这个结论吗？为此，让我们先认识两个新朋友：角的正弦和正弦定理（我们在第 11 章中会更详细地讨论正弦）。

回到实验 5-2 的课件中，单击其中的"测量"按钮，并拖动点 E，你会发现 $\angle BAE$ 发生变化，菱形的面积也随之发生变化，如图 5-8 所示。

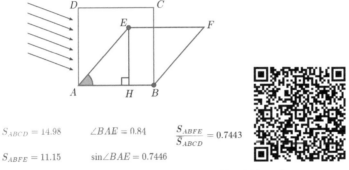

$$S_{ABCD} = 14.98 \qquad \angle BAE = 0.84 \qquad \dfrac{S_{ABFE}}{S_{ABCD}} = 0.7443$$

$$S_{ABFE} = 11.15 \qquad \sin\angle BAE = 0.7446$$

图 5-8　正方形变为菱形时面积的"折扣"率

图 5-8 中的数据 $\dfrac{S_{ABFE}}{S_{ABCD}}$ 表示正方形变为菱形时面积的"折扣"率，它和 $\angle BAE$ 的大小（单位为弧度）密切相关。我们把这个"折扣"率叫作 $\angle BAE$ 的正弦，记为 $\sin\angle BAE$。这样一来，对于每一个确定的角都有一个确定的正弦值与之对应，容易理解 $\sin 90° = 1$，$\sin 0° = 0$。注意，图 5-8 中还显示了菱形 $ABFE$ 的高 EH，这样 $\sin\angle BAE$ 还可以解释成：

$$\sin\angle BAE = \frac{S_{ABFE}}{S_{ABCD}} = \frac{AB \times EH}{AB \times AB} = \frac{HE}{AB} = \frac{EH}{AE}$$

在直角三角形 HAE 中，$\sin\angle BAE$（即 $\sin\angle HAE$）为 $\angle HAE$ 的对边与斜边之比。如果把正方形放到直角坐标系中，HE 可以看成点 E 的纵坐标 y，AE 看成点 E 到原点的距离 r，于是 $\sin\angle BAE = \dfrac{EH}{AE} = \dfrac{y}{r}$。

有了正弦的概念，马上可以得到计算三角形面积的新公式以及一个重要的定理——正弦定理。

对于图 5-9 中的左图，$\sin\angle BAC = \dfrac{DC}{AC}$，$S_{\triangle ABC} = \dfrac{1}{2}AB \times DC = \dfrac{1}{2}AB \times AC \times \sin\angle BAC$，即三角形的面积等于任意两边与其夹角正弦之积的一半。对于图 5-9 中的右图，$S_{\triangle ABC} = \dfrac{1}{2}AB \times AC \times \sin A = \dfrac{1}{2}AB \times BC \times \sin B = \dfrac{1}{2}BC \times AC \times \sin C$。

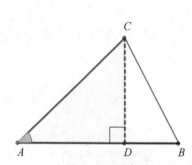 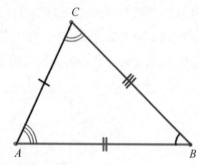

图 5-9　计算三角形面积的新公式

由此不难得到（同乘以 2 并除以 $BC \times AC \times AB$）：

$$\frac{\sin A}{BC} = \frac{\sin B}{AC} = \frac{\sin C}{AB}$$

这就是刻画三角形边角关系的正弦定理。

现在可以证明"两角对应相等的两个三角形相似"了。

事实上，在 $\triangle ABC$ 与 $\triangle A'B'C'$ 中，若 $\angle A = \angle A'$，$\angle B = \angle B'$，则根据三角形内角和定理容易得出 $\angle C = \angle C'$，于是只需要证明对应边成比例就行了。

根据正弦定理，在 $\triangle ABC$ 和 $\triangle A'B'C'$ 中分别可以得到：

$$\frac{BC}{\sin A} = \frac{AC}{\sin B} = \frac{AB}{\sin C} \text{和} \frac{\sin A'}{B'C'} = \frac{\sin B'}{A'C'} = \frac{\sin C'}{A'B'}$$

以上两式相乘（注意到 $\sin A = \sin A'$，$\sin B = \sin B'$，$\sin C = \sin C'$）后，可得：

$$\frac{AB}{A'B'} = \frac{BC}{B'C'} = \frac{AC}{A'C'}$$

根据相似三角形的定义得到 $\triangle ABC$ 与 $\triangle A'B'C'$ 相似。

相似三角形的 AA 判定定理：两角对应相等的两个三角形相似。

这里的"AA"就是两个角的意思。

作为练习，下面考察一个有趣的问题。

【实验 5-5】　五角星、黄金分割和黄金数。

通过网址 https://www.netpad.net.cn/svg.html#posts/362587 或者下面的二维码，打开相应的课件，如图 5-10 所示。这是一个正五边形，其中还有一个正五角星。

利用相似三角形的判定定理，你能找出与 △ABD 相似的三角形吗？能找出与 △ABF 相似的三角形吗？

利用网络画板的测量功能测量 EH、EC、HC 并计算 $\frac{EH}{EC}$ 和 $\frac{HC}{EH}$，你发现了什么结果？能利用相似形的知识解释你发现的结果吗？

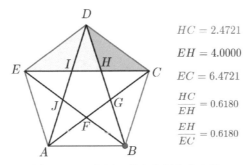

图 5-10　五角星、黄金分割和黄金数

单击"答案"按钮，看看图 5-11，这与你想的是否一致？

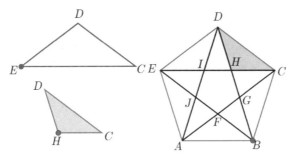

图 5-11　相似三角形产生黄金数

为了便于观察，把图 5-11 中的两个等腰三角形拉出来。容易判定这两个三角形相似，于是有：

$$\frac{CD}{EC} = \frac{HC}{CD}$$

$$\because CD = DE = EH$$

$$\therefore \frac{EH}{EC} = \frac{HC}{EH}, \quad EH^2 = EC \times HC$$

点 H 把线段 EC 分成两部分，其中一部分 EH 是整条线段 EC 和另外一部分 HC 的比例中项，也就是"小段比大段＝大段比全段"。我们把像点 H 这样的分点叫作线段的黄金分割点，这样的分割方式叫作黄金分割，两条线段的比值叫作黄金数。

图 5-10 显示这个比值为 0.6180。实际上，用网络画板的测量功能，可以得到这个黄金数的 6 位小数为 0.618034。

【操作说明 5-2】 测量数据属性的设置。

网络画板的测量数据采用缺省设置时显示两位小数，最多可以显示 7 位有效数字。

双击计算的测量数据，可以进入编辑状态。例如，在"五角星、黄金分割和黄金数"中（见图 5-10），双击 $\frac{HC}{EH}$ 的测量数据，可进入编辑状态，如图 5-12 所示。

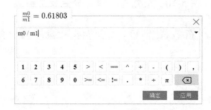

图 5-12　测量数据的编辑状态

在图 5-12 所示的对话框中，将鼠标指针放在该对话框中时，会看到测量结果 $\frac{m0}{m1} = 0.61803$。等号和等号左边的部分是对数据的说明或命名，此处不可改变。

若想将测量数据等号左边的部分改为其他文本，例如改为"线段 HC 与 EH 之比"或"黄金数"等，就需要在其属性对话框中修改名称，展示当前标签，如图 5-13 所示。

　　"精度"用于改变小数的位数。如果把精度 0.0000 改为 0.000000，当前标签改为"黄金数 \frac{EH}{EC} ≈"，则测量数据显示 6 位小数，如图 5-14 所示。

图 5-13　测量数据展示标签的修改方法　　　图 5-14　测量数据精度的变化

　　我们知道，$m0$ 和 $m1$ 表示两条线段长度的测量结果。计算 $(m0/m1)^2$ 后，单击"确定"按钮，生成新的测量数据。网络画板自动将其命名为 $m6$，我们可以将标签修改为"黄金数的平方≈"，精度修改为 0.000000，测量数据如图 5-15 所示。

$m6$: 黄金数的平方 ≈ 0.381966

图 5-15　重新计算新数据

　　测量数据的属性还包括前面讲过的弧度与角度的选择以及文本框的外观等，你可以通过操作自行体验，此处从略。

　　黄金分割之所以重要，是因为它在建筑、艺术创作等诸多方面有着广泛的应用。人们认为，把通过黄金分割得到的两条线段分别作为矩形的长和宽，这样得到的矩形是最美的。

　　图 5-16 所示的希腊巴特农神庙的设计就采用了黄金矩形。

图 5-16　古建筑中的黄金矩形

　　维纳斯塑像的肚脐就是其身长的黄金分割点，达·芬奇的名画《蒙娜丽莎》的构图也采用了黄金矩形，如图 5-17 所示。

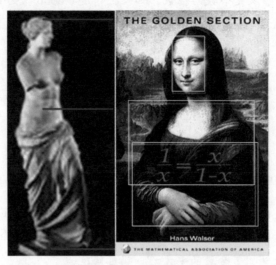

图 5-17　艺术品中的黄金分割

　　通过网址 https://www.netpad.net.cn/svg.html#posts/362589 或者下面的二维码，打开相应的课件，如图 5-18 所示。你能看到这里面有好几个黄金矩形。

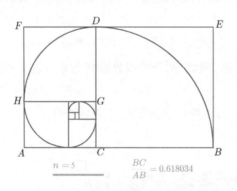

图 5-18　黄金螺线

　　黄金分割如此重要，怎么求黄金数呢？先看看下面的图 5-19。

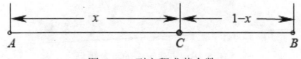

图 5-19　列方程求黄金数

为便于计算，设 $AB=1$，C 为 AB 的黄金分割点，即 $\dfrac{AB}{AC}=\dfrac{AC}{CB}$。设 $AC=x$，则 $\dfrac{1}{x}=\dfrac{x}{1-x}$，$x^2=1-x$。

当然，我们可以利用二次方程求根公式求解此方程，这里给出一个求出该方程的近似解的算法。

【实验 5-6】　计算黄金数。

把方程 $x^2=1-x$ 化成 $x^2+x=1$，继而得到 $x=\dfrac{1}{1+x}$。可以把它看成一个递推

公式，把右面分母中的 x 以 $\dfrac{1}{1+x}$ 代入，得到 $x=\dfrac{1}{1+\dfrac{1}{1+x}}$。不断重复这个过程，黄

金数就可以表示成下面这样一个无限连分数的形式：

$$x=\cfrac{1}{1+\cfrac{1}{1+\cfrac{1}{1+\cdots}}}$$

在计算机上可以用逐次迭代的方法求它的近似值。

使用网络画板的"动画"按钮，这个过程可以轻松快捷地实现。

我们先看看具体计算过程，再总结操作步骤。

通过网址 https://www.netpad.net.cn/svg.html#posts/362591 或者下面的二维码，打开相应的课件，如图 5-20 所示。数据文本框中 x 的值 1 表示开始迭代时 $x=1$，而 $n=0$ 表示迭代次数为 0，即尚未开始迭代。如果数据文本框中 x 的值不是 1，或者 n 的值不是 0，那么分别单击浅蓝色和绿色按钮的副钮时，就可以让它们回到起始值。右上角黄金数的参考值可以用来对比检查我们的计算结果。

$$x=\boxed{1}$$
$$n=\boxed{0}$$

图 5-20　用变量动画迭代计算黄金数（一）

单击浅蓝色按钮，即标有"$x \rightarrow \dfrac{1}{1+x}$"的按钮，计算机把 $x=1$ 代入 $\dfrac{1}{1+x}$，得到 $\dfrac{1}{2}=0.5$，于是数据显示 $x=0.5$。再单击绿色按钮，数据显示 $n=1$，表示这是迭代一次的结果。

再单击浅蓝色按钮，计算机把 $x=0.5$ 代入 $\dfrac{1}{1+x}$，数据显示 $x=0.666667$。再单击绿色按钮，数据显示 $n=2$，表示这是迭代两次的结果。

重复如上操作，我们看到 x 的值越来越接近黄金数。迭代 14 次后，得到的6 位小数和右上角的参考值完全一致，如图 5-21 所示。

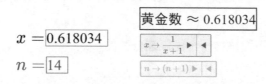

图 5-21　用变量动画迭代计算黄金数（二）

用迭代的方法求黄金数时有没有其他公式？

通过在右边的对象列表中进行勾选来隐藏或显示对象，换一个新的淡蓝色按钮。这次采用的表达式为 $x \rightarrow \dfrac{x^2+1}{2x+1}$。分别单击两个按钮的副钮使数据回到起点，再按上面的操作步骤轮流单击这两个按钮，看看效果如何。令人惊讶的是，仅仅3 次就达到了同样的效果，如图 5-22 所示。

图 5-22　迭代 3 次得到同样的结果

迭代公式 $x \rightarrow \dfrac{x^2+1}{2x+1}$ 是如何得到的呢？从黄金数满足的二次方程 $x^2+x=1$ 出发，等号两边同时加 x^2，得到 $2x^2+x=x^2+1$，再用 $2x+1$ 去除，得到 $x=\dfrac{x^2+1}{2x+1}$。就这么简单！

你不妨试试自己去发现求黄金数的其他迭代公式。如果二次方程有两个根，那么另外一个根能不能用迭代公式进行计算？这个迭代公式又是什么样子？进一步还可以想，这里只能计算黄金数的 6 位小数，能不能设法计算到 30 位？要知道网络画板可以计算任意多位整数的加、减和乘积，能不能利用它计算出黄金数的 30 位小数？这个任务可有一点挑战性呢！

为了掌握迭代按钮的制作，请看看下面的说明。如果你能熟练操作计算机，那么只要双击课件中的迭代按钮看看动画是如何设置的，就能够无师自通。但要注意，看完动画后要单击"取消"按钮关闭对话框，以免改变设置。

【操作说明 5-3】 用"动画"按钮进行迭代计算。

以黄金数的计算为例，迭代公式为 $x \to \dfrac{1}{1+x}$，初始数值为 1。

不选择任何对象，单击屏幕下方菜单中的"动画"命令，如图 5-23 所示。

图 5-23　动画图标项

由于你没有选择任何对象，网络画板判断你要制作变量动画。这时系统会弹出对话框请你输入变量名，如图 5-24 所示。输入迭代次数记录变量 n，设置步数为 1，间隔时间为 1 ms，起值为 0，止值为 $n+1$，类型为一次运动，序列为并行。为清楚起见，在"文本"编辑栏中，把原来的内容改成"$n \to n+1$"。单击"确定"按钮完成变量 n 的动画设置，生成一个"动画"按钮。

不选择任何对象，再次单击屏幕下方菜单中的"动画"命令，在弹出的动画对话框中输入变量"x"，设置步数为"1"，间隔时间为"1 ms"，起值为"1"，止值为"$(x^2+1)/(2*x+1)$"$\left(\text{即} \dfrac{x^2+1}{2x+1}\right)$，类型为"一次"，序列为"并行"，如图 5-25 所示。在"文本"编辑栏中，将"动画"两字改成

"x → \dfrac{x^2+1}{2x+1}"（即 $x \to \dfrac{x^2+1}{2x+1}$）。单击"确定"按钮，生成图 5-25 中右侧的"动画"按钮。

图 5-24　迭代次数记录变量 n 的动画属性设置

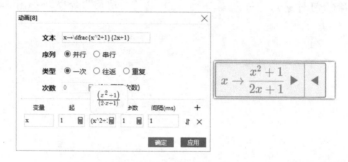

图 5-25　迭代变量 x 的动画设置

为了看得见数据，还要设置变量 x 和 n。选择屏幕下面菜单中的"变量"命令，在弹出的对话框中"变量"的下方输入"x"，再单击"+"按钮，输入另一个变量"n"，然后单击"确定"按钮，如图 5-26 所示（参看操作说明 4-2）。

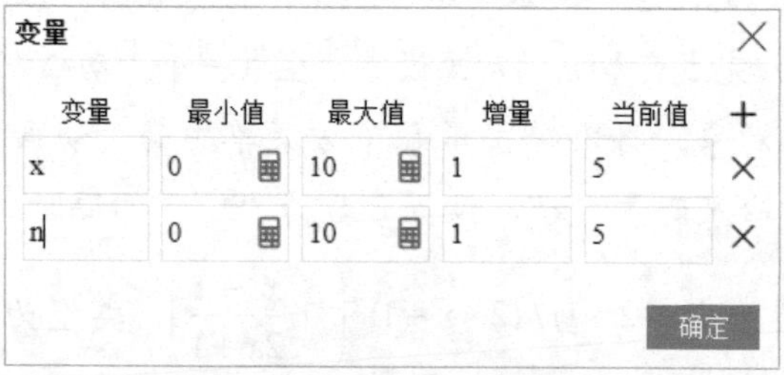

图 5-26　变量输入对话框

分别选中两个变量，在其属性对话框中将"显示播放按钮"和"显示滑杆"复选框中的对钩去掉，设置好线色和精度等，就可以进行迭代了。图 5-27 所示是变量 x 的属性设置方法，另一个变量 n 按相同的方法进行设置即可。

图 5-27　变量 x 的属性对话框

现在回到关于相似的讨论，我们已经知道相似形是指形状相同而大小不同的平面图形，而已知一个图形，要画出与它相似的图形实际上就是要对原来的图形进行缩放。

【实验 5-7】　对图形进行缩放。

通过网址 https://www.netpad.net.cn/svg.html#posts/362592 或者下面的二维码，打开相应的课件，如图 5-28 所示。拖动变量尺的滑块，你将看到图形的放大和缩小效果；拖动虚线的交点，你将得到不同位置的按给定比例进行放大或缩小的图形。

所以，为了实现图形的缩放变换，一方面要选定缩放中心，另一方面要选择缩放系数。缩放变换在几何中也叫"位似变换"。一般说来，若两个相似多边形对应顶点的连线交于一点，我们就称这两个多边形相互位似。这个交点叫作位似中心，即缩放中心。

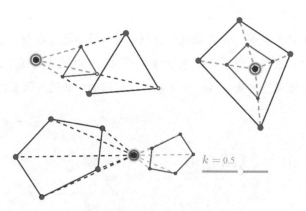

图 5-28　图形的放大和缩小

对图形进行缩放的方法有多种，请按下面的说明做一做。

【操作说明 5-4】　作一条线段的定比分点，如黄金分割点。

先作线段 AB，再用智能画笔在 AB 上作一点 C。选中点 C，在其属性对话框的"设定"选项卡的"点值"一栏中将"u0"改为"0.618"[如果希望更准确，则可以多写至 6 位小数，或输入"（sqrt(5)-1）/2"，即 $\dfrac{\sqrt{5}-1}{2}$]，其他地方保持默认值即可，如图 5-29 所示。点 C 就成了线段 AB 的黄金分割点。

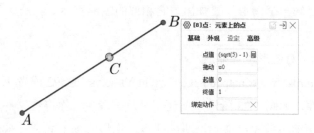

图 5-29　修改点 C 的点值，使它成为线段 AB 的黄金分割点

在此基础上可以完成图 5-18 所示的黄金矩形的作图过程。

一般而言，若参数填写为 k，则执行后点 C 满足条件 $\overrightarrow{AC}=k\overrightarrow{AB}$。但有时要求定比分点 C 满足条件 $\overrightarrow{AC}=k\overrightarrow{CB}$，则参数应填写为 $k/(1+k)$。这里的 k 可以是数字、变量或数学表达式。当 k 是变量或数学表达式时，如果希望点 C 可以被拖动，则在下面的拖动参数栏中填入表达式中出现的一个变量符号。

如果要作出线段 AB 的所有 n 等分点，那么作出函数曲线的离散点后就能将一条线段 n 等分。例如，线段 AB 九等分的结果如图 5-30 所示（通过网址 https://www.netpad.net.cn/svg.html#posts/362593 或者下面的二维码，打开相应的课件）。

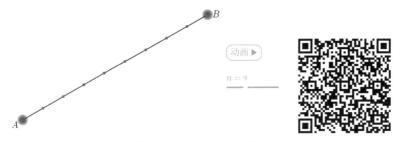

图 5-30　利用曲线的离散点作线段的九等分点

―――― 【操作说明 5–5】　图形的缩放。――――

若一个图形可以由几个点确定，就可以根据上面介绍的作定比分点的方法进行操作。下面以三角形的缩放为例进行介绍。

用智能画笔作 $\triangle ABC$ 和点 D，自点 D 分别向点 A、B、C 连线段 DA、DB、DC。注意，作每条线段时都要从点 D 开始画。在线段 DA、DB、DC 上，按前面介绍的操作方法作相同“点值”的定比分点 E、F、G，再把点 E、F、G 连成三角形。最后插入变量尺 k 控制缩放系数的变化，得到三角形缩放的动画。

有时要缩放的图形是曲线、多边形或图片，就不便使用定比分点的方法，而要用到缩放变换功能。

下面利用网络画板的菜单命令进行缩放变换。

选中一些图形，最后选中的点为默认的缩放中心。执行菜单命令“缩放”（或在右键菜单中单击“变换”子菜单中的“缩放”命令），在随后弹出的对话框中设置缩放比例（可以是数字、变量或数学表达式）。

单击“确定”按钮，屏幕上马上出现缩放后的图形。注意，如果放大的倍数较大，放大后的图形就可能位于屏幕之外而看不见。用变量尺调小缩放参数后就能看到放大后的图形了。

掌握了上面的基本操作方法，现在可以尝试作一些更复杂的图形。

观察周围的世界，你会发现不少事物的总体和局部、大处和小处在结构上具有某种相似性，例如人体的血管、树木的枝条、天空中的云朵、植物的根须……图 5-31 所示是初春在马路边新栽的一排小树，这是利用平移、旋转和缩放变换在网络画板中制作的模拟图，你能观察出它在哪些方面呈现自相似的特性？能否在网络画板中复制这个图形或者自己设计一个类似的图形？

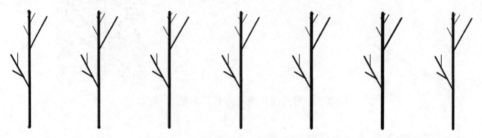

图 5-31　带有自相似部分的小树图案

通过网址 https://www.netpad.net.cn/svg.html#posts/362594 或者右侧的二维码，打开相应的课件，如图 5-32 所示。这个二叉树是由一条线段（树干）经旋转、缩放和迭代而成的。选择课件界面下方的一个参数后，按左、右箭头键微调其位置以改变所对应的数据，从而改变这个二叉树的形状。单击"动画"按钮，可以观察作图过程。

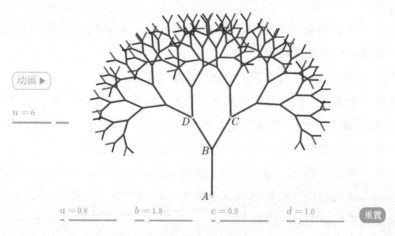

图 5-32　观察二叉树随参数的变化

通过观察，你能够指出几个参数所起的作用吗？

通过网址 https://www.netpad.net.cn/svg.html#posts/362596 或者下面的二维码，打开相应的课件，如图 5-33 所示。这个由一系列相似三角形构成的图形因数学家谢尔宾斯基而得名。单击课件界面中的"动画"按钮，可以看到这个图形是如何一步一步作出来的。

图 5-33　谢尔宾斯基三角地毯

现在让我们在网络画板中作一个较为简单的谢尔宾斯基三角地毯图形，通过动手实践来了解其结构。

① 作正三角形 ABC，连接三边中点得到内接正三角形并涂色。

② 选择缩放系数为 0.5，缩放中心分别为△ABC 的三个顶点，对内接正三角形进行缩放变换。

③ 不断重复上一步的操作（也可以考虑与平移变换相结合，以简化操作）。

这样就能得到图 5-33 所示的一系列分层动态图形（通过网址 https://www.netpad.net.cn/svg.html#posts/362595 或者右侧的二维码，打开相应的课件），这样的图形有什么特点呢？

如果设△ABC 的面积为 1，那么一个小三角形的面积就是 1/4，空白三角形面积的和为 3/4，而它们的周长之和是△ABC 的 1.5 倍，如图 5-34 所示。第二层的一个小三角形的面积是 1/16，空白三角形面积的和为 9/16，它们的周长之和又增长了 50%。请你计算下一层空白三角形的面积之和与周长之和，猜想这样的过程无限重复下去时

会发生什么情况。

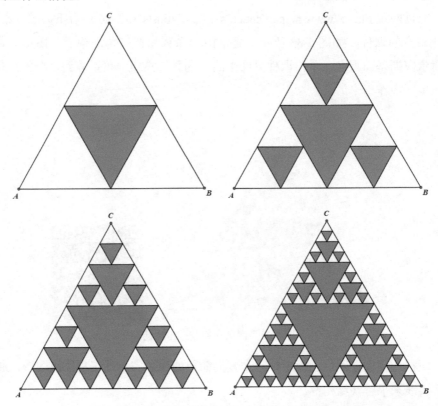

图 5-34   自己动手作谢尔宾斯基三角地毯

你将发现这些空白三角形的面积之和趋近 0，而它们的周长之和要多大就有多大。我们的面前出现了一个具有无限周长和有限面积的奇妙图形！

奇妙吗？细想起来也不奇妙，其实客观世界中的绝大多数事物并不像我们学过的点、线段和圆那样单纯、规则。复杂是宇宙的本性。仅就我们自身的血管而言，你想想从主动脉、静脉到小血管直到毛细血管，它们是什么形状？这样就容易理解仅占人体质量 5% 的血管何以遍布整个人体。

我们实际上已经走到一个新的数学分支——分形几何的门口，这是一个崭新的数学分支。1967 年法国数学家曼德尔布罗（B.Mandelbrot）在《科学》杂志上发表的文章《英国海岸线有多长？》标志着这个数学分支的建立。

海岸线的长度涉及实际的地理测量问题。英国人在考察这一问题时发现西班牙、葡萄牙、比利时、荷兰等国出版的百科全书记录的一些海岸线的长度竟相差

20%。这是怎么一回事呢？曼德尔布罗对此进行了研究，认为这和海岸线的不规则有关。设想驾驶飞机沿着海岸从空中拍摄照片进行测量是什么情况。用直尺度量时，我们会截弯去直，用一些折线段的长度计算海岸线的长度，如果尺度大一些的话，海岸线曲折的凸凹部分就被忽略掉了。换用尺度小一些的尺子时，测量出的海岸线的长度就会长一些。如果我们以自己的步长去测量，海岸线的长度还会大一些。继续下去，不断换用更小的尺度甚至用显微镜进行测量，力图把海岸线所有的曲折都考虑进去，那么海岸线的长度几乎可以说是要多大就有多大。

分形的基本性质是自相似性，曼德尔布罗创立的分形集合是描述自然界中大量存在的不规则现象的数学工具，目前已经用于研究海洋湍流、大气运动、矿物结晶、银河系中的星体聚合结构、蕨类植物的结构以及人体循环系统的结构等。

人们甚至在计算机上利用分形进行图案设计，数学和艺术完美地结合在一起了。你在网上可以搜索到专门用于制作分形图的免费软件，用它们来制作分形图是很有趣的。也可以找到现成的美丽的分形图来欣赏。最后，让我们欣赏图 5-35 中的几幅美丽的图形吧！

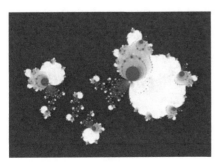

图 5-35　图形欣赏

第6章 影子与图形变换

我们在前面研究了图形的平移、反射和旋转，后来又讨论了相似。前三种变换中图形的大小和形状都不变，只是位置发生了改变，在相似变换中图形的大小发生了变化，但形状保持不变。下面我们介绍一种与影子有关的变换。

当阳光透过窗户照射到地面上时，你观察过窗户的影子吗？原来矩形窗户影子的形状和大小都发生了变化。在日常生活中，我们常常看到物体在阳光下的影子，如图6-1所示。从数学角度看，在阳光的照射下，物体与影子之间形成了图形变换关系。

图6-1　阳光下的影子

由于太阳离地球很远，我们可以近似地把阳光看成平行光。

这种在平行光作用下的图形变换比旋转、平移和反射都复杂，它能改变两点之间的距离，比按比例缩放更厉害，还能改变两条直线之间的夹角，但这种变化仍然是均匀的。例如，窗户上大小相同的矩形窗格的影子的大小仍然相同，只不过它们变成了大小相同的平行四边形。

数学家把这种变换叫作"仿射变换"。平移、反射、旋转和相似变换都是它的特例。

其实，我们在观看电视或电影时，也会看到类似的场景，屏幕上图形的大小和形状都发生了变化。在图6-2中，上面的文字通过变换变成了下面的文字，其大小和形状都发生了变化。

图 6-2　文字的大小和形状都发生了变化

现在从数学的角度定义仿射变换。

在图 6-3 中，设同一平面内有 n 条直线 a_1、a_2……a_n，f_1、f_2……f_n 依次表示通过平行光束建立起的 a_1 到 a_2、a_2 到 a_3……a_{n-1} 到 a_n 的对应关系，那么经过这一连串对应后，a_1 上的点与 a_n 上的点就建立起了一一对应关系，这种对应关系称为 a_1 到 a_n 的仿射对应。如果直线 a_n 与 a_1 重合，则这个仿射对应就叫作 a_1 到自身的仿射变换。

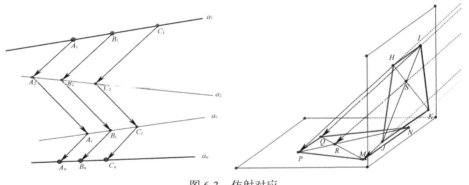

图 6-3　仿射对应

可以用一束平行光把图形的影子投射到一个平面上，还可以用另外一束平行光把图形的影子再投射到另外一个平面上。这样，通过一连串的投影，原来的一个平面图形经过多个平面依次对应，最后得到仿射变换的图形。

我们可以从下面几个实验中感受一下仿射变换。

一、感受仿射变换

【实验 6-1】　感受仿射变换。

① 通过网址 https://www.netpad.net.cn/svg.html#posts/368806 或者下页的二维码，打开相应的课件，如图 6-4 所示。

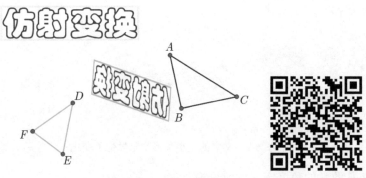

图 6-4　感受仿射变换

② 用鼠标拖动△DEF 的任意一个顶点，观察"仿射变换"四个字的变化，如图 6-5 所示。

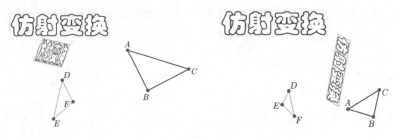

图 6-5　观察"仿射变换"四个字的变化

看到这里，我们不禁想到每晚电视机屏幕上"新闻联播"四个字的动态变化。原来电视节目制作也可以用到仿射变换！

你可能对屏幕上有两个三角形感到奇怪，会问它们与仿射变换有什么关系呢？你先不必管它，只要感受一下仿射变换的奇妙就可以了。（我们会在下面介绍用计算机生成仿射变换时对这两个三角形的作用加以说明）

【实验 6-2】　观察三角形的仿射变换。

① 通过网址 https://www.netpad.net.cn/svg.html#posts/368838 或者右侧的二维码，打开相应的课件，如图 6-6 所示。

② 选择三角形的任一顶点并拖动，或移动变量尺上的滑钮，或者单击变量尺上的"播放"按钮，观察三角形的变化，关注在变化过程中什么是不变的。（这里先不介绍变量尺的作用，要关注的是仿射变换中的哪些关系是不变的）。

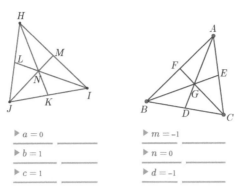

图 6-6　三角形的仿射变换

【**实验 6-3**】　观察平行四边形在仿射变换中的不变关系。

① 通过网址 https://www.netpad.net.cn/svg.html#posts/368860 或者下面的二维码，打开相应的课件，如图 6-7 所示。

② 陆续拖动屏幕左边的各点，观察平行四边形的形状发生了什么变化，以及什么关系是不变的。

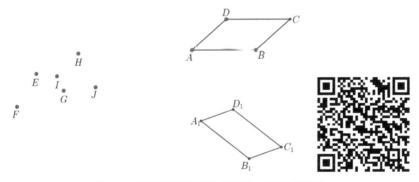

图 6-7　平行四边形在仿射变换中的不变关系

结合实验 6-2 和实验 6-3，我们可以猜想在仿射变换中的不变关系。

① 点的投影还是点，线段的投影还是线段。

② 如某点在一条线段上，则它的投影在该线段的投影上。

③ 三角形的投影还是三角形。

④ 平行线的投影仍然平行。

⑤ 平行四边形的投影还是平行四边形。

⑥ 线段的中点的投影为该线段的投影的中点。

••••••••••

这就是仿射变换中不变的东西。

至于圆，它可以变成椭圆。

【实验6-4】 观察圆在仿射变换中变为椭圆。

通过网址 https://www.netpad.net.cn/svg.html#posts/368874 或者下面的二维码，打开相应的课件，如图6-8所示。

注意，这里有一个仿射变换公式。

$x' = a_1 \times x + b_1 \times y + x_0$

$y' = a_2 \times x + b_2 \times y + y_0$

图6-8　仿射变换公式

这是仿射变换的代数表示方式。原来点 P 的坐标为 $(x，y)$，变换后它的对应点 P' 的坐标是 $(x'，y')$，它们之间的关系就由前面的公式表示。

对于变换的代数表示，我们不必大惊小怪。其实，在学习轴对称和平移时，我们就与这两种变换的代数表示擦肩而过了，只是当时没有留意。如果在平移变换中图形上的点 P 的坐标为 $(x，y)$，那么该图形向右平移2个单位，再向上平移3个单位后，对应点 P' 的坐标与点 P 的坐标的关系就是 $x'=1 \times x+0 \times y+2$，$y'=0 \times x+1 \times y+3$。类似地，在旋转变换、轴对称（反射）变换和相似变换中，原来图形上的点的坐标与变换后对应点的坐标的关系都可用相应的代数式表示。如果用计算机把这些表示变换关系的代数式记录下来，然后对某一图形上所有点的坐标进行计算，就能得到它们的对应点的坐标（计算机干这件事相当神速，在瞬间就能完成），于是变换的图形就能在计算机屏幕上呈现出来。

今天看来，以前学习过的变换无非都是仿射变换的特例！可以证明仿射变换的代数表示就是上面看到的仿射变换公式，共有两个方程和六个未定系数。如果知道了三对点的坐标，就可以求出这六个系数，从而唯一地确定出一个仿射变换。例如，如果一个仿射变换使点 O（0，0）、A（1，1）和 B（1，−1）依次变换为 O'（2，3）、A'（2，5）和 B'（3，−7），我们就可以确定这个仿射变换。根据仿射变换公式列出六个方程：

$2 = x_0$，$3 = y_0$；$2 = a + b_1 + x_0$，$5 = a_2 + b_2 + y_0$；$3 = a_1 - b_1 + x_0$，$-7 = a_2 - b_2 + y_0$

解得：

$$a_1 = \frac{1}{2}, \ b_1 = -\frac{1}{2}, \ a_2 = -4, \ b_2 = 6, \ x_0 = 2, \ y_0 = 3$$

于是所求的仿射变换为：

$$x' = \frac{1}{2}x - \frac{1}{2}y + 2$$

$$y' = -4x + 6y + 3$$

现在解释一下为何在计算机上画出三对对应点就能确定一个仿射变换。当在计算机上画出三对点时，计算机就知道它们各自的坐标，然后快速求出仿射变换公式，并按照这两个公式计算出一个图形上所有点的对应点的坐标，于是屏幕上就出现了一个图形对应的仿射变换图形了。这就是前面实验中利用两个三角形确定仿射图形的原因。

下面看一下利用网络画板生成仿射图形的过程。

【实验 6-5】　三点到三点的仿射变换。

通过网址 https://www.netpad.net.cn/svg.html#posts/374714 或者右侧的二维码，打开相应的课件，按以下步骤进行操作。

① 绘制六个自由点 A、B、C、D、E、F，如图 6-9 所示。

② 构造过点 A、B、C 的三点圆。

③ 构造圆的中心 G 和圆内的一点 H，然后以点 G 为圆心、GH 为半径构造两点圆。

④ 在三点圆上取一点 I，选中点 I 并添加动画。

⑤ 同时选中两个圆和点 I，作从 A 到 D、从 B 到 E、从 C 到 F 的仿射变换。

拖动自由点改变点的坐标，观察对应的仿射变换图形的变化。

【实验 6-6】　利用坐标系，用三个点表示仿射变换，直观感受我们学过的平移、反射（轴对称）、旋转、相似等变换都属于特殊的仿射变换。

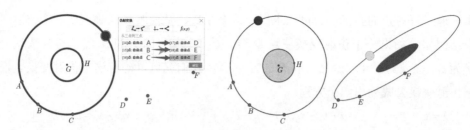

图 6-9　三点到三点的仿射变换

　　前面说过，知道了三个点的映像，就确定了一个仿射变换。所以，在进行仿射变换时需要标出六个点。

　　如果利用平面上现成的直角坐标系，让原点的映像为点 A，点（1，0）的映像为点 B，点（0，1）的映像为点 C，那么就节省了三个点，用 A、B、C 三个点就可以表示一个仿射变换。

　　通过网址 https://www.netpad.net.cn/svg.html#posts/374782 或者下面的二维码，打开课件"三个点确定的仿射变换"，屏幕上有直角坐标系和 $\triangle ABC$，其中 A、B、C 三个点可以拖动，如图 6-10 所示。在这三个点确定的仿射变换中，绿色的圆、正方形、三角形和"仿射变换"四个字被变换为橙色的映像。你可以拖动 A、B、C 三个点来改变仿射变换，观察这几个图形和它们的映像的关系。

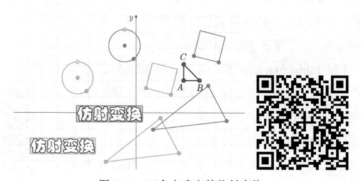

图 6-10　三个点确定的仿射变换

　　在图 6-11 中，A、B、C 三个点确定的仿射变换是一个左右反射。请你思考：如何改变 A、B、C 三个点的位置，做一个上下反射呢？

　　你一定看出来了，图 6-12 所示的仿射变换是一个相似变换，每个图形都按相同的比例放大了。如果想让它们按相同的比例缩小，那么该如何安排 A、B、C 三个点呢？

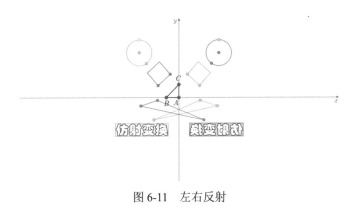

图 6-11　左右反射

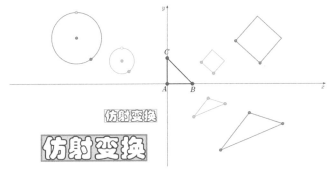

图 6-12　同比例放大

在图 6-13 中，四个图形的映像都是绕原点旋转生成的。如果想得到它们绕另外一个点旋转的映像，那么该如何安排呢？

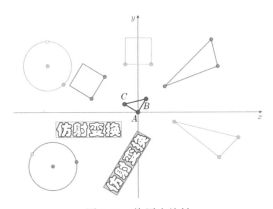

图 6-13　绕原点旋转

在前面的几个图中，图形的变化不大，圆还是圆，正方形还是正方形。关键之处在于△ABC是以BC为斜边的等腰直角三角形。如果不是，仿射变换就比较剧烈了。在图6-14中，圆变成了椭圆，正方形变成了一般的平行四边形。不过即使变形再厉害，圆也不会变成双曲线，正方形也不会变成梯形。

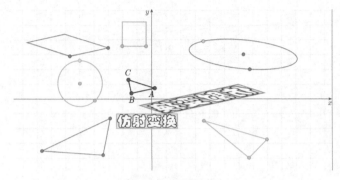

图6-14　剧烈变换

归根结底，仿射变换无非是在平移、反射和旋转的基础上，再沿互相垂直的两个方向做比例可能不同的缩放。

仿射变换可以让简单的图形与比较复杂的图形相互转化。利用仿射变换中不变的因素，可以把某些问题转化为比较简单的问题，如蝴蝶定理。

这是历史上的一道名题，据说是刊登在1815年发行的欧洲通俗杂志《男士日记》某一期上的一道征解题目。

题目是这样的。

在图6-15中，设AB是圆O的弦，M是AB的中点，过点M作圆O的两条弦CD和EF，CF和DE分别交AB于点H和G，则$MH=MG$。

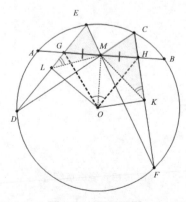

图6-15　题目配图

你可以利用网络画板画出这个图形，并利用网络画板的测量功能验证 $MH=MG$。你还可以考虑如何对这个结果进行证明。图 6-15 中添加了辅助线，已经给了你重要的提示。如果你还没有学习圆的有关知识，那么就可以跳过证明，关注如何利用仿射变换把这个结果扩充到椭圆上。回到仿射变换上来，可以看到圆上的蝴蝶如何轻松地转化为椭圆上的蝴蝶。数学家们的目光一转，忽然发现将蝴蝶定理里面的圆换成椭圆时，这个结论依然成立！

【实验 6-7】　圆上的蝴蝶变为椭圆上的蝴蝶。

通过网址 https://www.netpad.net.cn/svg.html#posts/368886 或者下面的二维码，打开相应的课件，如图 6-16 所示。

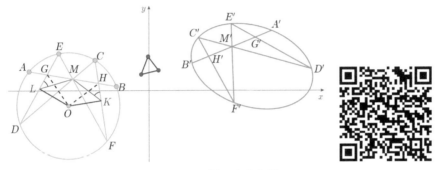

图 6-16　椭圆上的蝴蝶

直接证明椭圆的这个结论真不容易！这下仿射变换就能帮我们大忙了。适当选取平行光束照射的角度，总可以把地板上的椭圆当成玻璃上的圆的影子。点 A'、B'、M'……是点 A、B、M……的影子，椭圆上的蝴蝶是圆上的蝴蝶的影子。根据圆上的蝴蝶定理，M 是 HG 的中点，它投射到地板上时，M' 也应该是 $H'G'$ 的中点，即 $M'H'=M'G'$。圆上的蝴蝶定理被轻松地移植到椭圆上，这个结论也成立！初识仿射变换，我们已经感受到了它的威力！

二、感受射影变换

照片与原来的实物的形状和大小一定是一模一样的吗？看看图 6-17，我们一眼就能认出拍摄的是铁轨。仔细一想，两条铁轨应该是平行的，它们之间的距离应该是一样的。图中的两条铁轨却不平行，

图 6-17　铁轨

它们之间的距离沿着延伸方向越来越短。

类似地，一个画家所作的画与原景也有差异，可以认为是原景在画布上的投影。在这个变换过程中，长度和角度都发生了改变，但原景的几何结构在画布上仍然能被认出来。这当然是由于存在着"射影下不变"的几何性质。什么是射影变换？它有什么性质？我们先从下面的一个实验中感受一下中心投影。

【实验6-8】　一个关于影子的实验。

这个实验可以在你的书桌上进行。实验材料包括一盏台灯、两支圆珠笔芯和一张白纸。实验过程为：把白纸铺在桌面上，使两支圆珠笔芯垂直于桌面，打开台灯，观察圆珠笔芯的影子。请你的同伴沿着笔芯的影子描出两条直线。这时台灯可以看成点光源，两支圆珠笔芯的影子可以看成它们在中心投影中的射影。

这样，我们就初步认识了射影变换。利用中心投影或平行投影，或通过有限次这样的投影，把一个图形变成另外一个图形的过程称为射影变换。前面的仿射变换是射影变换的特殊情况。

看看图6-18，点 O 是射影中心，左面的图显示了如何把同一平面内的直线映射到下面的一条直线上，右面的图则显示了如何把上面平面上的直线和点映射到下面的平面上。

通过网址 https://www.netpad.net.cn/svg.html#posts/369524 或者右侧的二维码，打开相应的课件，感受射影变换。

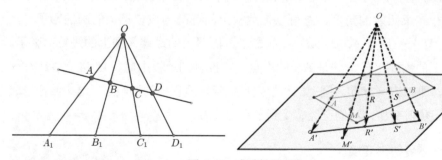

图6-18　感受射影变换

我们发现射影变换把点还变成点，把直线还变成直线。

【实验6-9】　关于射影性质的实验。

通过网址 https://www.netpad.net.cn/svg.html#posts/369527 或者下页的二维码，

打开相应的课件，如图 6-19 所示。在屏幕上，从点 O 引出三条射线，三角形 ABC 和三角形 $A_1B_1C_1$ 的顶点分别在这三条射线上。

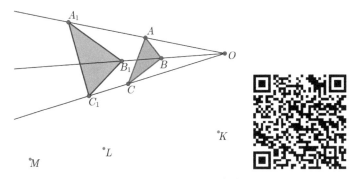

图 6-19　关于射影性质的实验（一）

画出 AB 和 A_1B_1 的交点、BC 和 B_1C_1 的交点、AC 和 A_1C_1 的交点。你发现这三个点有着怎样的位置关系了吗？

拖动课件中的任意一点，你有什么新的发现？

由此，我们还发现射影变换下不变的性质：三点共线。

图 6-20 显示了分别位于两个平面上的两个三角形的对应顶点的连线交于一点的情况，上述结论仍然成立，而且空间比平面的情况更好证明。通过网址 https://www.netpad.net.cn/svg.html#posts/369542 或者下面的二维码，可以观看相应的课件。

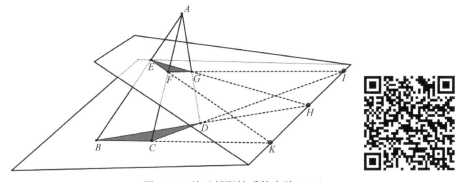

图 6-20　关于射影性质的实验（二）

这是射影几何最早发现的结果之一——德沙格定理。

在图 6-21 中，设 AD、BE 和 CF 分别是△ABC 的三条边 BC、CA 和 AB 上的高或中线，BC 与 FE 的延长线交于点 X，AC 与 FD 的延长线交于点 Y，AB 与

ED 的延长线交于点 Z，证明 X、Y、Z 三点共线。

　　你可以在网络画板中进行验证（通过网址 https://www.netpad.net.cn/svg.html#posts/ 369565 或者下面的二维码，打开相应的课件），或者用德沙格定理进行证明。

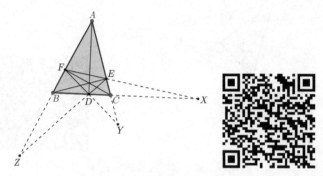

图 6-21　德沙格定理的应用

　　在实验 6-8 中，在拖动图形的动态过程中，当 $AB \mathbin{/\mkern-5mu/} A_1B_1$，$BC \mathbin{/\mkern-5mu/} B_1C_1$，$AC \mathbin{/\mkern-5mu/} A_1C_1$ 时，它们原来的交点"消失"了。这时，德沙格定理还成立吗？我们也可以说原来的交点并没有"消失"，而是跑到了无穷远处，平行线在无穷远点"相交"了。这样一来，德沙格定理仍然成立。但是无穷远点在何处呢？我们根据实验 6-8 设计了一个在网络画板中进行的模拟实验。

　　【实验 6-10】　无穷远点在哪里？

　　通过网址 https://www.netpad.net.cn/svg.html#posts/369575 或者下面的二维码，打开课件"无穷远点在哪里"，如图 6-22 所示。

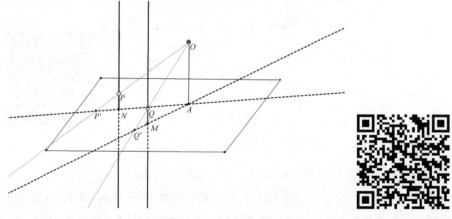

图 6-22　无穷远点在哪里

O 表示光源，两条竖立的直线表示两支圆珠笔芯所在的直线，它们在光照下形成的影子如屏幕上的虚线所示。选择点 Q 并沿着第一条直线向下拖动，观察它和点 P（点 P 是光线照射在另外一条直线上所形成的与点 Q 齐头并进的动点）及其投影的运动轨迹。

当点 Q 运动到点 M 的位置时（同时点 P 运动到点 N），它们的投影点的运动轨迹就是我们看到的圆珠笔芯的影子。选择点 Q 并沿着直线向上拖动时，点 Q 和 P 的投影会越来越远。当点 Q 运动到与点 O 等高的位置时，它们的投影不见了，其实是移到了无穷远处。再往上移动点 Q 时，可以想象光线的反向延长线在点 A 的后方出现，并逐渐靠近点 A。当点 Q 向下运动时（想象桌面是用钢化玻璃制作的），它们的投影应在点 M 和 A 之间，同时点 P 的投影在点 N 和 A 之间。随着点 $Q(P)$ 无限制地沉入地下，它们的投影也无限制地靠近点 A。于是，我们可以想象两条平行的直线（无限长的圆珠笔芯）向上和向下都在无穷远处相交，而交点（即所谓的无穷远点）的影子就是点 A。

如果倾斜放置一条无限长的笔芯 CD（直线），它与桌面交于点 C，在由点光源 O 发出的光线的照射下，依照上面的方法，你可以得到这条直线的影子，并追寻到这条直线的无穷远点的投影，它已经不是点 A 了。这时我们过点 O 作一条平行于 CD 的直线，该直线交桌面于点 X，那么点 X 就是直线 CD 的无穷远点的投影。当直线 CD 绕着点 C 旋转时，我们就得到了无数条直线，可以追寻到这无数条直线的无穷远点在桌面上的投影点 X 的轨迹。既然点 X 的轨迹是一条直线，我们就说平面上所有直线的无穷远点组成了一条无穷远直线。

引入了无穷远点的概念之后，我们可以说平面上的任意两条直线相交于一点，或普通点或无穷远点（可以认为原来的平行线相交于无穷远点）。

【实验 6-11】　平面德沙格定理的探究与证明。

通过网址 https://www.netpad.net.cn/svg.html#posts/369595 或者下页的二维码，打开相应的课件，如图 6-23 所示。从点 O 引出三条射线，$\triangle ABC$ 和 $\triangle A'B'C'$ 的三个顶点分别位于这三条射线上。已知 $AB \mathbin{/\mkern-5mu/} A'B'$，$AC \mathbin{/\mkern-5mu/} A'C'$，拖动点 A 或 B，观察 BC 与 $B'C'$ 的位置关系。

也许不用实验，你早已观察出这两条边是平行的，并且很容易进行证明。

用无穷远点和无穷远直线的眼光，你能对这道题目给出什么解释呢？

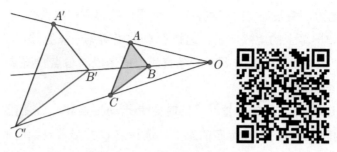

图 6-23   平面德沙格定理的证明

由 $AB \parallel A'B'$ 可知这两条边所在直线的交点 P 是一个无穷远点，同样 AC 和 $A'C'$ 所在直线的交点 Q 也是一个无穷远点。现在既然我们推导出 BC 与 $B'C'$ 平行，那么这两条边所在直线的交点 R 也应该是一个无穷远点。由此可见，这三个无穷远点共线，都位于无穷远直线上。

由德沙格定理的这一特殊情况，根据投影变换，该定理的一般情况也成立。

下面给出两道思考题。

① （巴斯卡定理）在图 6-24 中，设点 B 在直线 AC 上，点 B' 在直线 $A'C'$ 上，如果 $AB' \parallel A'B$，$BC' \parallel B'C$，则 $AC' \parallel A'C$。

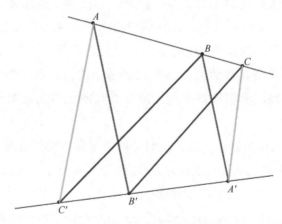

图 6-24   第一道思考题配图

② 在图 6-25 中，设点 B 在直线 AC 上，点 B' 在直线 $A'C'$ 上，如果 AB' 与 $A'B$ 交于点 P，BC' 与 $B'C$ 交于点 Q，则 AC' 与 $A'C$ 的交点 R 在直线 PQ 上。

以上我们讨论了涉及三点共线的问题。如果一条直线上有四个点 A、B、C、D，它们在另外一条直线上的投影为点 A_1、B_1、C_1、D_1，那么这时什么量是不变的？

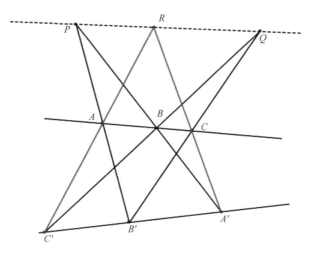

图 6-25　第二道思考题配图

先考虑一个特殊情况。如图 6-26 所示，一束平行光线把一条直线上的四个点投射到另外一条直线上，此时什么是不变量呢？易知 $\dfrac{CA}{CB}\bigg/\dfrac{DA}{DB}=\dfrac{C'A'}{C'B'}\bigg/\dfrac{D'A'}{D'B'}$，也就是说 $\dfrac{CA}{CB}\bigg/\dfrac{DA}{DB}$ 是平行投影的不变量。我们把比值 $\dfrac{CA}{CB}\bigg/\dfrac{DA}{DB}$ 称为四个有序点 A、B、C、D 的交比。以后用符号 $(ABCD)$ 表示交比，$(ABCD)=\dfrac{CA}{CB}\bigg/\dfrac{DA}{DB}$。把平行投影改为中心投射，这条性质还成立吗？

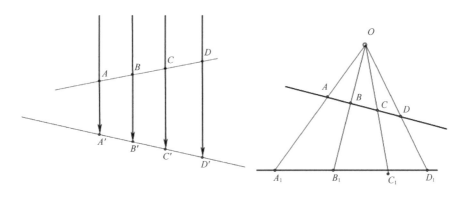

$$\frac{CA}{CB}\bigg/\frac{DA}{DB}=\frac{C_1A_1}{C_1B_1}\bigg/\frac{D_1A_1}{D_1B_1}$$

图 6-26　交比

【实验 6-12】　用网络画板演示射影几何基本定理（交比定理）。

通过网址 https://www.netpad.net.cn/svg.html#posts/369622 或者下面的二维码，打开相应的课件。

根据定义，位于一条直线上的四个点的交比为取正值的长度的比。把交比的定义作下述修改：这个值既可以取正值也可以取负值，这样就能更准确地表明这四个点的排列顺序了。我们选择直线的一个方向为正，规定按这个方向测量的线段的长度为正，反方向测量的线段的长度为负，如图 6-27 所示。

$(ABCD) = 2.07$　　　$(ABCD) = -2.00$

图 6-27　交比定理

特别地，如果 $(ABCD)=-1$，则 $\dfrac{CA}{CB} = -\dfrac{DA}{DB}$。这时 C 和 D 两个点以相同的比例在线段 AB 内外分开，我们说点 C 和 D 调和分割线段 AB，如图 6-28 所示。

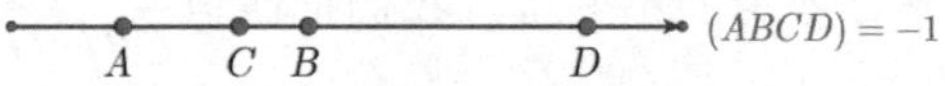

$(ABCD) = -1$

图 6-28　点 C 和 D 调和分割线段 AB

如果将点 D 移向无穷远点，则可以认为 $DA=DB$，从而有 $\dfrac{CA}{CB} = -\dfrac{DA}{DB} = -1$，于是 $CA = -CB$，点 C 为线段 AB 的中点。下面我们看交比定理的一个应用实例。

【实验 6-13】　1978 年中国数学竞赛题。

通过网址 https://www.netpad.net.cn/svg.html#posts/369629 或者下页的二维码，打开相应的课件，如图 6-29 所示。屏幕上四边形 $ABCD$ 的对边 AB 与 DC 的延长线交于点 E，对边 AD 与 BC 的延长线交于点 F，AC 的延长线交 EF 于点 N，AC 交 BD 于点 M，BD 和 EF 所在的直线交于点 P。

① 利用网络画板的计算功能计算交比 $(BDMP)$ 和 $(EFNP)$。

② 拖动点 C，观察这两个交比的变化。

③ 当 $BD \parallel EF$ 时（见图 6-30），观察点 M 与 N 的位置。

④ 证明这时 $BM=MD$，$EN=NF$。

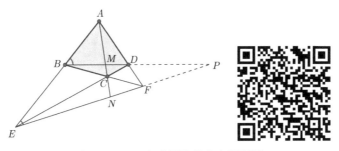

图 6-29　1978 年中国数学竞赛题配图

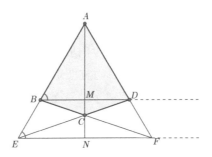

图 6-30　*BD ∥ EF* 时的情况

以上数学实验帮助我们初步认识了有趣的射影几何,其实利用射影几何的知识还可以解决许多平面几何问题呢。作为入门,我们暂时先聊到这里吧。

第 7 章 有趣的反演变换

前面我们曾讨论过照镜子与轴对称，轴对称的概念与反射分不开，轴对称也称为镜面反射。照镜子时，镜子里的你与实际的你的外形一模一样。课本上抽象出来的轴对称图形的定义是：如果一个图形沿着一条直线折叠后，直线两旁的部分能够互相重合，这个图形就叫作轴对称图形，这条直线就是它的对称轴。

你想过没有，如果你面前的镜子不是平面镜，而是球面镜，你在镜子里的形象会发生怎样的改变？在这一章中，我们将走近有趣的圆反射，认识一种神奇的变换——图形对圆的反演。

先一起做个有趣的实验吧！

一、欣赏斯坦纳圆链

【实验 7-1】 欣赏斯坦纳圆链。

通过网址 https://www.netpad.net.cn/svg.html#posts/365241 或者右侧的二维码，打开课件"欣赏斯坦纳圆链"，如图 7-1 所示。

① 单击"运动"按钮，观察图中左右两边圆的变化。

② 拖动变量尺的滑钮，观察彩色图形的变化。

思考：彩色图形是怎样作出来的？

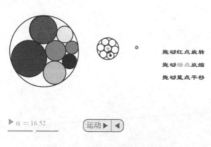

拖动红点旋转
拖动绿点放缩
拖动蓝点平移

▶ $\alpha = 16.52$　　运动 ▶ ◀

图 7-1　欣赏斯坦纳圆链

左边的图形与右边的图形具有怎样的对应关系？

注意：这两个图形的特点都是 6 个圆围绕一个圆旋转，它们与这个圆相外切，相邻的两个圆彼此相外切，同时还与外边的大圆相内切；二者不同的是 6 个彩色的圆的大小在旋转过程中不断变化。这个图形利用圆规和直尺是很难作出的，但在计算机上作出这个图形并不困难。其实，每一个彩色的圆都是由右边圆中的小圆通过反演变换得到的。好玩吗？你可能会问，这个图是怎么画出来的？别着急，通过下面的学习，你将能自己在网络画板中制作这个课件。

下面我们先来认识什么是图形的反演变换。

二、反演变换的概念

如图 7-2 所示，在平面上有以点 O 为圆心、r 为半径的圆，点 P 的像 P' 是如此定义的：点 P' 位于直线 OP 上，且 $OP' \times OP = r^2$，我们称点 P' 为点 P 关于圆 O 的反演点，这种变换为点 P 关于圆 O 的反演变换，圆心 O 为反演中心，$OP' \times OP = r^2$ 为反演幂。

根据这个规则，一个反演建立了平面上的任意一点与它的像之间的一一对应关系，从而把一个平面图形变换成另外一个图形，例如实验 7-1 中的圆链。

把上式改写成 $OP' = \dfrac{r^2}{OP}$ 后就容易理解了。当

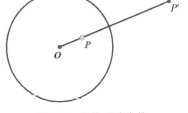

图 7-2　点的反演变换

点 P 位于圆 O 内时，点 P 的像 P' 位于圆 O 外；点 P 位于圆 O 外时，点 P 的像 P' 位于圆 O 内；点 P 位于圆 O 上时，点 P 的像 P' 就是它本身（自反点，反演变换中不动的点称为自反点）。可以想象，这时圆 O 相当于一个反射镜面。

通过操作下面的课件，可以直观地看到点 P 的位置对反演点 P' 的位置的影响。

【实验 7-2】　反演变换的概念体验。

通过网址 https://www.netpad.net.cn/svg.html#posts/362867 或者下页的二维码，打开课件"反演变换的概念"，如图 7-3 所示。

① 拖动点 P，观察屏幕上数据的变化，理解点 P 与 P' 的关系。

② 依次将点 P 拖至圆内、圆外和圆上，观察点 P' 的位置。

③ 移动变量尺的滑钮，改变圆的半径，重复上述实验。

④ 将点 P 拖至圆心 O 附近，观察反演点的变化。

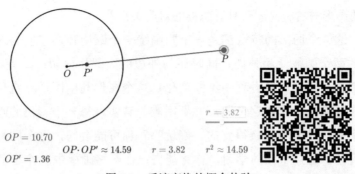

$OP = 10.70$

$OP' = 1.36$

$OP \cdot OP' \approx 14.59$　$r = 3.82$　$r^2 \approx 14.59$

图 7-3　反演变换的概念体验

三、反演变换的作图

我们可用不同方式完成反演变换的作图。

【实验 7-3】　利用圆规和直尺画出一个点的反演点。

通过网址 https://www.netpad.net.cn/svg.html#posts/362861 或右侧的二维码，打开相应的课件，如图 7-4 所示。

作图步骤如下。

① 作圆 O 及圆外一点 P。

② 连接 PO，以点 P 为圆心、PO 为半径画弧交圆 O 于点 A。

③ 以点 A 为圆心、AO 为半径画弧交 PO 于点 P'。点 P' 就是点 P 的反演点，点 O 为反演中心。（你可以利用相似形的知识加以证明。）

④ 测量 OP 与 OP' 的长度。

⑤ 计算它们的乘积，然后拖动点 P，观察屏幕上的数据。

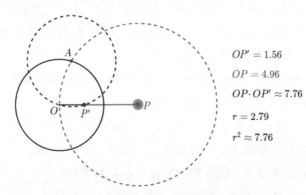

$OP' = 1.56$

$OP = 4.96$

$OP \cdot OP' \approx 7.76$

$r = 2.79$

$r^2 \approx 7.76$

图 7-4　作点 P 关于点 O 的反演点

【实验 7-4】　动手制作反演画图工具——波西里叶连杆。

准备两根等长的木条（较长）和四根等长的木条（较短），按照图 7-5 所示的方式构成一个可以活动的连杆。

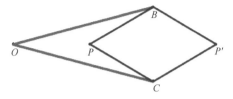

图 7-5　波西里叶连杆的构成

这就构成了一个反演画图工具，点 O 为反演中心。不管怎么活动这个连杆，点 P 与 P' 都互为反演点。你能说出其中的道理吗？这里的反演幂是多少？（利用初中几何知识，这不难证明。）你可以在网络画板中制作这个连杆，而且调整反演幂和反演中心十分方便。

──【操作说明 7-1】　反演变换作图在计算机上的简便生成。

① 在网络画板中作点 O 和 P。

② 测量 OP 的长度 m_0（在网络画板中记为 m0）。

③ 引入变量尺 K。

④ 以点 O 为缩放中心，缩放系数为 $\dfrac{K}{m_0^2}$，将点 P 缩放到 P' 点。这样就得到了点 P 的反演点。你能证明这个结果吗？

⑤ 先后选择点 P 和 O，在右键菜单的"变换"子菜单中选择"反演"命令，在弹出的对话框中的"反演率"一栏中输入"K"（见图 7-6），或单击变量尺拾取变量 K。

图 7-6　以点 O 为中心作反演变换

⑥ 测量 OP' 的长度并计算它与 OP 的乘积。

⑦ 拖动点 P 或改变 K 的值，验证点 P' 是点 P 关于点 O 的反演点，如图 7-7 所示。

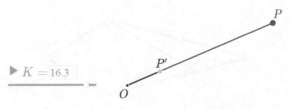

图 7-7　点 P' 是点 P 关于点 O 的反演点

注意：我们将在以后的作图中多次使用这种方法。

【实验 7-5】　在计算机上动手制作斯坦纳圆链。

在实验 7-1 中，我们欣赏了斯坦纳圆链，现在可以亲手制作一个斯坦纳圆链。

（1）制作图 7-1 中右边的图形

通过网址 https://www.netpad.net.cn/svg.html#posts/362880 或右侧的二维码，打开相应的课件，如图 7-8 所示。

① 作以点 A 为圆心、半径为 1 的圆。

② 在圆上取一点 B。

③ 作点 A 关于点 B 的对称点 C。

④ 以点 C 为圆心、1 为半径作圆。

⑤ 以点 A 为旋转中心、60°为旋转角，旋转圆 C，得到另外 5 个圆。

⑥ 作点 B 关于点 C 的对称点 D。

⑦ 以点 A 为圆心、AD 为半径画圆。

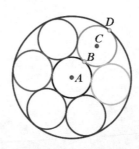

图 7-8　制作斯坦纳圆链右边的图形

（2）制作图 7-1 中左边的图形

① 在图 7-9 中，选择自由点 O 作为反演中心。

② 插入变量尺作为反演幂 K。

③ 作出右边的 8 个圆的反演图形。

④ 给各个圆填色。

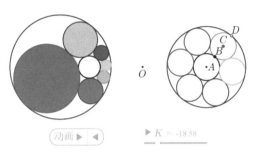

图 7-9　制作斯坦纳圆链左边的图形

思考：

① 反演图形中的圆为什么彼此相切呢？（这说明右面的各个圆通过反演变换后仍然保持相切关系。）

② 反演图形中圆的大小在旋转时为什么会发生变化呢？

你可能由于技术不熟练而暂时没有完成这个实验，不要紧，暂时放一下，我们先去研究反演变换的性质。

四、探究反演变换的性质之一——反演变换的保圆性

当一个点沿着一条直线或一个圆运动时，它的反演点将形成怎样的图形呢？

【实验 7-6】　探索反演变换可以将圆变成怎样的图形。

① 通过网址 https://www.netpad.net.cn/svg.html#posts/362872 或者下面的二维码，打开课件"探究反演变换的保圆性之一"，如图 7-10 所示。

② 单击"P 运动"按钮，观察点 P 与其反演点 P' 的运动轨迹。

③ 选择反演中心 O，将其逐步移动到圆 A 的圆周上（单击"圆上"按钮，可以将反演中心准确定位在圆 A 上），观察红色的圆的变化。

④ 根据观察到的现象，归纳反演变换可以将圆变成怎样的图形。

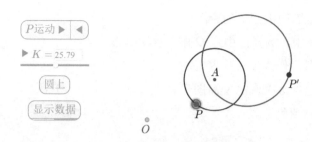

图7-10　探究反演变换的保圆性之一

【实验7-7】　探索反演变换可以将直线变成怎样的图形。

通过网址 https://www.netpad.net.cn/svg.html#posts/362871 或者下面的二维码，打开课件"探究反演变换的保圆性之二"，如图7-11所示。

① 单击"运动"按钮，观察直线上的点 P 及其反演点 P' 的运动。

② 移动反演中心 O 至直线 AB 上（单击"直线上"按钮，可以将反演中心准确定位在直线上），再次单击"运动"按钮，观察直线上的点 P 与其反演点 P' 的运动。

③ 根据观察到的现象，归纳反演变换可以将直线变成怎样的图形。

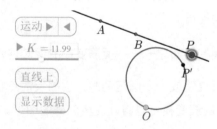

图7-11　探究反演变换的保圆性之二

由上面的实验归纳反演变换的保圆性质。

①_____

②_____

③_____

④_____

通过下面的实验，加深对反演变换的保圆性的认识。

【实验 7-8】 波西里叶连杆。

通过网址 https://www.netpad.net.cn/svg.html#posts/363507 或者下面的二维码，打开课件"波西里叶连杆"，如图 7-12 所示。

① 调整线段 s、t 的长度，观察连杆中红色与蓝色线段的长度的变化。

② 这里 s、t 的长度是相对固定的，O、P、P' 三点在一条直线上，P 和 P' 是菱形相对的两个顶点。测量 OP 和 OP' 的长度，验证点 P' 是点 P 的反演点。（你能不通过测量直接证明吗？）

③ 单击"运动"按钮，观察点 P 在过点 O 的圆上运动时点 P' 的运动轨迹。

④ 思考这说明了反演的什么性质。

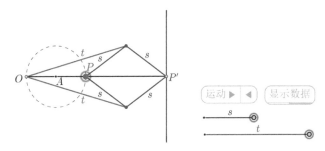

图 7-12　波西里叶连杆

由以上几个实验可以得出反演变换的重要性质之一——保圆性。所谓保圆性指的是：反演变换将过反演中心的直线变换成同一条直线，将不过反演中心的直线变换成圆；反演变换将过反演中心的圆变换成不过反演中心的一条直线，将不通过反演中心的圆变换成另外一个圆。

五、探究反演变换的性质之二——反演变换的保角性

在图形变换中，我们始终关注变换中不变的东西。对于轴对称、平移和旋转这几种变换，变换后新图形的形状和大小都与原来的图形一样，在相似变换中新图形的大小发生变化而形状没有改变。在反演变换中，新图形还保留了原来图形的什么性质呢？这就是下面几个实验要说明的反演变换的重要性质之二——保角性，即两条直线或曲线的夹角在反演变换中是不变的。

两条直线的夹角是我们所熟悉的，但怎样理解圆和与其相交的直线的夹角，又怎样理解两个圆的夹角呢？

下面用图 7-13 和图 7-14 对此稍加解释。

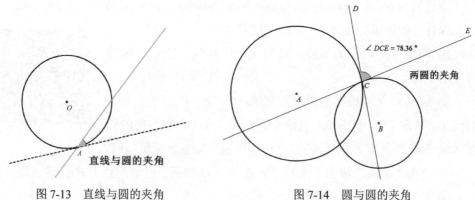

图 7-13   直线与圆的夹角   图 7-14   圆与圆的夹角

直线与圆的夹角是指直线与过圆和该直线的交点的圆的切线所夹的角，两圆的夹角指的是过两圆交点的两圆切线的夹角。知道了这些概念以后，我们就可以做下面的实验了。

【实验 7-9】   探究反演变换的保角性之一。

通过网址 https://www.netpad.net.cn/svg.html#posts/390979 或者下面的二维码，打开课件"探究反演变换的保角性之一"，如图 7-15 所示。图中有两个相交的圆——圆 B 和 C，点 A 是反演中心。反演变换把这两个圆变换成两条相交的直线。观察两个圆的夹角与两条直线的夹角有什么关系。

拖动点 B 或 C，改变这两个圆的相对位置，观察两圆夹角的变化与两条直线的夹角的变化。图 7-15 是其中的两个截图。

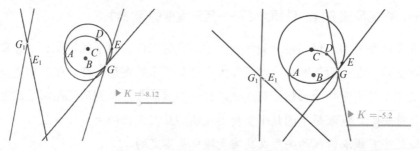

图 7-15   探究反演变换的保角性之一

【实验 7-10】   探究反演变换的保角性之二。

通过网址 https://www.netpad.net.cn/svg.html#posts/362857 或者下面的二维码，打开课件"探究反演变换的保角性之二"，如图 7-16 所示。

① 分别单击"D 运动"按钮和"E 运动"按钮，观察左边的圆与直线的反演图形。

② 选择点 C 并拖动，观察左边的直线与圆的切线的夹角和右面相应的反演圆在交点处的夹角的变化，体会反演变换的保角性。

③ 单击"显示辅助"按钮，移动点 D，思考如何证明反演变换的保角性。

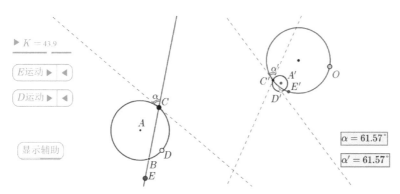

图 7-16　探究反演变换的保角性之二

【实验 7-11】　具有公共弦的几个圆的反演。

通过网址 https://www.netpad.net.cn/svg.html#posts/362870 或者下面的二维码，打开课件"具有公共弦的几个圆的反演"，如图 7-17 所示。

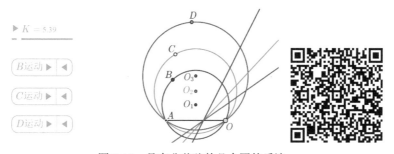

图 7-17　具有公共弦的几个圆的反演

① 分别单击"B 运动"按钮、"C 运动"按钮和"D 运动"按钮，观察三个圆与其反演图形的对应关系。

② 单击"显示对象1"按钮，显示三个圆在点 A 处的切线，如图 7-18 所示。

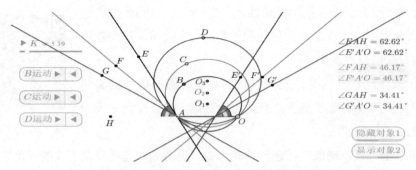

图 7-18　单击"显示对象1"按钮，体会相交圆反演角度的不变性

③ 拖动左面的三个圆的圆心，改变这三个圆的位置，观察它们的切线的变化以及这三个圆的反演直线之间的夹角的变化，体会相交圆反演角度的不变性。

④ 单击"显示对象2"按钮，体会圆 A 与直线 AO 正交（即交角为直角）时其反演图形也与直线 AO 正交，如图 7-19 所示。

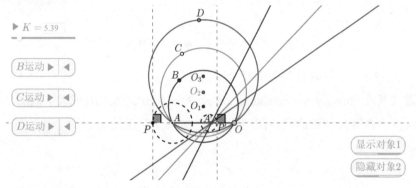

图 7-19　单击"显示对象2"按钮，体验反演角度的不变性

【实验 7-12】　相切于一点的几个圆的反演。

通过网址 https://www.netpad.net.cn/svg.html#posts/362873 或者下面的二维码，打开课件"相切于一点的几个圆的反演"，如图 7-20 所示。

① 分别单击"C 运动"按钮、"D 运动"按钮和"E 运动"按钮，观察左边的三个圆与右面的反演图形的对应关系，思考它们有什么共同性质。

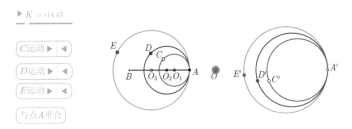

图 7-20 相切于一点的几个圆的反演

② 拖动反演中心 O 至点 A（通过单击"与点 A 重合"按钮，可以准确定位），观察反演图形的变化（见图 7-21），并对观察到的现象加以解释。

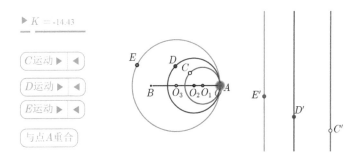

图 7-21 点 O 与 A 重合时反演图形的变化

这时，它们的反演图形变成了相交于无穷远点的平行线。

图形反演性质的证明以及应用是值得探究的课外活动课题，许多值得探究的有趣问题有待我们在计算机上去实验和体验。

第 8 章　自行车中的数学

发现问题和提出问题是科学研究的第一步。只要一门科学能不断地提出大量问题，它就充满生命力，数学也不例外。问题是数学的灵魂，能给数学的发展注入活力。日常生活中存在大量数学问题，有待我们去挖掘和思考。

自行车（见图 8-1）是城市里常见的代步工具。在笔直的马路上骑行自行车，其中难道也有数学问题吗？这就看你有没有数学眼光了！

图 8-1　自行车是常见的代步工具

其实，仅从图形变换的角度观察，其中就有平移和旋转。

通过网址 https://www.netpad.net.cn/svg.html#posts/362498 或者下面的二维码，打开相应的课件，如图 8-2 所示。自行车从点 A 移动到点 B，车轮的中心、车把、车座、车架、骑车人的手等都在做从点 A 到点 B 的平移，同时辐条、脚踏板与踏在脚踏板上的脚、自行车的中轴、轮盘和后轮的飞轮都在旋转，只不过它们的旋转中心和旋转角度不尽相同罢了。

于是我们很自然地发问：从点 A 到点 B，骑车人的脚蹬了几圈（当然我们讨论的是不滑行时的情况），自行车的轮盘、后轮的飞轮以及前后轮围绕它们各自的旋转中心旋转了几圈？更确切地说，它们围绕各自的旋转中心各旋转了多大角度？

图 8-2　这里有图形的平移和旋转

【实验 8-1】　如何计算和表示车轮旋转角的大小？

为了简化问题，只考虑一个车轮沿 *AB* 滚动的情况。显然，这个旋转角与自行车行进的距离和车轮的半径有关。通过网址 https://www.netpad.net.cn/svg.html#posts/362499 或者下面的二维码，打开相应的课件，如图 8-3 所示。

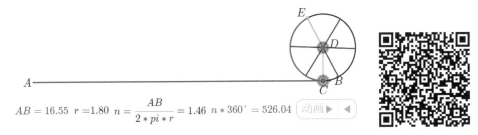

图 8-3　车轮滚动的距离与弧长和角度的关系

通过拖动点 *B* 可以改变 *AB* 的长度，拖动点 *D* 可以改变车轮的半径。单击"动画"按钮，可以看到车轮从点 *A* 到点 *B* 的滚动过程。屏幕上的数据显示了 *AB* 的长度、车轮的半径、车轮从点 *A* 到点 *B* 大致转过的圈数以及旋转角的度数。图 8-3 显示车轮转了不到两圈（1.46 圈），大致折合 526.04°，即 526°24′。图 8-4 展示了改变车轮半径后的又一个实验界面。

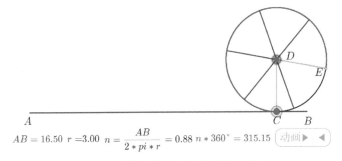

图 8-4　车轮半径变大，滚动角度变小

这一次半径变大了，而车轮转了不到一圈（0.88 圈），大致折合 315.15°，即 315°9′。你还可以在计算机上做更多的实验。实验表明，旋转角的大小仅仅依赖两个量，一是平移的距离，二是车轮的半径。道理很简单，所谓车轮转几圈就是平移的这段距离相当于几个车轮的周长 $n=\dfrac{|AB|}{2\pi r}$。因为车轮每转一圈时每一条半径都围绕车轮的中心旋转了 360°，所以旋转角总共为 $n\times360°$。这样，计算旋转角的度数的公式可以直接写成 $\dfrac{|AB|}{2\pi r}\times360°$ 或者 $\dfrac{|AB|}{r}\times\dfrac{180°}{\pi}$。计算的麻烦之处就在于计算 $\dfrac{180°}{\pi}$，其实用 $\dfrac{|AB|}{r}$ 完全可以刻画旋转角的大小，何不用这个量来表示角呢？例如，前面第一个实验中的角就干脆表示为 $\dfrac{16.55}{1.80}\approx9.19$，第二个实验中的角就表示为 $\dfrac{16.50}{3.00}=5.5$，不必再乘以 $\dfrac{180°}{\pi}$ 了。$\dfrac{|AB|}{r}$ 是什么意思呢？我们知道 $|AB|$ 相当于车轮上的一点围绕圆心转过的弧长 l，所以 $\dfrac{|AB|}{r}$ 就是用半径去度量这段弧的长度时得到的量数。把长度等于半径的弧所对的顶点在圆心的角叫作 1 弧度的角，以此作为度量角的单位，$\dfrac{l}{r}$ 等于几就是几弧度。由此可知，当 $l=2r$ 时，这个角就表示为 2；当 $l=0.5r$ 时，这个角就表示为 0.5……这比起用度数表示角显然方便多了！这种度量角的方法也就是前文说的弧度制。上面两个实验中的两个角分别为 9.19 弧度和 5.5 弧度，这不是很省事吗？熟悉了用度分秒表示角，你可能一时对用弧度表示角不习惯，也不熟悉两者如何换算。其实，这很容易。前面说过，π 弧度是 180°，所以弧度化度时乘以 $\dfrac{180°}{\pi}$，度化弧度时乘以 $\dfrac{\pi}{180}$。例如，1 弧度等于 $1\times\dfrac{180°}{\pi}\approx57°18′$，2 弧度等于 $2\times\dfrac{180°}{\pi}\approx114°36′$，$90°=90\times\dfrac{\pi}{180}=\dfrac{\pi}{2}$ 弧度，等等。

在实验 8-1 的课件中，改变弧长和半径的大小（见图 8-5），当它们相等时，体验 1 弧度的大小。还可以测量这个角用角度制表示时是多大。

这样一来，不用量角器，而只用画有刻度的纸条也可以度量圆上的一段弧所对的顶点在圆心的角（当然如果有个卷尺，就更好了）。我们有了一个计算角的大小的公式：

$$\alpha = \frac{l}{r}\ (l\ 表示弧长，\ r\ 表示半径)$$

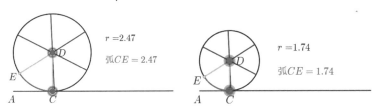

图 8-5　改变弧长和半径

还有一个计算弧长的新公式：

$$l = \alpha \times r$$

至此，我们圆满地解决了第一个问题，还了解了一种度量角的新方法（弧度制）以及更简洁的计算弧长的公式。

我们的第二个问题就是脚踏板转一圈，车轮转多少圈，自行车向前走几米？

【实验 8-2】　通过网址 https://www.netpad.net.cn/svg.html#posts/362500 或者下面的二维码，打开相应的课件，如图 8-6 所示。我们把与此有关的自行车的几个关键部分画出来：自行车脚踏板的轮盘、飞轮、连接轮盘和飞轮的链条以及后轮。在这个课件中，单击"动画"按钮，可以看到车轮随轮盘转动而转动的动态过程。你可以观察它们的转数之间的关系。如果转动的速度太快，看不清楚，则可以通过拖  动变量尺 a 的滑块，观察转动过程的慢动作。为了便于观察，我们把辐条中的一根涂上了颜色。关于飞轮和轮盘的半径，则可以通过变量尺 m 和变量尺 r 的滑块进行调整。

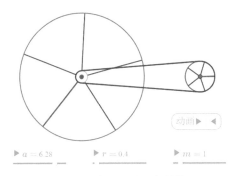

图 8-6　脚踏板转一圈时，车轮转多少圈

通过实验，你肯定对问题增加了些感性认识，但要得到确切的解答还不能满

足于实验，而必须进行计算。这里不给出详细的计算过程了，相信你能自己解决。如果需要提示，这里仅提醒你两件事：①注意正是链条将轮盘和飞轮连接起来的，它是解决这个问题的关键；②想想弧长公式 $l = \alpha \times r$，利用它可以解决轮盘和飞轮旋转角的关系，这样就能知道轮盘旋转一圈时自行车后轮的旋转角，如果再知道后轮的半径，就知道轮盘旋转一圈时自行车向前走了多远。

　　如果你得到了这个问题的解答，那么就可以通过上面的课件进行验证，还可以通过测量真实的自行车的相关数据来进行验证。

　　学习数学要善于举一反三，这样才能学得灵活。譬如，可以思考下面的问题怎么解决。生活中还有许多前后轮大小不一的自行车，如图 8-7 所示。对于这种自行车来说，行驶一段距离之后，前轮与后轮所转过的圈数肯定是不一样的，那么它们之间存在怎样的关系呢？当大轮转一圈时，小轮转几圈？你还能提出一些其他问题吗？你能否设计几挡不同的变速轴？

图 8-7　前轮与后轮大小不同的自行车

　　与此相关的问题还有轮子的变速，请做下面的实验。

　　【实验 8-3】　通过网址 https://www.netpad.net.cn/svg.html#posts/362501 或者下面的二维码，打开相应的课件，如图 8-8 所示。图中的两个齿轮互相啮合，单击"动画"按钮，可以看到齿轮会转动起来。看看算算，若大轮转三圈，则小轮转几圈？

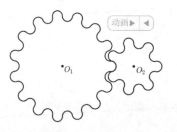

图 8-8　大轮转三圈时，小轮转几圈

自行车在马路上运动可以看成圆沿着一条直线滚动，那么一个圆能否沿着另外一个圆滚动呢？当一个小圆沿着一个大圆滚动一圈时，小圆转几圈呢？

【实验 8-4】 通过网址 https://www.netpad.net.cn/svg.html#posts/362502 或者下面的二维码，打开相应的课件，如图 8-9 所示。单击"动画 t"按钮，红色的圆开始在绿色的圆外滚动。观察一下，动圆绕定圆滚动一圈时，它自己转了多少圈？

单击红色按钮，再单击"设定动圆半径"按钮，红色的圆变小了。定圆的半径是动圆的 2 倍。猜一下这次动圆绕定圆滚动一圈时，它自己转了多少圈？

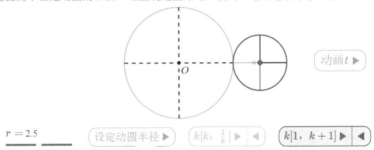

图 8-9 动圆绕定圆滚动一圈时，它自己转了多少圈

单击绿色按钮，再单击"设定动圆半径"按钮，发现红色的圆变大了。定圆的半径是动圆的一半，猜一下这次动圆绕定圆滚动一圈时，它自己转了多少圈？

通过多次实验，你能总结出一般的规律吗？

再问一个简单得不能再简单的问题：自行车的车轮为什么做成圆形的？这利用了圆的什么性质？

你当然会回答：这是为了骑起来平稳。你的回答绝对正确，可是你想过没有，在一个游乐场里是否还可以设计别的形状的车轮？如果有那样的车轮，它滚动起来将会是什么样子？

让我们看几个模拟实验的场景。

【实验 8-5】 观察多边形滚动的情景。

通过网址 https://www.netpad.net.cn/svg.html#posts/362503 或者下页的二维码，打开相应的课件，如图 8-10 所示。单击"动画"按钮，看看正方形滚动的情景。

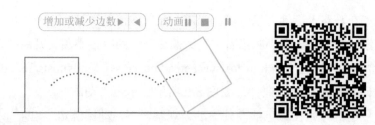

图 8-10   正方形滚动时中心的踪迹

取消跟踪正方形的中心，只跟踪正方形，启动动画，观看正方形滚动的踪迹，如图 8-11 所示。

图 8-11   正多边形滚动的踪迹

单击"增加或减少边数"按钮的主钮或副钮，可以增加或减少正多边形的边数，看看其他正多边形滚动时的样子。

图 8-12 和图 8-13 分别是正三角形和正五边形滚动时的情景。

图 8-12   正三角形滚动的踪迹

图 8-13   正五边形滚动的踪迹

是不是只有正多边形才好滚动呢？

通过网址 https://www.netpad.net.cn/svg.html#posts/362504 和 https://www.netpad.net.cn/svg.html#posts/362505 或者下面的二维码，打开相应的课件，如图 8-14 和图 8-15 所示。这两个图分别显示了任意凸四边形和凸五边形滚动时的情景，好像在滚石头。

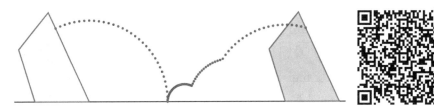

图 8-14　任意凸四边形的滚动

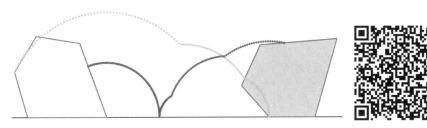

图 8-15　任意凸五边形的滚动

可以想象，如果你真的坐上了用这种形状的车轮制造的车子，那么会有怎样的感觉？大概要把你的五脏六腑全都颠出来了！

现在想想车轮为什么做成圆形的就非常明白了。原来圆具有这样的特点：它是由与一个定点的距离等于定长的所有点组成的曲线。车轮由等长的辐条组成，这使得车轴处于一定的高度，从而实现平稳的水平运动。倘若车轮不是圆的，那么车轴就会产生一种忽上忽下的运动。

有时我们要移动重物，可以像图 8-16 所示的那样把重物放在圆木上滚动，平稳地前进。用圆木移动重物的原因是圆具有这样的性质：当圆不管怎样滚动时，它的任何一对平行切线之间的距离总是相等的，也就是说圆在任意方向上都有相同的宽度，因此圆是所谓的"等宽曲线"。

图 8-16　滚木

这样看来，日常生活中许多加盖的容器（如锅、杯、壶、缸、桶等）都是圆口圆盖就不无道理了。除了容易加工制造以外，主要还利用了圆是等宽曲线的特性。只要圆形的盖子不变形，它从任何方向都不会掉进容器里去。

前面我们从自行车开始一连提出了好几个问题，你还能提出一些问题吗？譬如，在自行车的车轮边装上一个小灯泡，当自行车行驶时，这个小灯泡将形成怎样的曲线？你不妨对前面的实验课件稍加改进，利用点的跟踪功能观察这条曲线的形状。这可是数学上的一条很有名的曲线！

前面谈到了圆是等宽曲线，你可能会问：还有别的等宽曲线吗？

答案是肯定的。让我们看看下面的实验。

【实验 8-6】　通过网址 https://www.netpad.net.cn/svg.html#posts/362506 或者下面的二维码，打开相应的课件。单击任何一个按钮，你会发现这样的圆弧三角形也是等宽曲线，如图 8-17 所示。这个圆弧三角形叫莱洛三角形，是由机械学家、数学家莱洛首先发现的。你能说明为什么它是等宽曲线吗？

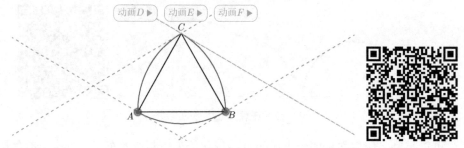

图 8-17　莱洛三角形的作图方法与等宽性质

等宽曲线也叫常宽度曲线。如果滚木的正截面是常宽度曲线包围的区域，下面的地面也平坦，上面放置的东西在滚木上运动时在理论上就不会上下颠簸。通过网址 https://www.netpad.net.cn/svg.html#posts/362507 或者下面的二维码，打开相应的课件，如图 8-18 所示。这里显示了正截面为莱洛三角形的滚木在平面上滚动时的情景。

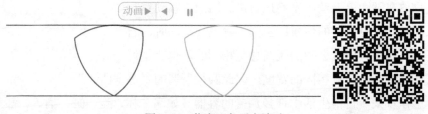

图 8-18　莱洛三角形在滚动

平常的钻头打下去时，钻孔是圆形的。能不能设计一个钻孔大致是方形的钻头呢？莱洛三角形在一个边长等于其宽度的正方形内转动时，在任何情况下都有四个点与正方形的四条边接触，而且接触点的位置不断改变。这触发了机械学家莱洛设计方孔钻的灵感，促使他造出了方孔钻头。人们还利用这个性质设计了扫地机器人，用以扫除房间墙角的灰尘（请你思考将扫地机器人的底部设计成圆形的扫地刷有什么不好）。

通过网址 https://www.netpad.net.cn/svg.html#posts/362508 或者下面的二维码，打开相应的课件，如图 8-19 所示。这里显示了方孔钻头工作时的情景，单击"动画"按钮，就能看到它是如何加工方孔的了。

图 8-19　方孔钻头工作时的情景

受到莱洛三角形的启发，还可以思考有没有别的常宽度曲线。通过网址 https://www.netpad.net.cn/svg.html#posts/362509 或者下面的二维码，打开相应的课件，如图 8-20 所示。观察由 5 段弧组成的曲线多边形滚动时的情景，想一想它为什么是常宽度曲线。

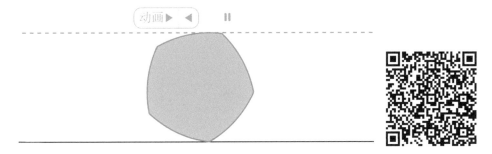

图 8-20　由 5 段弧组成的常宽度曲线

可以用几段弧组成莱洛三角形，但作图过程比较复杂。

最好自己先摸索试探几次。

你能否总结一下，通过以上的讨论，你增加了哪些数学知识，掌握了网络画板的哪些操作方法？此外，你还有什么收获，你是否感到数学更有趣更有用了？

本章开始时曾经提到"问题是数学的灵魂，能给数学的发展注入活力"。提出问题是探索问题的第一步，是创新思维的起点，我们不但要分析和解决现存的问题，而且要善于自己发现问题和提出问题。我们从公路上平平常常的自行车引出了那么多问题，其实你还可以继续想下去，提出新的问题。你平常学习数学时喜欢提出问题吗？学会提问，你将掌握更大的学习主动权！

第 9 章 ◎ 铺地板的学问

邻居铺地板遇到了问题找你请教，你能帮助他出点主意吗？

他的问题是这样的：现在手头有一批工厂剩余的木板边角料，其中一种是直角三角形，两条直角边的长度分别为 3 和 8；另一种是直角梯形，上、下底的长度分别是 3 和 5，与底垂直的腰的长度也是 5，如图 9-1 所示。邻居问：能否用这两种材料铺地板？

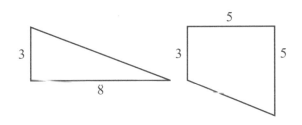

图 9-1　用两种材料铺地板

你看到这个问题后可以做一下实验。

【实验 9-1】　拿一块硬纸板，按照图 9-1 所示的尺寸剪下一些图形来，然后拼拼看。

图 9-2 中的两种方案供你参考。

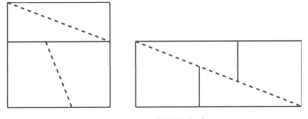

图 9-2　两种拼接方案

怎么样，你拼出这两个图形了吗？

在计算机上画图时，可以利用网络画板的坐标网格和格点功能，这样画得更准确，看得更清楚。先看一个简单的操作说明。

【操作说明9-1】 利用坐标网格作图。

在网络画板右边的对象列表中单击"圆圈4"，作图区中央出现带有网格的全局坐标系。可以在网络画板右下方的对话框中设置全局坐标系的属性，如图9-3所示。

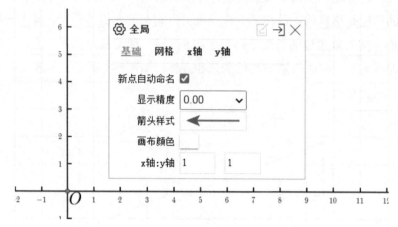

图9-3　全局坐标系的属性对话框

当然，你还可以在屏幕下面的菜单栏中选择"自定义坐标系"命令，建立自定义坐标系。

在屏幕左边的工具栏中选择点工具或智能画笔，可在无任何提示的条件下作出能被任意拖动的自由点。作点前，在全局坐标系的属性对话框中勾选"新点自动命名"，如图9-3所示。缺省时，系统自动从A开始命名。

通过吸附网格，可以把自由点变成网格点。在屏幕上方的菜单栏中选择"坐标系"菜单中的"吸附网格"命令后，作自由点或移动自由点时，系统能自动捕获网格，如图9-4所示。

将自由点选中，然后在其属性对话框中勾选"锁定"，该点就不能移动了，如图9-5所示。取消"锁定"选项的勾选状态，它就能任意移动了。

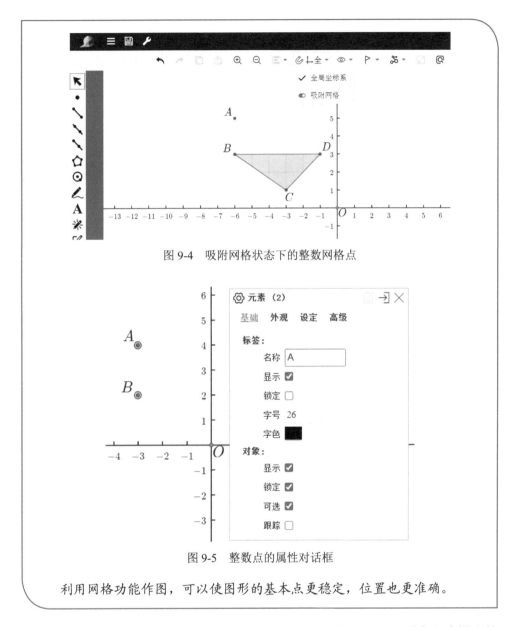

图 9-4　吸附网格状态下的整数网格点

图 9-5　整数点的属性对话框

利用网格功能作图，可以使图形的基本点更稳定，位置也更准确。

　　仔细观察图 9-6 中的两个图形，你一定发现其中的问题了。原来左边拼出的正方形的面积为 8×8＝64，而右边拼出的长方形的面积是 13×5＝65，右边图形的面积比左边图形的面积大出了 1 个单位！这是怎么回事？原来右边图形的中间有一条小小的缝隙！你找到缝隙在哪里了吗？在网格上面作图，就全明白了。

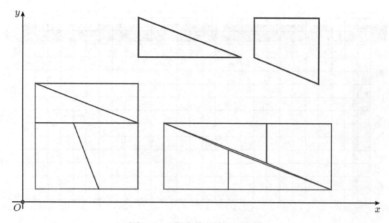

图9-6　准确作图找出缝隙

　　我们在铺地板时可不要有这种缝隙。用地砖铺地，用瓷砖贴墙，都要求砖与砖严丝合缝，不留空隙，把地面或墙面全部覆盖。从数学角度看，这些工作就是用一些不重叠摆放的多边形把平面的一部分完全覆盖。通常这类问题叫作平面镶嵌问题。

　　图9-7给出了两个用多边形覆盖平面的例子，其中一个是由正十二边形与正三角形组成的镶嵌图案，另一个是由正十二边形、正方形和正六边形组成的镶嵌图案。

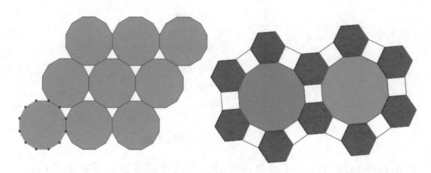

图9-7　两种镶嵌图案

　　你可能也想自己在计算机上画出上面的图案，那么就先画左边那个简单的吧！这里需要的数学知识很简单：一个是正多边形的概念，另一个是平移的概念。前面我们已经掌握了在网络画板中实现平移的操作，下面只介绍在网络画板中画正多边形的操作方法。

【操作说明 9-2】 已知两个相邻的顶点，用菜单命令画正多边形。

作正多边形时，先选择两个点作为相邻的一对顶点，再执行屏幕下方菜单中的"正多边形（定边数）"命令，然后在弹出的对话框里设置要作的多边形的边数。这样作出的多边形包含内部区域。注意，选择两个点的顺序会影响多边形的位置，先右后左时多边形在上边，先上后下时多边形在左边。

了解上述操作方法后，自己动手试试。

【实验 9-2】 作正多边形图案。

通过网址 https://www.netpad.net.cn/svg.html#posts/362567，打开相应的课件。

① 先选择两个点，执行屏幕下方菜单中的"正多边形（定边数）"命令，然后在弹出的对话框里输入要作的多边形的边数 12，单击"确定"按钮。选中十二边形并填色，效果如图 9-8 所示。

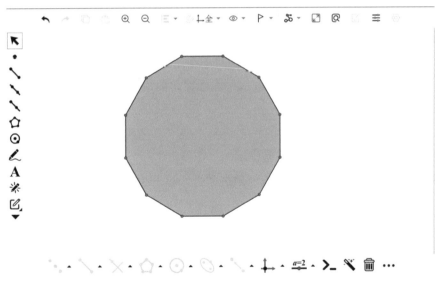

图 9-8 画正十二边形

② 选择平移向量，平移这个正十二边形，得到一排正十二边形。

③ 选择平移向量，平移这一排正十二边形，得到整个图案。利用不同的平移方式可以得到不同的图案，如图 9-9 所示。

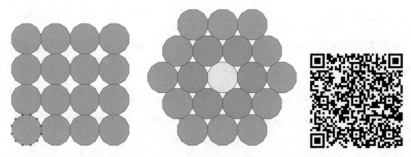

图9-9　利用不同的平移方式得到不同的图案

有了这个正十二边形，在此基础上再画正六边形和正方形，然后采用平移的办法，可以得到更多图案。我们体会到了在计算机上画正多边形比手工画图便捷得多，还进一步体会到了平移的应用价值。

下面提出一个问题请你思考：一些什么样的多边形可以镶嵌成平面图案？你可以动手进行实验，例如考虑利用正三角形、正方形、正五边形和正六边形中的一种能否镶嵌成平面图案。

要做这些实验，可以自己剪一些不同形状的图形拼一拼，也可以在计算机上利用刚才学习的操作方法试一试。

其实，对于上面的一些情况，只动脑子不做实验也能想清楚。例如，用正三角形、正方形和正六边形能够镶嵌成平面图案，而用正五边形做不到。想一想，这是为什么呢？

实际上，所谓用同样大小的正多边形"镶嵌"平面，就是要求用正多边形"无缝隙"地铺满地面。关键是怎样刻画"无缝隙"？"无缝隙"在数学上需要用"在每一个公共点处几个多边形的顶角之和恰好等于360°"刻画，上述条件可以形式化地表示为 $m \cdot \dfrac{(n-2) \cdot 180°}{n} = 360°$（其中 n 表示正多边形的边数，m 表示正多边形的个数）。这个条件容易转化成 $m = 2 + \dfrac{4}{n-2}$。考虑到 n 和 m 的实际意义，它们必须是正整数，于是 $n \geqslant 3$ 且 $n-2 \leqslant 4$，所以 n 只可能取3、4、5、6。当 $n=5$ 时，$m = 2 + \dfrac{4}{3}$ 不是正整数，这就是只能够用正三角形、正方形和正六边形镶嵌成平面图案而用正五边形做不到的理由。所以，我们不是用数学实验代替计算和推理，而是通过实验还原生动活泼的数学活动本来的面目。

如果把问题改为不用正多边形而是用任意的多边形镶嵌成平面图案，又该如何解决呢？例如，能否用任意三角形和四边形镶嵌成平面图案？我们把这个问题留给你。你可以先在计算机上通过课件进行观察，也可以先看看下面两个图案（见图 9-10），然后想想道理。

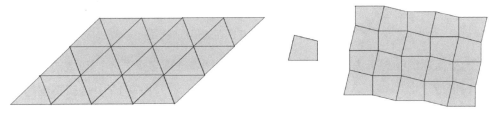

图 9-10　用任意三角形和四边形镶嵌成平面图案

【实验 9-3】　图 9-10 让我们看到用全等的任意三角形和凸四边形都能镶嵌成平面图案。那么，镶嵌的方法有没有变化呢？

通过网址 https://www.netpad.net.cn/svg.html#posts/362568 或者下面的二维码，打开相应的课件，如图 9-11 所示。这里用全等的任意三角形实现了两种不同的平面镶嵌。你能看出来用了哪些平移向量吗？右边的镶嵌图案仅仅通过平移就能实现吗？试·试，你能够设计出另外的三角形镶嵌图案吗？

图 9-11　用全等的任意三角形镶嵌成不同的平面图案

再通过网址 https://www.netpad.net.cn/svg.html#posts/362569 或者下页的二维码，打开相应的课件，如图 9-12 所示。拖动左下角的几个点，你会看到用全等的凹四边形也能实现平面镶嵌！但是，这里用了什么变换？只用平移行吗？有没有反射和旋转呢？

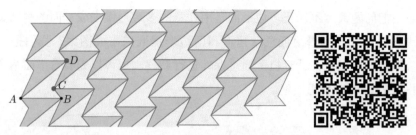

图 9-12　用全等的任意凹四边形镶嵌平面

　　把问题继续想下去，你一定会问：能否用两个（或多个）不同边数的正多边形镶嵌成平面图案？这的确是个很有意思的问题，看看图 9-13 中这些美丽的图案，可能会激发你深入研究这个问题的兴趣。

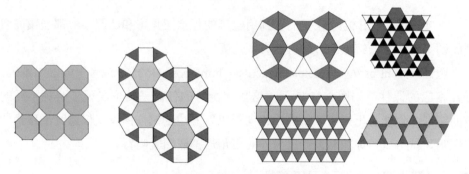

图 9-13　用几种多边形实现平面镶嵌

　　更一般地，我们还可以怎样镶嵌平面图案呢？看看图 9-14，你可能会受到启发。

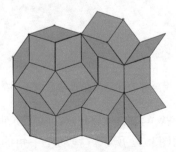

图 9-14　变化多端的多边形镶嵌

　　其实，用几种多边形实现镶嵌相对说来更容易。随便找一个多边形通过几何变换铺一铺，留下的空白就是另外一些多边形。

真正困难的是指定一种或几种图形，判断能否实现平面镶嵌。

著名数学家柯朗说过："数学，作为人类思维的表达形式，反映了人们积极进取的意志、缜密周详的推理以及对完美境界的追求。它的基本要素是：逻辑和直观，分析和构造，一般性和个别性。"通过上面的讨论，我们可以感受到这些基本要素在促进数学思维发展中的作用。我们从直观上看到正三角形、正方形、正六边形能够铺满地面的事实时并不满足，还要从逻辑上理解这三种正多边形且只有这三种正多边形能够镶嵌平面的理由；我们不满足于特殊的一种正多边形的镶嵌，而要归纳出一般的多边形镶嵌平面时需要满足的两个条件；我们又从分析这些条件入手，设计和构造多种不同形式的镶嵌图案，如用任意的三角形和四边形铺满地面，或用一些正多边形的组合铺满地面。这是多么有意思的呀！

看来铺地板还真有些学问。1974 年，英国数学物理学家彭罗斯提出了一个创新的想法，意思是用一种规则图形经过适当的编排能催生无数种不同的图案铺满整个地面。图 9-15 是他设计的几种图案。

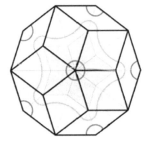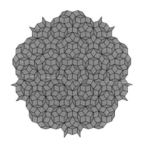

图 9-15　彭罗斯的镶嵌图案

铺就这些图案用的瓷砖其实很简单，就是下面被称为"风筝"和"标枪"的两种，如图 9-16 所示。

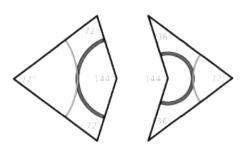

图 9-16　"风筝"和"标枪"

　　左边是"风筝"，右边是"标枪"。其实，这两个"瓷砖"样品很好做。你可以找来硬纸板，用量角器或通过尺规作图，按照图中标出的角度进行设计和裁剪，然后复制一些这样的"瓷砖"自己拼拼，看看能得到什么样的图案。可以先从图 9-17 所示的简单图案做起。

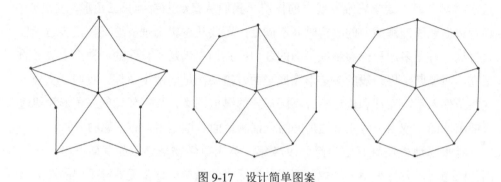

图 9-17　设计简单图案

　　当然，在计算机上生成你设计的图案就更方便了。利用我们学过的图形变换，从基本图形展开你的设计。

　　彭罗斯的镶嵌图案已经用在了建筑上，如图 9-18 所示。

图 9-18　牛津大学数学系门口的地面

　　"彭罗斯铺砖法"当初仅仅是一些数学专栏的趣味话题，为人们提供视觉上美的享受，然而 1984 年科学家在快速冷却铝锰合金结晶的过程中发现了彭罗斯的五重对称结构。所以，"彭罗斯铺砖法"不仅仅限于图案的镶嵌，它大大激发了人们进一步研究的兴趣。

　　在艺术创作中，镶嵌图案不一定非通过任意三角形、四边形或其他正多边形来实现不可。人们在研究伊斯兰装饰图案时发现了 5 种独特的瓷砖，这 5 种瓷砖的边长都一样，工匠们对它们加以巧妙组合，排列出了优美的图案，如图 9-19 所示。

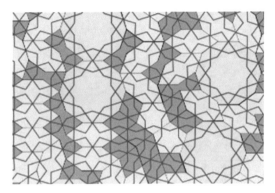

图 9-19　伊斯兰装饰图案

图 9-20 提供了几个美丽的曲线镶嵌图案供你欣赏。

图 9-20　美丽的曲线镶嵌图案

其实，曲线镶嵌图案也是以多边形镶嵌图案为基础变化而来的。前面的怪兽图案（见图 2-9）和飞鸟（见图 2-10）就是以平行四边形镶嵌为基础变化而来的，其中的图形变换只用了平移；双向飞鸟图案（见图 3-9 和图 3-11）则是以等腰三角形为基础变化而来的，在设计基本图形时用到了平移和轴对称。

【实验 9-4】　通过网址 https://www.netpad.net.cn/svg.html#posts/362571 或者下页的二维码，打开相应的课件，如图 9-21 所示。这里展示了曲线镶嵌，在制作基本图形时用到了中心对称。注意观察左下角的图案，你能看出哪些曲线是中心对称图形吗？如何检验你的结论？

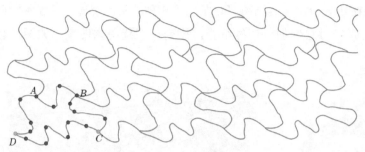

图 9-21　寻找图中的中心对称曲线

如果看不出来，或者看出来却不知道如何检验，请在网络画板右边的对象列表区进行勾选和察看，启动动画来考察一番，你一定就会明白了。

【实验 9-5】　我们来试着制作类似于图 9-20 的镶嵌图案。通过网址 https://www.netpad.net.cn/svg.html#posts/362573 或者下面的二维码，打开相应的课件，如图 9-22 所示。

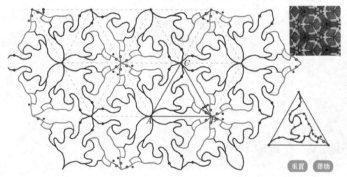

图 9-22　正三角形中的曲线的多次反射

作图过程用到的操作都是前面已经说明并用过的方法。

① 取两个网格点 A 和 B（见操作说明 9-1）。

② 作正三角形 ABC（见操作说明 9-2，当然你还可以用智能画笔根据圆规直尺作图的基本法则来作图）。

③ 在正三角形 ABC 中取若干个自由点，经过这些点作四条曲线。在设计这些曲线的形状时，可以参考已有的图案或图 9-22，作出曲线后再拖动点的位置进行调整（过点作曲线的方法见操作说明 3-2）。

④ 选择适当的线段作为对称轴，对这四条曲线进行多次反射变换，完成整

个图案。

可以用类似的方法制作双鸟镶嵌图案，不同的是基本图形不是等腰三角形而是菱形，所用的图形变换不是反射而是平移，结果如图 9-23 所示。（通过网址 https://www.netpad.net.cn/svg.html#posts/362575 或者下面的二维码，打开相应的课件。）

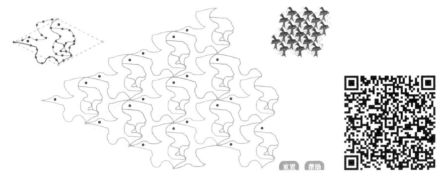

图 9-23　双鸟镶嵌图案

制作这样的曲线镶嵌图案时，基本操作不复杂，但由于对象多而密集，操作过程中小的失误常常不可避免，选择和智能作图的操作常常受到附近已有对象的干扰。为了避免干扰，一种办法是在网络画板右边的对象列表区中选择对象，另一种办法是把暂时不用的对象隐藏起来。对象多了，选择、隐藏和再显示都是麻烦事。一个有效的办法是利用动作按钮隐藏或显示对象编组，对成组的对象进行操作。

第 10 章 ▶ 两个点如何相加

长度可以相加，面积也可以相加，那么两个点能不能相加呢？

这个怪问题有来头，它是由德国数学家和哲学家莱布尼茨（见图 10-1）提出来的。

图 10-1　莱布尼茨（Leibnitz，1646—1716）

莱布尼茨为什么要提出这样的问题呢？

他想，几何图形的基本元素是点。点可以用字母表示，字母又可以代替数进行运算。点一旦能够像字母那样进行运算，就可以用代数运算的方法研究图形的几何性质了。

我们已经学了数轴的知识。在数轴上每个点都代表一个数，反过来每个数都可以用数轴上的一个点表示。数能相加，代表数的点是不是也能相加呢？

我们做一些实验来探索这个问题。这种实验可以用纸和笔来做，如果你想得清楚，那么甚至可以在头脑里做。如果有条件，最方便的做法还是在计算机上做。

【实验 10-1】　探索两个点相加的意义。

通过网址 https://www.netpad.net.cn/svg.html#posts/362598 或者下页的二维码，

打开相应的课件，如图 10-2 所示。数轴上有几个点，让我们对照图形进行思考，研究两个点如何相加。

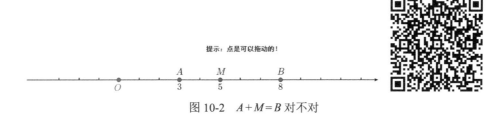

图 10-2　$A+M=B$ 对不对

　　在这条数轴上，点 A 表示 3，点 M 表示 5，点 B 表示 8。既然 $3+5=8$，看来可以认为 $A+M=B$。

　　这个想法好像有道理，但是为了确认是否正确，还是要多实验几次。

　　拖动一下原点，这时出问题了。如图 10-3 所示，尽管 A、M、B 三个点没有动，但由于原点动了，它们代表的数就变了，现在 $A+M=B$ 肯定不对了。看来回答莱布尼茨提出的问题有一定难度。

图 10-3　$A+M=B$ 肯定不对了

　　能不能找到点所表示的数之间的运算关系，使得不论原点如何移动，这些关系都成立呢？

　　让我们继续实验、思考、探索。

　　拖到如图 10-4 所示的样子，发现一个等式 $B-M=M-A$。

图 10-4　这时应当有 $B-M=M-A$

　　这个等式和刚才的 $A+M=B$ 不同。在图 10-4 所示的情形下，无论如何拖动原点，仍然有 $B-M=M-A$，如图 10-5 所示。

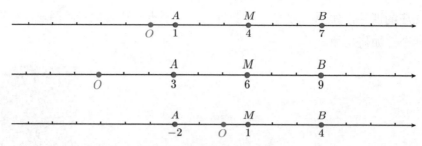

图 10-5　无论如何拖动原点，仍有 $B - M = M - A$

　　想想其中的道理，便会相信：即使改变了数轴的方向和原点的位置，改变了数轴上单位的大小，总有 $B - M = M - A$。道理很简单，因为点 M 是线段 AB 的中点，点 A 到点 M 和点 M 到点 B 这两段的长度和方向都相同！

　　但是，人家问的是两点相加，现在找到的等式是两点相减，不是答非所问吗？再思考下去，加和减是可以相互转化的，把好不容易得到的等式 $B - M = M - A$ 移项，便能得到 $A + B = 2M$。也就是说，我们可以规定两个点 A 与 B 之和是线段中点的 2 倍。

　　这个规定从数轴上看是合理的，其实在平面坐标系里看也是合理的。无论是看横坐标还是看纵坐标，线段的两个端点的坐标之和总是中点坐标的 2 倍。通过网址 https://www.netpad.net.cn/svg.html#posts/362601 或者下面的二维码，打开相应的课件，如图 10-6 所示。你可以拖动图 10-6 中的点，观察实验效果。

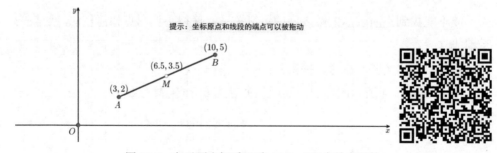

图 10-6　在平面坐标系里看 $A + B = 2M$ 也是合理的

　　【实验 10-2】　进一步思考和探索，等式 $A + C = B + D$ 有什么意义呢？

　　设线段 AC 的中点为 M，BD 的中点为 N，则 $A + C = 2M$，$B + D = 2N$。从 $A + C = B + D$ 推导出 $2M = 2N$，从而有 $M = N$。这表明线段 AC 和 BD 的中点是同一个点，即这两条线段相互平分。

由 $A+C=B+D$ 移项得到 $A-D=B-C$ 和 $A-B=D-C$，从几何图形上看，这又是什么意思呢？

通过网址 https://www.netpad.net.cn/svg.html#posts/362603 或者下面的二维码，打开相应的课件，如图 10-7 所示。拖动各点，观察点之间的加减关系所包含的几何意义。

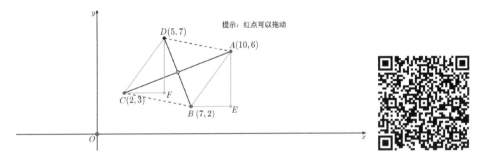

图 10-7　探索 $A-B=D-C$ 的几何意义

根据观察的结果，你很容易看出 AB 和 DC 平行且相等，这也就是 $A-B=D-C$ 的几何意义。同理，$A-D=B-C$ 的几何意义是 AD 和 BC 平行且相等。总之，四边形 $ABCD$ 是平行四边形。

于是，把由 $A+C=B+D$ 移项得到 $A-D=B$　C 和 $A-B=D-C$ 这一番代数运算翻译成几何语言就是"若 AC 和 BD 相互平分，则四边形 $ABCD$ 是平行四边形"。反过来，把由 $A-D=B-C$ 或 $A-B=D-C$ 移项得到 $A+C=B+D$ 翻译成几何语言就是"若四边形 $ABCD$ 是平行四边形，则 AC 和 BD 相互平分"。

看，用代数运算代替几何推理，多么简洁明快！

但这点成果来之不易，因为我们通过实验发现了关于两个点相加的合理说明，也可以说是合理的定义。

这个定义和中点有关，用它解决涉及中点的几何问题很方便。

【例 10-1】　在图 10-8 中，四边形 $ABCD$ 的四条边的中点依次为 E、F、G、H，探索四边形 $EFGH$ 有什么特点。

【解】　从形状上看，四边形 $EFGH$ 像平行四边形。如何能够令人信服地证明这

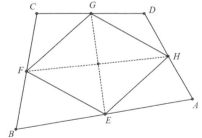

图 10-8　四边形 $ABCD$ 的四条边的中点构成的四边形

个论断呢？

方法1：利用点的加法。

$A+B=2E$，$C+D=2G$，两式相加得 $A+B+C+D=2E+2G$。

$B+C=2F$，$A+D=2H$，两式相加得 $B+C+A+D=2F+2H$。

于是 $E+G=F+H$，所以 EG 与 FH 相互平分，推导出四边形 $EFGH$ 是平行四边形。

注意，上面我们用了类似于代数运算的方法证明了一个几何论断。

这里我们默认 $A+B+C+D=B+C+A+D$，也就是说点的加法满足交换律和结合律。我们还默认了等式的传递性，以及从 $2E+2G=2F+2H$ 可以推出 $E+G=F+H$。这些本来是数字与符号的运算性质，为何也适用于点的加法呢？这不能想当然，要想想其中的道理。

原来点的加法本是联系着数轴上和坐标系中的点所对应的数的加法而引进的运算，于是它继承数的运算规律也就不足为奇了。

方法2：利用点的减法。

$A+B=2E$，$B+C=2F$，两式相减得 $A-C=2E-2F$。

$A+D=2H$，$C+D=2G$，两式相减得 $A-C=2H-2G$。

于是 $E-F=H-G$，所以 EF 与 HG 平行且相等，推导出四边形 $EFGH$ 是平行四边形。

【例 10-2】　A、B、C、D、E、F、G、H 是任意 8 个点，分成 4 组，每组两点连成 4 条线段（注意：每两条线段不可共端点），4 条线段的 4 个中点又分成两组，每组两点连成两条线段，这两条线段的两个中点连成一条线段。这样由于分组不同连成的不同线段可能有很多条。（我们估计有 800 多条，你认为呢？）请你作出几条线段，猜想这些线段有什么特点？

【实验 10-3】　在网络画板中作出 8 个自由点，任意分组连线，作出例 10-2 中所说的几条直线，如图 10-9 所示。（通过网址 https://www.netpad.net.cn/svg.html#posts/362605 或者右侧的二维码，打开相应的课件。）拖动自由点，观察思考。如果作图不顺利，先看看后面的操作说明 10-1，了解利用快捷键作中点的窍门。

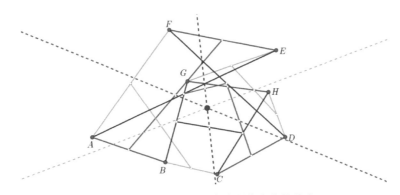

图 10-9　探索通过分组连线所作直线的特点

我们在图 10-9 中用不同的分组方法产生了 3 条直线，并用不同颜色的虚线表示。你一眼就能看出来三线共点。是不是偶然？拖动 8 个自由点继续观察，我们发现这三条虚线总是交于一点！这样任意分组作出的几百条直线难道都交于一点吗？是不是有点不可思议？

这个问题留给你进一步思考。按照两点相加的意义想下去，你会发现，不论如何分组，最后得到的线段的中点的 8 倍总等于 8 个自由点之和！这就是全部奥秘所在。

在作图过程中，你会感到点和线太多了。下面告诉你一个作中点的简便方法。

【操作说明 10-1】　用快捷键作中点的方法以及其他有用的快捷键。

选择几条线段，按一下 Ctrl+M 组合键，这几条线段的中点就作出来了。

选择几个点，按一下 Ctrl+M 组合键，按你选择的顺序作出两两连线的中点。使用快捷键可以大大简化作图过程。在网络画板中，展开构造工具栏中的菜单，带有快捷键提示的工具就可以用快捷键代替。

上面的例子是 8 个点，如果是 3 个点或 5 个点，那么有没有类似的规律？你不妨作图探索一番。

【例 10-3】　在图 10-10 中，若线段 AB 和 AC 的中点分别为点 D 和 E，那么线段 DE 和 BC 有什么关系？

通过作图和观察，你发现了什么？

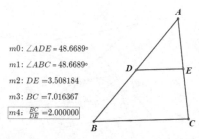

图 10-10　通过作图和观察，你发现了什么

　　如果你有所发现，那么这个发现很容易从点的相加的性质推导出来。$A+B=2D$，$A+C=2E$，两式相减得 $B-C=2(D-E)$，这表明直线 BC 和 DE 平行，并且线段 BC 的长度是 DE 的两倍。

　　上面的几个例子都涉及中点。当涉及三分点或五分点时，能不能用点的加法来表示和推导呢？

　　【实验 10-4】　通过网址 https://www.netpad.net.cn/svg.html#posts/362598 或者下面的二维码，回到实验 10-1 的课件，如图 10-11 所示。拖动图中的点，思考如何用点的加法表示点 A、B 和 M 之间的关系。

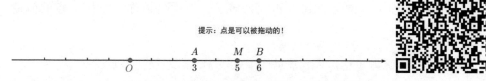

图 10-11　如何用点的加法表示三点之间的关系

　　现在我们有经验了，可以用减法寻求突破。

　　不论如何拖动原点，总有 $M-A=2(B-M)$。通过移项整理，把减法变成加法，得到 $A+2B=3M$。

　　再拖动点 B，图 10-12 所示的情况又该如何表示呢？

图 10-12　不论如何拖动原点，总有 $3(M-A)=2(B-M)$

　　不论如何拖动原点，总有 $3(M-A)=2(B-M)$。通过移项整理，把减法变

成加法，得到 $3A+2B=5M$。

新的套路被你发现了。

$A+2B=3M$ 可以表示点 M 是线段 AB 的一个三等分点，且 $AM=2MB$。

$3A+2B=5M$ 可以表示点 M 是线段 AB 的一个五等分点，且 $3AM=2MB$。

你会猜想到，当 $m+n \neq 0$ 时，等式 $mA+nB=(m+n)P$ 可以表示点 P 是线段 AB 上的一个 $m+n$ 分点，且 $mAP=nPB$。

想一想，m 和 n 可以不是整数吗？可以是负数吗？多画些图做实验，你可以得到自己的结论。

通过网址 https://www.netpad.net.cn/svg.html#posts/362607 或者下面的二维码，打开相应的课件，如图 10-13 所示。把三个点放到坐标系里看，再把 $A+2B=3M$ 写成 $M=\dfrac{A+2B}{3}$，把等式中点的名字换成它的横坐标或纵坐标，得到的就是定比分点公式，而且更简洁，更便于推导。

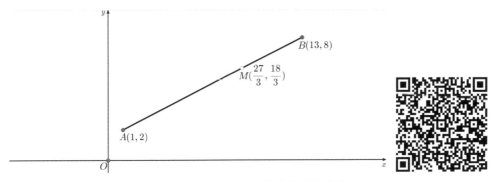

图 10-13　$A+2B=3M$ 是定比分点公式

我们从点的相加开始探索，结果不得不引出点的倍数相加。在类似于 $A+2B=3M$ 或 $3A+2B=5M$ 这样的等式中，为每个点所赋予的系数还有更多的意义吗？

通过网址 https://www.netpad.net.cn/svg.html#posts/362610 或者下页的二维码，打开相应的课件，如图 10-14 所示。杠杆左端是一个球，右端是两个同样的球，如果忽略杆和线的重量，使杠杆能够平衡的支点应当满足条件 $AM=2MB$。这正是 $A+2B=3M$ 的意义，而 M 的系数 3 正好表示这个支点所受的力相当于 3 个球所受的重力。

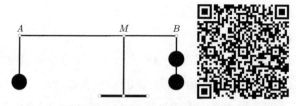

图10-14　每个点所赋予的系数还具有物理意义

从这个角度看，几个点分别乘以系数后加起来，相当于求一组质点的重心。点的位置就是质点的位置，点的系数就是质点的质量，相加后得到的点的位置就是重心的位置，其系数就是这些质点的质量之和！所以，这种研究几何的方法叫作质点几何。

质点几何的基本法则很简单，就下面这么几条。

① 若 $m+n \neq 0$，则 $mA+nB=(m+n)C$ 表示点 C 在直线 AB 上，$\overrightarrow{AC}:\overrightarrow{CB}=n:m$。当且仅当 $m \cdot n > 0$ 时，点 C 是线段 AB 的内点。

② 若 $m+n=p+q=k \neq 0$，则 $mA+nB=kE=pC+qD$ 表示直线 AB 和 CD 相交于点 E。

③ $A-B=C-D$ 表示线段 AB 和 CD 同向平行且相等；$k > 0$ 时，$A-B=k(C-D)$ 表示线段 AB 和 CD 同向平行且 $AB=kCD$。

虽然只有这几条结论，但用它们解决几何问题相当有力。

质点几何的法则可以表示平移：如果平移向量为 $\overrightarrow{AB}$，点 X 经平移后成为点 Y，则 $Y=X+(B-A)$。

质点几何的法则可以表示位似（缩放）：如果位似中心为 O，缩放倍数为 k，点 X 经位似变换后成为点 Y，则 $Y=O+k(X-O)$，也可以写成 $Y=kX+(1-k)O$。

质点几何的法则可以用于解决一些几何问题，下面再看几个例子。

【例10-4】　在图10-15中，四边形 $ABCD$ 是平行四边形，点 E 是 DC 的中点，点 F 是 AD 的中点，BE、BF 分别交 AC 于点 G、H，试确定点 G、H 的位置。（通过网址 https://www.netpad.net.cn/svg.html#posts/362611 或者下面的二维码，打开相应的课件。）

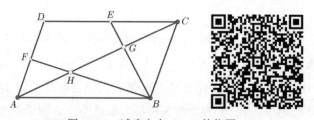

图10-15　试确定点 G、H 的位置

【解】　由已知条件得：

$$A-B=D-C=2（E-C）$$

展开并移项，得：

$$A+2C=B+2E=3G$$

可见：

$$AG=2GC，BG=2GE$$

同理，$CH=2HA$ 且 $BH=2HF$。

【例 10-5】 在图 10-16 中，点 D 是 AB 的中点，点 E 是 BC 的中点，AE 与 CD 交于点 F，求线段 AF 与 FE 的长度之比。（通过网址 https://www.netpad.net.cn/svg.html#posts/365213 或者下面的二维码，打开相应的课件。）

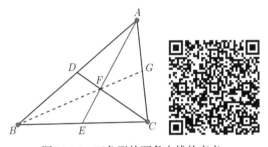

图 10-16 三角形的两条中线的交点

【解】 由已知条件得：

$$B+C=2E，A+B=2D$$

两式相减，可得：

$$A-C=2D-2E$$

于是：

$$A+2E=C+2D=3F$$

可见：

$$AF=2FE$$

如果点 G 是 AC 的中点，同理可知 BG 也经过 AE 的三分点 F，由此推出"三角形的三条中线交于一点"。

也可以不求 AF 与 FE 的长度之比而直接证明三条中线交于一点。

由于 $A+C=2G$，$B+C=2E$，$A+B=2D$，故 $A+B+C=B+2G=A+2E=C+2D$。这表明 BG、AE、CD 三线共点。

还可以用另一种方法进行证明。先作直线 BF，设点 G 是 BF 与 AC 的交点。

由式子 $B+C=2E$ 和 $A+B=2D$ 相减整理得 $A+2E=C+2D=3F$，将 $B+C=2E$ 代入后得 $A+B+C=3F$，移项得 $A+C=3F-B=2G$，可见点 G 是 AC 的中点。

你看，代数式的多种变换形式都能被解读成几何关系！

【例 10-6】　在图 10-17 中，若 $CD \parallel AB$，BC 和 AD 交于点 F，EF 交 AB 于点 G，则 $AG=GB$。（通过网址 https://www.netpad.net.cn/svg.html#posts/362612 或者下面的二维码，打开相应的课件。）

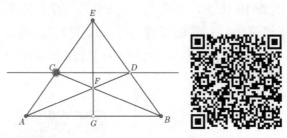

图 10-17　若 $AB \parallel CD$，则 $AG=GB$

【解】　由平行条件得：

$$A-B=k（C-D）$$

整理、移项后得：

$$A+kD=B+kC=（1+k）F,\ B-kD=A-kC=（1-k）E$$

两式相加得：

$$A+B=（1+k）F+（1-k）E=2G$$

可见点 G 是 AB 的中点。

【例 10-7】　在图 10-18 中，$AB=2AM$，$3AN=2CN$，求线段 FC 与 MF 的长度之比，GN 与 MN 的长度之比。（通过网址 https://www.netpad.net.cn/svg.html#posts/362613 或者下面的二维码，打开相应的课件。）

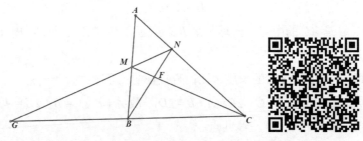

图 10-18　$AB=2AM$，$3AN=2CN$，求 FC/MF 和 GN/MN

【解】　由已知条件得：

$$A+B=2M,\ 3A+2C=5N$$

由两式消去 A，得：

$$6M+2C=5N+3B=8F,\ 6M-5N=3B-2C=G$$

故得：

$$FC=3MF,\ GN=6MN$$

由此题顺便还知道 $5NF=3FB$ 以及 $2CB=BG$。

去掉此题的定量条件，再添一条线（如图 10-19 所示，打开课件，单击"隐藏"或"显示"按钮），要求证明等式 $\dfrac{BH}{HC}=\dfrac{GB}{GC}$ 就成了一道名题。数学大师华罗庚曾用三角方法解答过此题，并称此题包含了射影几何的基本原理。

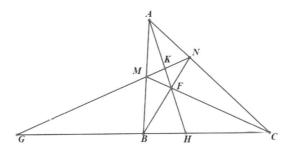

图 10-19　等式 $\dfrac{BH}{HC}=\dfrac{GB}{GC}$ 包含了射影几何的基本原理

能够用点的加法处理此题吗？让我们试一试。

设 $\dfrac{BH}{HC}=u$，即 $B+uC=(1+u)H$；再设 $(1+u)H+xA=(1+u+x)F$。

用代入法消去 H，得：

$$B+uC+xA=(1+u+x)F$$

故：

$$uC+xA=(1+u+x)F-B=(u+x)N$$

$$B+xA=(1+u+x)F-uC=(1+x)M$$

两式相减消去 A，可得：

$$B-uC=(1+x)M-(u+x)N=(1-u)G$$

于是得 $B-G=u(C-G)$，即 $\dfrac{GB}{GC}=u=\dfrac{BH}{HC}$。

这正是我们想要的。

你不妨试着改变本题的题设，用多种方法推导出这个等式。

【例 10-8】 通过网址 https://www.netpad.net.cn/svg.html#posts/362615 或者下面的二维码，打开相应的课件，如图 10-20 所示。四边形各边的三等分点相对连线把它分为 9 块。测量结果表明，中间的一块的面积恰是整个四边形面积的 1/9。怎么会这么巧呢？

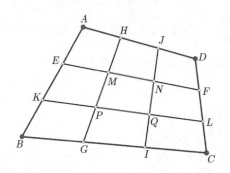

$S_{ABCD}=62.48$

$S_{MPQN}=6.94$

$\dfrac{S_{ABCD}}{S_{MPQN}}=9.00$

图 10-20　中间的一块的面积恰是整个四边形面积的 1/9

【解】 对于这个现象，课件中有一幅图片做出了以下注解。

$$2A+D=3H,\ 2B+C=3G$$

$$2A+B=3E,\ 2D+C=3F$$

上下式子相减，得：

$$D-B=3H-3E,\ 2(D-B)=3F-3G$$

再消去 B 和 D，得：

$$6H-6E=3F-3G$$

整理后得：

$$2H+G=2E+F=3M$$

所以，点 M 是 HG 和 EF 的三等分点。

同理，点 P、Q、N 都是所在线段的三等分点。

知道了点 M、N、P、Q 都是所在线段的三等分点，如何进一步计算四边形 $MNQP$ 的面积呢？

通过网址 https://www.netpad.net.cn/svg.html#posts/362618 或者下面的二维码，打开相应的课件，如图 10-21 所示。在四边形 $ABDC$ 的两边 AB 和 CD 上取三等分点 E、F 和 G、H，则△BEC 的面积是△BAC 的面积的 2/3，△BCH 的面积是△BCD 的面积的 2/3，所以四边形 $BECH$ 的面积是四边形 $ABDC$ 的面积的 2/3。又因为△HEF 和 △HFB 的面积相等，△HGE 和△GCE 的面积相等，所以四边形 $EFHG$ 的面积是四边形 $BECH$ 的面积的一半，即四边形 $ABDC$ 面积的 1/3。

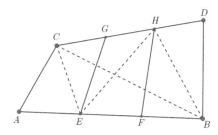

图 10-21　四边形 $EFHG$ 的面积是四边形 $ABDC$ 的面积的 1/3

现在要说明图 10-20 中间的一块的面积恰是整个四边形面积的 1/9 已经不难了，请你自己来完成剩下的推理吧。

由图 10-6 看到，点的加法产生的等式可以转变成坐标之间的等式。下面的实验告诉我们，它还可以转变成为面积之间的等式。

【实验 10-5】　点的加法转化为面积之间的关系。

通过网址 https://www.netpad.net.cn/svg.html#posts/362624 或者右侧的二维码，打开相应的课件，如图 10-22 所示。拖动各点观察测量数据，我们发现△APQ、△BPQ 和△MPQ 的面积之间的关系与点 A、B、C 之间的关系相同。

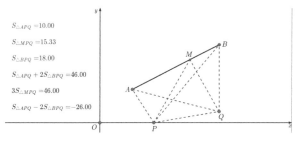

图 10-22　三点间的关系转化为三个三角形面积间的关系

三个点之间的关系为 $A+2B=3M$，三个三角形的面积之间的关系为
$S_{\triangle APQ}+2S_{\triangle BPQ}=3S_{\triangle MPQ}$。

这是不是普遍的规律呢？

拖动各点对更多的情形进行实验和观察，很快就会发现当直线 PQ 与线段 BM 相交时，上述关系就不对了。但是，如果在其中一项的前面加个负号，则另一个等式成立，如图 10-23 所示。

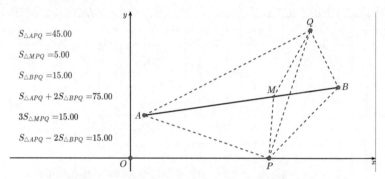

$S_{\triangle APQ}=45.00$

$S_{\triangle MPQ}=5.00$

$S_{\triangle BPQ}=15.00$

$S_{\triangle APQ}+2S_{\triangle BPQ}=75.00$

$3S_{\triangle MPQ}=15.00$

$S_{\triangle APQ}-2S_{\triangle BPQ}=15.00$

图 10-23　直线 PQ 与线段 BM 相交时的测量数据

图 10-23 告诉我们，当直线 PQ 与线段 BM 相交时，与等式 $A+2B=3M$ 相对应的面积之间的关系成为 $S_{\triangle APQ}-2S_{\triangle BPQ}=3S_{\triangle MPQ}$。

继续拖动，还会发现另一种情形。当直线 PQ 与线段 AM 相交（见图 10-24）时，与等式 $A+2B=3M$ 相对应的面积之间的关系为 $S_{\triangle APQ}-2S_{\triangle BPQ}=-3S_{\triangle MPQ}$。

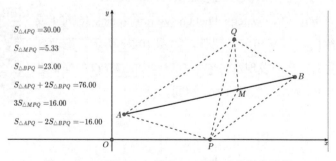

$S_{\triangle APQ}=30.00$

$S_{\triangle MPQ}=5.33$

$S_{\triangle BPQ}=23.00$

$S_{\triangle APQ}+2S_{\triangle BPQ}=76.00$

$3S_{\triangle MPQ}=16.00$

$S_{\triangle APQ}-2S_{\triangle BPQ}=-16.00$

图 10-24　直线 PQ 与线段 AM 相交时的测量数据

数学贵简。能不能把多种情形统一为一条规律呢？

通过观察和思考，我们发现等式中改变的仅仅是正负号，而正负又依赖三角形的一个顶点是在对边的这一侧还是另一侧。如何描述三角形的三个顶点之间的

这种位置关系呢?

如图 10-24 所示,在△APQ 中沿 A-P-Q-A 绕一圈,则绕圈的方向为逆时针方向;在△BPQ(或△MPQ)中沿 B-P-Q-B(或 M-P-Q-M)绕一圈,则绕圈的方向为顺时针方向。这样就把三角形的三个顶点之间的位置关系描述出来了。

于是,我们引进一个称为"带号面积"的概念。设△ABC 的面积为 S,如果沿 A-B-C-A 绕圈的方向为逆时针方向,则约定△ABC 的带号面积为 S;如果沿 A-B-C-A 绕圈的方向为顺时针方向,则约定△ABC 的带号面积为 S 的相反数,即 −S;简单地用 ABC 表示△ABC 的带号面积。

按此约定,△ABC 的带号面积 ABC 与字母顺序有关。通过画图观察,不难得到等式 ABC = BCA = CAB = −ACB = −CBA = −BAC。也就是说,两个字母换位时,带号面积改变符号。

做更多的实验,便会发现从 $uA+vB=(u+v)M$ 可以推导出带号面积之间的关系 $uAPQ+vBPQ=(u+v)MPQ$。所以,可以把点的乘法与带号面积对应起来。但是要注意,这样的乘法是不可交换的,交换就要改变符号,而且要三点相乘才有意义。

用你的几何知识,能够把其中的道理说清楚吗?

利用这种关系,可以方便地计算三角形的面积。

【例 10-9】 通过网址 https://www.netpad.net.cn/svg.html#posts/362621 或者下面的二维码,打开相应的课件,如图 10-25 所示。$AB=3AP$,$AC=2AQ$,点 F 是 BQ 和 CP 的交点。若已知△ABC 的面积,求△PFQ 的面积。

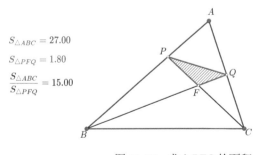

$$S_{\triangle ABC} = 27.00$$
$$S_{\triangle PFQ} = 1.80$$
$$\frac{S_{\triangle ABC}}{S_{\triangle PFQ}} = 15.00$$

图 10-25 求△PFQ 的面积

【解】 由已知条件得:

$$3P=2A+B, \quad 2Q=A+C$$

消去 A,得:

$$3P-4Q=B-2C$$

即

$$3P+2C=B+4Q=5F$$

故有：

$$5F=2A+B+2C$$

应用点的加法与带号面积的对应关系，类比乘法得到：

$$30PFQ=3P×5F×2Q=(2A+B)×(2A+B+2C)×(A+C)$$
$$=2ABC+2BAC+2BCA$$
$$=2ABC+2BAC-2BAC$$
$$=2ABC$$

最后得到 $15PFQ=ABC$，即 $\triangle PFQ$ 的面积是 $\triangle ABC$ 的面积的 1/15。

在上面的计算过程中，三个带括号项相乘按分配律展开时本来应当有 12 项，但是如果某项有两个字母相同，它就是零，所以实际上只有三项了。

最后看一道有趣而不太容易的题目。

【例 10-10】 在图 10-26 中，$AB=3AD$，$BC=3BE$，$CA=3CF$，若已知 $\triangle ABC$ 的面积，求 $\triangle GHI$ 的面积。（通过网址 https://www.netpad.net.cn/svg.html#posts/362625 或者下面的二维码，打开相应的课件。）

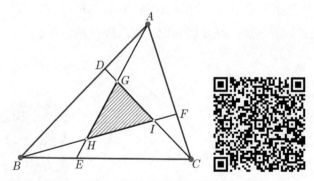

图 10-26　三角形的井田问题

【解】 计算过程几乎可以机械地进行下去。

$$2A+B=3D \tag{1}$$

$$2B+C=3E \tag{2}$$

$$2C+A=3F \tag{3}$$

$$（2）-2×（1）：C-4A=3E-6D$$

推出：

$$C+6D=3E+4A=7G$$

$$7G=C+2B+4A$$

同理：

$$7H=A+2C+4B$$

$$7I=B+2A+4C$$

$$7^3GHI=（C+2B+4A）（A+2C+4B）（B+2A+4C）$$

$$=64ABC+8ACB+8BAC+8BCA+CAB+8CBA$$

$$=64ABC-8ABC-8ABC+8ABC+ABC-8ABC$$

$$=49ABC$$

$$GHI=\frac{ABC}{7}$$

最后的答案表明图中阴影部分的面积是大三角形面积的 1/7。

现在不妨回想一下我们思考和实验的历程。我们从"两个点如何相加"这个问题出发，试图应用我们学过的有关数轴的知识给出回答。我们第一次想错了，但大方向没错，终于在"点可以表示数"的基础上找到了合理的回答。当我们进一步明白了点的加法的几何意义和物理意义时，就可以用代数运算来解决几何问题了。为了解决更多的问题，我们考察了点的加法与坐标的关系、点的加法与面积的关系，开拓了我们的知识，提高了解决问题的能力。这让我们认识到，提出并思考一个好的数学问题能够把我们引入一片新的天地，获得许多新的知识。可见，提出好的问题多么重要。

第 11 章 从面积到正弦

我们知道，三角形的面积等于底乘以高的一半。

看看图 11-1，想想三角形的面积公式是怎么得到的。

 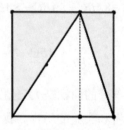 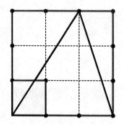

图 11-1　三角形的面积公式是怎么得到的

这里画出三角形的高干什么？不过是把原来的三角形分割成两个直角三角形，再通过旋转变换补成一个矩形，而矩形的面积又可以通过边长为 1 的单位正方形的面积来度量。这里的妙处在于转化和构造，把未知三角形面积的计算转化为已知矩形面积的计算，再看看这个矩形里面有多少个单位正方形。

但是，不知道三角形的高时，能求这个三角形的面积吗？

为了探索这个新问题，先看两个例子。

【例 11-1】　有关三角形花坛面积的计算。

如图 11-2 所示，三角形花坛中摆放了黄、红、紫三种不同颜色的花，已知 $\dfrac{AD}{AB} = \dfrac{2}{3}$，$\dfrac{AE}{AC} = \dfrac{1}{3}$，那么黄、红、紫三种不同颜色的区域的面积各占整个花坛面积的几分之几？

拿起笔来算一算，看看 $\triangle ADE$ 与 $\triangle ABE$ 的面积有什么关系，$\triangle ABE$ 与 $\triangle ABC$ 的面积有什么关系。这样一来，如果知道了 $\triangle ABC$ 的面积，就能计算 $\triangle ADE$ 的面积，反过来也一样。

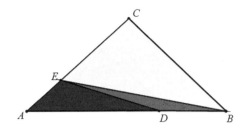

图 11-2　不同颜色的区域的面积各占多大比例

看来从数学的角度考虑，这里有关三角形花坛面积的计算在本质上是这样一个问题：两个有公共角的三角形面积的比与夹这个公共角的两条边的长度的比有什么关系？你能概括出其中的规律吗？

【例 11-2】　有关三角形水稻田面积的计算。

有一块三角形水稻田（见图 11-3），测量这个三角形的高不方便，只能在田埂上走来走去，怎么计算这块田的面积？

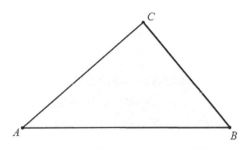

图 11-3　三角形水稻田面积的计算

由于有"只能在田埂上走来走去"这个条件的限制，我们只能测量出三角形水稻田的三条边的长度或三个角的大小。于是，这里的数学问题就变成了"已知三角形两边的长度及其夹角的大小，求这个三角形的面积"或"已知三角形三边的长度，求这个三角形的面积"。下面思考第一个问题。

如图 11-4 所示，在这个三角形的边 AB、AC 上取两个点 D、E，使得 $AD=AE=1$，则称 $\triangle ADE$ 为单位等腰三角形。在上一个问题的启发下，如果知道了单位等腰三角形的面积，那么水稻田的面积不就好算了吗？设 $AB=a$，$AC=b$，$\triangle ADE$ 的面积为 s，你能用 a、b、s 这三个字母表示出 $\triangle ABC$ 的面积吗？（我们把有两条边相等的三角形叫作等腰三角形，两条相等的边叫作等腰三角形的腰，第三条边叫作等腰三角形的底边，两腰所夹的角叫作等腰三角形的顶角，腰和底边所夹的角叫作等腰三角形的底角。）

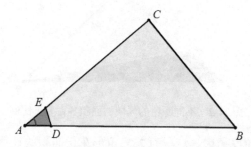

图 11-4　已知小三角形的面积，求大三角形的面积

现在的问题清晰了：只要能求出那个单位等腰三角形的面积，一切问题就都可以解决了！而这个等腰三角形的面积又与它的顶角的大小有关，那么它们之间到底有什么关系呢？

让我们进入网络画板认识一个新朋友，它的名片上写有"正弦"两个字，外文名字叫 sin。很生疏嘛？不要紧，按照下面介绍的方法进行操作，你很快就会熟悉它。认识了它，我们以后可以解决许多问题。

【实验 11-1】　认识正弦。

通过网址 https://www.netpad.net.cn/svg.html#posts/362627 或者下面的二维码，打开相应的课件。画一个半径为 1 的圆，以这个圆的半径为边画一个单位正方形，并测量这个正方形的面积，如图 11-5 所示。在圆上取一点 E，以 AB、AE 为邻边画一个菱形，这个菱形各边的长度都是 1，所以它叫作单位菱形。测量这个菱形的面积和 $\angle BAE$ 的度数；用鼠标选择点 E 并拖动，观察单位菱形的面积和这个角的大小的变化。

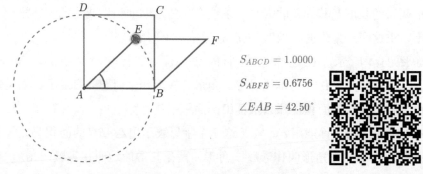

$$S_{ABCD} = 1.0000$$
$$S_{ABFE} = 0.6756$$
$$\angle EAB = 42.50°$$

图 11-5　把正方形压成菱形后面积"打折"了

你会发现单位菱形的面积与单位正方形相比有了一个"折扣"，而且这个"折扣"随∠*BAE* 的变化而变化。因为单位正方形的面积为 1，所以这个"折扣"的数值就是单位菱形的面积。

选择点 *E*，按 Ctrl 和上下左右箭头键调整∠*BAE* 的大小。你会看到∠*BAE* 为 53.0°时面积约"打八折"，准确一点说是有一个角为 53.0°的单位菱形的面积为 0.799；而∠*BAE* 为 30.0°时面积"打五折"，准确一点说是有一个角为 30°的单位菱形的面积为 0.500。

为了说话和书写方便，引入以下定义。

【正弦的定义】　有一个角为 *A* 的单位菱形的面积叫作角 *A* 的正弦，记作 sin *A*。

"正弦"这个词有点古怪，我们在后面再解释它的来历。

已知一个角的大小，怎样测出它的正弦值呢？

进入实验 11-1 的课件编辑界面，执行屏幕下方菜单中的"计算 | 测量"命令，在弹出的对话框中单击右上角的倒三角形，在下拉菜单中选择"sin"，再用鼠标拾取所测量数据为∠*EAB* 的度数，计算框的上方将出现"sin（m2）"，将其修改为"sin（m2*pi/180）"，然后单击"确定"按钮，屏幕上将出现该角的正弦值，如图 11-6 所示。

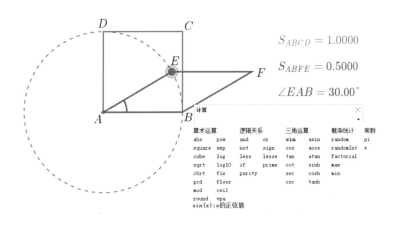

图 11-6　测量∠*BAE* 的正弦值

继续拖动点 *E* 并观察，我们会看到∠*BAE* 的正弦值总等于单位菱形 *ABFE* 的面积，如图 11-7 所示。

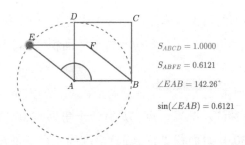

$S_{ABCD} = 1.0000$

$S_{ABFE} = 0.6121$

$\angle EAB = 142.26°$

$\sin(\angle EAB) = 0.6121$

图 11-7　$\angle BAE$ 的正弦值总等于单位菱形 $ABFE$ 的面积

你将看到任何一个确定的角都有一个确定的正弦值，而这个数值恰好等于单位菱形与单位正方形的面积之比，也就是角的大小改变时菱形面积的"折扣"。

明白了什么是角的正弦，就不难回答下面的问题。

$\sin 0° = ?$　$\sin 90° = ?$　$\sin 180° = ?$

为什么总有 $\sin(180° - A) = \sin A$？

对于这些问题，我们当然可以在上述课件中进行测量和验证，但是利用正弦的定义对上述正弦的性质加以说明更为简单和严谨。你能说清楚这个道理吗？

有了正弦这个定义和记号，一开始提出的问题就有了答案。即使不知道三角形的高，只要知道它的两条边的长度和这两条边的夹角的大小，就可以写出这个三角形的面积公式。因为单位菱形可以被对角线分成两个面积相等的单位等腰三角形，所以顶角为 A 的单位等腰三角形的面积等于 $\frac{1}{2}\sin A$。对照图 11-4，可以得到三角形的面积公式。

【三角形的面积公式】 $S_{\triangle ABC} = \frac{1}{2}bc\sin A = \frac{1}{2}ac\sin B = \frac{1}{2}ab\sin C$。

回顾一下例 11-1 和例 11-2，想想正弦的定义，不难理解这个公式。

【实验 11-2】 验证面积公式 $S_{\triangle ABC} = \frac{1}{2}bc\sin A = \frac{1}{2}ac\sin B = \frac{1}{2}ab\sin C$。

通过网址 https://www.netpad.net.cn/svg.html#posts/362629 或者下面的二维码，打开相应的课件，如图 11-8 所示。三角形 ABC 的顶点可以拖动，其边长和角度的测量数据会随着改变，各角正弦的测量值也随着改变。但无论如何变化，三角形面积的直接测量数据和按公式计算出来的数据总是相等的。这就验证了我们推导出的面积公式。

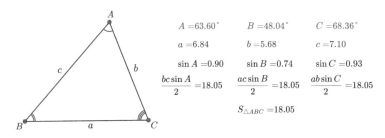

图 11-8　验证三角形的面积公式

我们现在还不会根据角度的大小直接计算其正弦值，但可以用网络画板先画出一个角并测量它。如果不画出角，直接测量 sin 30° 或者 sin 120° 行不行呢？让我们试一试。

执行屏幕下方菜单中的"计算｜测量"命令，在弹出的对话框中输入"sin（30）"，然后单击"确定"按钮，测量数据如图 11-9 所示。

$m0: \sin(30) = -0.99$

图 11-9　sin 30° 的测量数据

怪了！我们在前面做过实验，已经知道有一个角为 30° 的单位菱形的面积为 0.500，也就是说 30° 角的正弦是 0.5，它怎么成了 -0.99 呢？

原来在网络画板的正弦测量功能中，总假定输入的数字是角的弧度数。如果原始数据的单位是角度，它就要乘以 π/180，如图 11-10 所示。

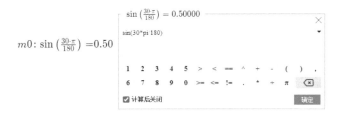

$m0: \sin\left(\frac{30 \cdot \pi}{180}\right) = 0.50$

图 11-10　测量 sin 30° 时的正确输入方法

也可以用科学计算器算出任意一个角的正弦值。

实际上，只要知道 0°到 90°之间的角的正弦值就够用了。在没有现代计算机和电子计算器的年代，人们把 0°到 90°之间的角的正弦近似值编制成表备用。表 11-1 是最简单的正弦表。例如，在查 76°的正弦值时，先在上方找到 70°所在的列，再在左方找到 6°所在的行，其交叉处的数值为 0.9702，即得 $\sin 76° \approx 0.9702$。在查 125°的正弦值时，则利用 $\sin 125° = \sin(180° - 125°) = \sin 55°$，然后查出 $\sin 55° \approx 0.8191$，于是得到 $\sin 125° \approx 0.8191$。

表 11-1　正弦表

	0°	10°	20°	30°	40°	50°	60°	70°	80°	90°
0°	0.0000	0.1736	0.3420	0.5000	0.6427	0.7660	0.8660	0.9396	0.9848	1.0000
1°	0.0175	0.1908	0.3583	0.5150	0.6560	0.7771	0.8746	0.9455	0.9876	0.9998
2°	0.0348	0.2079	0.3746	0.5299	0.6691	0.7880	0.8829	0.9510	0.9902	0.9993
3°	0.0523	0.2249	0.3907	0.5446	0.6819	0.7986	0.8910	0.9563	0.9925	0.9986
4°	0.0697	0.2419	0.4067	0.5591	0.6946	0.8090	0.8987	0.9612	0.9945	0.9975
5°	0.0871	0.2588	0.4226	0.5735	0.7071	0.8191	0.9063	0.9659	0.9961	0.9961
6°	0.1045	0.2756	0.4383	0.5877	0.7193	0.8290	0.9135	0.9702	0.9975	0.9945
7°	0.1218	0.2923	0.4539	0.6018	0.7313	0.8386	0.9205	0.9743	0.9986	0.9925
8°	0.1391	0.3090	0.4694	0.6156	0.7431	0.8480	0.9271	0.9781	0.9993	0.9902
9°	0.1564	0.3255	0.4848	0.6293	0.7547	0.8571	0.9335	0.9816	0.9998	0.9876

有了"角的正弦"这个新朋友，又有了上面这张正弦表，我们的本事就大了。即使不知道三角形的高，也不用网络画板去测量，只要知道三角形的两条边的长度和这两条边的夹角的大小，就可以求这个三角形的面积。

三角形的面积公式 $S_{\triangle ABC} = \dfrac{1}{2}bc\sin A = \dfrac{1}{2}ac\sin B = \dfrac{1}{2}ab\sin C$ 不但可以用来计算三角形的面积，而且可以用来研究三角形的性质。例如，将各项乘以 2 后再除以 abc，便得到了非常重要的正弦定理。

【正弦定理】　在任意三角形 ABC 中，有 $\dfrac{2S_{\triangle ABC}}{abc} = \dfrac{\sin A}{a} = \dfrac{\sin B}{b} = \dfrac{\sin C}{c}$。

当三角形的一个角为直角时，正弦定理变得更为简单。

例如，若 $\angle C = 90°$，则 $\sin C = 1$，$S_{\triangle ABC} = \dfrac{ab}{2}$。

【**直角三角形中锐角的正弦公式**】　在△ABC中，若∠$C=90°$，则$\dfrac{\sin A}{a}=$ $\dfrac{\sin B}{b}=\dfrac{1}{c}$，于是$\sin A=\dfrac{a}{c}$，$\sin B=\dfrac{b}{c}$。

也就是说，在直角三角形中，锐角的正弦等于该角的对边与斜边之比。这和课本上锐角正弦的定义是一致的。

【**实验 11-3**】　打开网络画板，用智能画笔在 x 轴上取一点 A，作线段 AB，再自点 B 向 x 轴引线，垂足为 C，连接 AC 得到直角三角形 ABC，如图 11-11 所示。依次测量线段 BC、AB 的长度并计算两者之比，再测量∠BAC 并计算它的正弦值。如果不想自己动手作图，则可以通过网址 https://www.netpad. net.cn/svg.html#posts/362630 或者下面的二维码，打开相应的课件。拖动点 B，观察测量数据，将看到线段 BC、AB 的长度之比总等于∠BAC 的正弦值。

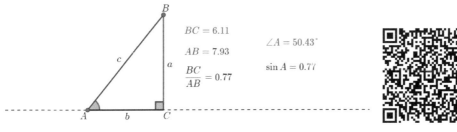

图 11-11　直角三角形中锐角的正弦

有了这点知识，在有些场合很容易看出一个角的正弦来。例如，通过网址 https://www.netpad.net.cn/svg.html#posts/362631 或右侧的二维码，打开相应的课件，如图 11-12 所示。你能马上说出∠AOB、∠AOC、∠AOJ、∠AOD、∠HOE 这些角的正弦吗？

我们注意到∠$AOB=∠FOB$，而在△FOB 中∠BFO 为直角，斜边 OB 为 10，∠FOB 的对边 BF 为 6，于是$\sin\angle FOB=\dfrac{BF}{BO}=\dfrac{6}{10}=0.6$。对照正弦表，还能估计出∠$FOB$ 大约是 $37°$。

如果你很细心，而且很喜欢讲道理，就会发现上面的操作过程有一个小小的漏洞。

是什么漏洞呢？

我们知道 $\sin\angle FOB = \dfrac{BF}{BO} = \dfrac{6}{10} = 0.6$，现在想在正弦表中查出 $\angle FOB$ 是多少度。但是在正弦表中只能查到 $\sin 37°$ 和 $\sin 36°$ 的值分别为 0.6018 和 0.5877，为什么根据 $0.5877 < 0.6 < 0.6018$ 就能推导出 $36° < \angle FOB < 37°$ 呢？

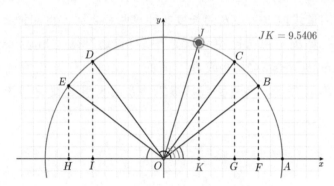

图 11-12　直接看出几个角的正弦

这是因为在角度从 $0°$ 增大到 $90°$ 的过程中，它的正弦随着增大。具体说来，有这样一条规律：若 α 和 β 是 $0°$ 到 $180°$ 之间的两个角，而且 $\alpha < \beta$，$\alpha + \beta < 180°$，则 $\sin\alpha < \sin\beta$。

可以用三角形的面积公式 $S_{\triangle ABC} = \dfrac{1}{2}bc\sin A = \dfrac{1}{2}ac\sin B = \dfrac{1}{2}ab\sin C$ 解释上述结论。

采用类似的方法，根据测量数据 $JK = 9.4283$，可得：$\sin\angle AOJ = \dfrac{JK}{JO} \approx$

$\dfrac{9.4283}{10} = 0.94283$。

你能说出另外几个角的正弦及其度数的近似值吗？

下面让我们在动态几何环境中体会一下正弦定理的几何含义。

【实验 11-4】　正弦定理的几何意义。

通过网址 https://www.netpad.net.cn/svg.html#posts/362632 或者下页的二维码，

打开相应的课件，如图 11-13 所示。

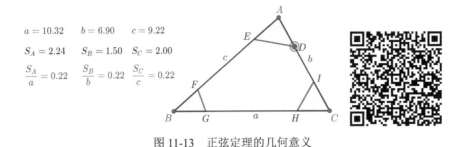

$a = 10.32 \quad b = 6.90 \quad c = 9.22$

$S_A = 2.24 \quad S_B = 1.50 \quad S_C = 2.00$

$\dfrac{S_A}{a} = 0.22 \quad \dfrac{S_B}{b} = 0.22 \quad \dfrac{S_C}{c} = 0.22$

图 11-13　正弦定理的几何意义

在图 11-13 中，在任意三角形 ABC 的三个角上各截取一个等腰三角形。这些等腰三角形的腰彼此相等，它们的面积分别记作 S_A、S_B 和 S_C；$\triangle ABC$ 的三条边分别记作 a、b 和 c。测量数据表明，不论如何拖动 $\triangle ABC$ 的顶点，各角上的等腰三角形的面积和对边的比值总是相等的。

想一想，这和正弦定理有什么联系？

下面看几个应用实例。

【例 11-3】　自动扶梯中的数学。

在火车站、地铁站、飞机场和大型商场等场所，自动扶梯随处可见。你在乘坐自动扶梯时是否想过怎样计算自动扶梯的坡度？

图 11-14 是一个大型商场中的自动扶梯的结构示意图，你能计算出这个自动扶梯的斜面和水平地面之间的夹角 $\angle AOB$ 的大小吗？

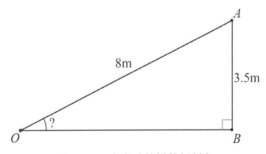

图 11-14　求自动扶梯的倾斜角

【解】　根据直角三角形中锐角正弦的性质，有：

$$\sin \angle AOB = \frac{AB}{OA} = \frac{3.5}{8} = 0.4375$$

对照正弦表，可知 $\angle AOB \approx 26°$。

想一想，在直角三角形中，如果已知一条直角边和斜边的长度，如何求出这个直角三角形的两个锐角？ 如果已知斜边的长度和任何一个锐角的大小，那么就能求两条直角边的长度吗？

【例 11-4】 求救船只离观察站有多远？

海上 C 处有一艘船发出求救信号，A、B 是岸边相距 1000 米的两个观察站，从这两个观察站测得的船只的方向如图 11-15 所示。如果你现在位于观察站 A 中，你能计算出求救船只离自己有多远吗？

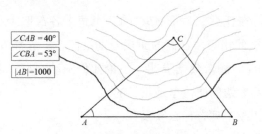

图 11-15　求救船只离观察站有多远

【解】 正弦定理告诉我们 $\dfrac{\sin A}{a} = \dfrac{\sin B}{b} = \dfrac{\sin C}{c}$，如果知道了 $\sin C$，在等式 $\dfrac{\sin B}{b} = \dfrac{\sin C}{c}$ 中就只有 b 是未知数了。由三角形的内角和等于 $180°$ 可知 $\angle C = 180° - 40° - 53° = 87°$，于是得到以下方程：

$$\frac{\sin 53°}{b} = \frac{\sin 87°}{1000}$$

查表得：

$$\sin 53° \approx 0.7986，\sin 87° \approx 0.9986$$

所以，有：

$$AC = b = \frac{1000\sin 53°}{\sin 87°} \approx \frac{1000 \times 0.7986}{0.9986} \approx 799.7 \text{（m）}$$

求救船只到观测站 A 的距离约为 799.7 米。

【例 11-5】 怎么测量围墙外的建筑物的高度？

学校围墙外有一栋高层建筑物，现在要在学校操场上测量该建筑物的高度。同学们用仪器测量得的数据如图 11-16 所示。如果三脚架的高度 AB 是 1.2m，那么该建筑物有多高？

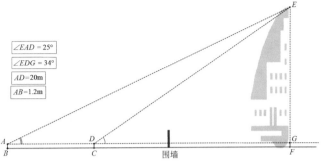

图 11-16　测量围墙外的建筑物的高度

【解】　因为 $GE = AE \cdot \sin \angle GAE = AE \cdot \sin 25°$，所以关键是求 AE。

对 $\triangle ADE$ 应用正弦定理，有：

$$\frac{\sin \angle AED}{AD} = \frac{\sin \angle ADE}{AE}$$

于是得：

$$AE = \frac{AD \cdot \sin \angle ADE}{\sin \angle AED} = \frac{20 \times \sin 34°}{\sin 9°} \approx \frac{20 \times 0.5591}{0.1564} \approx 71.50 \text{（m）}$$

进一步求出 $GE = AE \cdot \sin 25° \approx 71.50 \times 0.4226 \approx 30.22$，于是所测建筑物的高度约为（$30.22 + 1.2$）m，即 31.42m。

这三个例子显示了正弦定理的初步应用。

这些问题的解决涉及分析、列出算式、查表和计算，我们一不小心就会出错。实际上，采用直接作图测量的办法，往往可以迅速、准确地获得答案。另外，作图测量也是检验计算结果是否正确的一种手段。做好习题以后，用网络画板作图检查，可以早点发现错误，从而提高学习的积极性，提高成绩。

上面的几个问题都属于已知三角形的两角一边时求未知边的长度的类型。利用动态几何作图的优势，可以做一个适合解决这类问题的模板，然后对于具体问题，只要调整一下数据，就可以获得答案。下面先看看模板的使用方法，然后介绍作图方法，供有兴趣的读者参考。

【实验 11-5】　已知三角形的两角一边时求未知边的计算模板。

注意，根据三角形内角和定理，已知两个角也就相当于已知三个角！

通过网址 https://www.netpad.net.cn/svg.html#posts/362634 或者下页的二维

码，打开相应的课件，如图 11-17 所示。图中用蓝色表示已知量，即 AB 边的长度和 $\angle A$、$\angle B$ 的度数；红色表示要求的量，即 AC、BC 两边的长度。拖动右边的三个变量尺上的滑钮，可以大体设置 AB 边的长度和 $\angle A$、$\angle B$ 的度数；使用"调整 A"按钮、"调整 B"按钮和"调整 AB"按钮可以使数据更精确。具体的操作方法如下。

① 单击某一个调整按钮的副钮，则相应的变量取整数值。

② 拖动右边的"调整幅度"变量尺，可以改变"调整幅度"，其取值为 0.001、0.01、0.1、1、10、100、1000 等。

③ 单击某一个调整按钮的主钮，则相应的变量增加一个"调整幅度"。

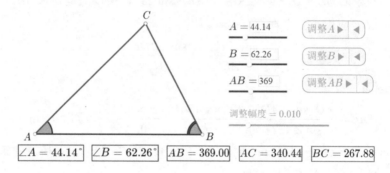

图 11-17　已知三角形的两角一边时求未知边的计算模板

现在图中 $\angle A = 44.14°$，如果希望将它调整为 $47.25°$，则可以单击"调整 A"按钮的副钮，则 $\angle A$ 取整数，即 $44°$。注意，当前的"调整幅度"为 1，这时单击"调整 A"按钮的主钮三次，可使 $\angle A$ 的取值为 $47°$。向左拖动"调整幅度"变量尺上的滑钮，将"调整幅度"设置为 0.1，这时单击"调整 A"按钮的主钮两次，可使 $\angle A$ 的取值变为 $47.2°$。再向左拖动"调整幅度"变量尺上的滑钮，将"调整幅度"设置为 0.01，这时单击"调整 A"按钮的主钮五次，可使 $\angle A$ 的取值变为 $47.25°$。

下面我们用这个模板检验前面两个例子的答案。

在例 11-4 中，$\angle A = 40°$，$\angle B = 53°$，$AB = 1000$，设置好这些数据后立刻看到 $AC = 799.73$，和前面计算的结果一致，如图 11-18 所示。

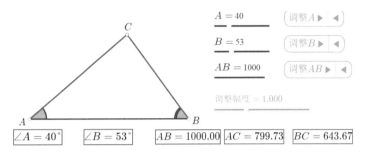

图 11-18 检验例 11-4 的计算结果

注意在例 11-5 中三角形顶点标注的字母与模板不同，"相当于模板中 $\angle A = 25°$，$\angle B = 146°$，$AB = 20$。设置好这些数据后立刻看到 $AC = 71.49$，与例 11-5 中计算的中间结果 $AE = 71.50$ 基本一致，如图 11-19 所示。这时图中的三角形可能过大，只要单击上方的减号图标，就可以把三角形缩小。

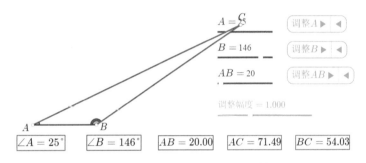

图 11-19 检验例 11-5 中第一步的计算结果

这个例子的第二步计算也可以用这个模板检验。只要设置 $AB = 71.49$，$\angle A = 25°$，$\angle B = 65°$，就可以立刻看到 $BC = 30.21$，如图 11-20 所示。在原来的问题中就是 GE 约等于 30.21 米，和前面的计算结果一致。

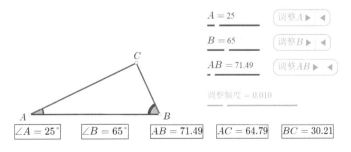

图 11-20 检验例 11-5 中第二步的计算结果

但是，这个计算模板不适合例 11-3 的情形。在例 11-3 中，三角形的两条边和其中一条边的对角（斜边对角为 90°）已知，这属于另一种类型。

那么，在三角形的三边三角中，知道一部分时求其余部分的问题还有多少种类型呢？

我们可以按已知边的数目来分类，这里用 S 代表边，用 A 代表角。

第一类（ASA）：已知一边两角（即一边三角），已有模板。

第二类（SSA）：已知两边和其中一条边的对角。

第三类（SAS）：已知两边及其夹角。

第四类（SSS）：已知三边。

下面提供后面三类问题的计算模板备用。

【实验 11-6】　已知三角形的两边或三边时求未知边或角的计算模板。

通过网址 https://www.netpad.net.cn/svg.html#posts/362636 或者下面的二维码，打开相应的课件，如图 11-21 所示。这是已知两边和其中一条边的对角时的计算模板。我们看到，这时有两个三角形都满足所给的条件！

拖动变量尺上的滑钮改变数据并进行观察，该问题会不会无解？会不会只有一个解？在什么条件下无解？在什么条件下只有一个解？

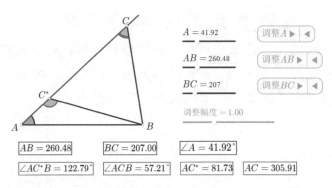

图 11-21　已知三角形的两边和其中一条边的对角时的计算模板

使用这个模板，能不能检验例 11-3 的答案呢？

在例 11-3 中，已知直角所对的斜边的长度为 8m，另有一条边的长度为 3.5m。于是我们可以设置 $\angle A = 90°$，$BC = 8$，$AC = 3.5$，如图 11-22 所示。我们可以立刻看到∠ACB＝25.94°，这与例 11-3 中求出的倾斜角约为 26°一致。

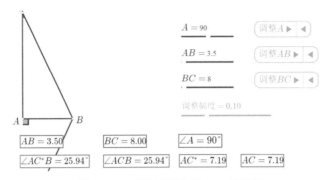

图 11-22 用模板检验例 11-3 的答案

已知两边一夹角（SAS），求解三角形时的情形如图 11-23 所示。这是四种情形中最简单的一种情形，在各种条件下总有唯一解。通过网址 https://www.netpad.net.cn/svg.html#posts/362637 或者下面的二维码，可以打开相应的课件。

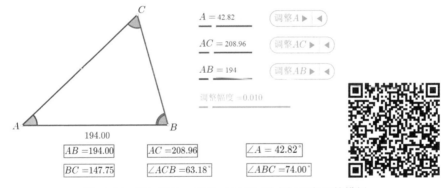

图 11-23 已知两边一夹角（SAS）时求解三角形的模板

已知三边（SSS），求解三角形时的情形如图 11-24 所示。通过网址 https://www.netpad.net.cn/svg.html#posts/362638 或者右侧的二维码，可以打开相应的课件。建议你拖动变量尺上的滑钮，观察三条边的长度满足什么条件时能够构成三角形。

在初中数学课中，我们也许还没有学习上面的几种求解一般三角形的方法，但是学习了解直角三角形的方法。上面几种模板当然也能够解决直角三角形求解问题，但是如果有专用的直角三角形求解模板就更方便了。直角三角形求解问题也可以分成四类。

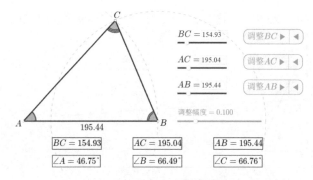

图 11-24　已知三边时求解三角形的模板

① 已知一个锐角和斜边。

② 已知一个锐角和一条直角边。

③ 已知两条直角边。

④ 已知斜边和一条直角边。

通过网址 https://www.netpad.net.cn/svg.html#posts/362640、https://www.netpad.net.cn/svg.html#posts/362641、https://www.netpad.net.cn/svg.html#posts/362642、https://www.netpad.net.cn/svg.html#posts/362643 或者下面的二维码，可以打开相应的课件，了解上述四类问题的求解模板。对照课本上的这类例题和习题使用这些模板是有益的活动。

在使用这些模板时，你可能会想到一个操作问题：给定了角度的三角形是如何画出来的呢？在数学的教学和学习中，准确地作出一个给定大小的角并进行标注是很有用的操作，下面就来讲讲这个问题。

【操作说明 11-1】　作出给定大小的角。

用网络画板的菜单直接进行操作。

假设已经作出了线段 AB，现在的任务是作点 C 使 $\angle CAB = 53°$。

依次选择点 B、线段 AB 和点 A，单击屏幕下面菜单中的"旋转"命令，在弹出的对话框中进行设置，如图 11-25 所示。

图 11-25 旋转设置对话框

对话框上面的一栏是"旋转中心"，默认旋转中心为最后选择的点，也可以用鼠标进行设置。这里以点 A 为旋转中心，即要作出的线段 AC 和点 B 绕点 A 旋转，且 AC=AB；在"单位"一栏中选择"角度"，"转角"就是要作出的线段 AC 与 AB 的夹角，这里按要求填写"53"，如图 11-25 所示。单击"确定"按钮完成作图，结果如图 11-26 所示。

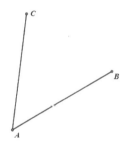

图 11-26 作出度数为 53° 的角

【操作说明 11-2】 标注角。

在几何图形中常常要对角进行标注，即在角的内部接近顶点处画一小段圆弧。网络画板提供了标注角的工具。

在标注 ∠CAB 时，可以依次选择点 C、A 和 B，再执行屏幕下方菜单中的"标注"命令即可。可用鼠标或键盘上的方向键移动标注角的位置，而且能改变颜色。请你试一试。

从上面的例题看到，正弦和正弦定理的本领真不小。其实，解三角形仅仅是正弦的一点小本领，它的用处还要多得多。不用计算，可以从正弦定理得出好几条几何定理，例如：三角形中大边对大角，大角对大边，等边对等角，等角对等边（由此推导出三角形中两边之和大于第三边）；等边三角形的三个角都等于60°（由此推导出直角三角形中30°锐角的对边的长度是斜边的一半）；若两个三角形有两个角对应相等，则其三条边对应成比例；两角及其夹边对应相等的两个三角形全等；等等。关于这些命题的推导，请参看《新概念几何》一书的第216～219页（张景中著，2002年出版）。

回顾一下，我们做了些什么事情，竟然获得了如此丰富的几何知识呢？

首先，为了计算不知道高的三角形的面积，引进了正弦。

这个"正弦"仅仅是一个名字，含有面积的"折扣"之意。关于所谓的 $\sin A$，我们只知道它是一个角为 A 的单位菱形的面积。知道了 A，如何计算 $\sin A$？我们完全不知道！

我们仅仅知道对于角 A，有一个确定的数值 $\sin A$ 与之对应。仅仅根据这个确定的对应关系，就能写出面积公式，就能探讨出许多几何性质来。这说明"确定的对应关系"是一个很有用的数学思想。这个思想就是函数的思想。所谓函数就是两个量之间的"确定的对应关系"。正弦就是一种函数，因为它是在研究三角形的过程中引入的，所以它叫作三角函数。三角函数不止一种，还有余弦、正切、余切等，在初中数学课程中我们会初步认识它们，在高中阶段会学到更多与它们有关的知识。

在更深入地认识几何图形的性质后，角和正弦的概念还会有所发展。作为本章的结束，下面的实验会启发我们思考更多的问题。

【实验 11-7】 游乐园的摩天轮引发的思考。

通过网址 https://www.netpad.net.cn/svg.html#posts/362645 或者下面的二维码，打开相应的课件，如图 11-27 所示。单击"动画"按钮，我们看到摩天轮会转动起来，上面坐的游客有升有降，各得其乐。

图 11-27　游乐园的摩天轮

设摩天轮的半径是 3 米，其中心距离地面 6 米。假设你坐在图中右侧距离地面恰好 6 米的位置，当摩天轮沿逆时针方向旋转 30° 时，你距离地面多高？

容易算出来，当摩天轮沿逆时针方向旋转 30° 时，你升高了 $3 \times \sin 30° = 1.5$ 米。

当摩天轮从原来的位置沿顺时针方向旋转 30° 时，你升高了多少米？你马上会说："我降低了 1.5 米（即 $3 \times \sin 30°$），或者说升高了 -1.5 米（即 $-3 \times \sin 30°$）。"

进一步思考，可以提出不少问题。

当摩天轮沿逆时针方向旋转 150° 时，你距离地面多高？旋转 120° 呢？

在摩天轮不断旋转的过程中，你到地面的距离最高是几米？你到地面的距离最低是几米？

看来你需要重新认识角了。如果仅把角看成从一点出发的两条射线组成的图形，那么就不好解释摩天轮旋转的情况了。沿逆时针方向转半圈是转了 180°，那么转 3/4 圈呢？转一圈半（3/2 圈）相当于旋转了多大的角度呢？你能重新描述一下角的概念吗？

当摩天轮沿逆时针方向旋转 210° 时，你距离地面多高？旋转 240° 呢？你在什么时候升高，在什么时候降低？

你可能会想 $\sin 120°$、$\sin 150°$ 还好理解，可怎么理解 $\sin 210°$ 和 $\sin 240°$ 呢？看来我们需要给"任意角的正弦"的概念一个新的解释，使之既与原来的概念不冲突，又能解决现在我们面临的新问题。

现在我们用直角坐标系代替摩天轮继续思考下去，不妨把摩天轮的中心看作坐标原点，过这一点的水平方向的直线作为 x 轴，过这一点的竖直方向的直线作为 y 轴，而你位于图中的 P（P'）点，如图 11-28 所示。

当摩天轮沿逆时针方向旋转 30° 时，你从点 A 旋转到了点 P 的位置，MP 的箭头向上表示你在 x 轴的上方；沿顺时针方向旋转 30° 时，你从点 A 旋转到了点 P' 的位置，MP' 的箭头向下表示你在 x 轴的下方。对于前者有 $MP = |OP|\sin 30°$，$\sin \angle AOP = \dfrac{MP}{|OP|}$；对于后者有 $MP' = |OP|\sin(-30°)$，$\sin \angle AOP' = \dfrac{MP'}{|OP|}$。"欲穷千里目，更上一层楼"，现在我们可以从一个新的高度理解角的正弦了。首先，角可以理解为一条射线围绕它的端点旋转而形成的图形，沿逆时针方向旋转时记为

正角，沿顺时针方向旋转时记为负角，把射线的起始位置叫作角 α 的始边，旋转的最终位置叫作角 α 的终边（于是你可以随便转了）。然后如此建立直角坐标系：以角 α 的顶点作为原点，角 α 的始边所在的直线作为 x 轴，过原点垂直于 x 轴的直线作为 y 轴。设角 α 的终边上有一点 $P\,(x,\,y)$，该点与原点距离为 $|OP|=r$，于是定义 $\sin\alpha=\dfrac{y}{r}$。这样一来，当角的大小不超过 $180°$ 时与原来的定义不矛盾，当角的大小超过 $180°$ 时按新定义也能求出正弦。你不妨在网络画板中实验一下，看看 $360°$ 以内的角的正弦的符号有什么规律，还可以研究一下 $\sin\,(-\alpha)$、$\sin\,(180°\pm\alpha)$ 与 $\sin\alpha$ 有什么关系。坐在摩天轮上，你大概又想提出什么新问题了吧？

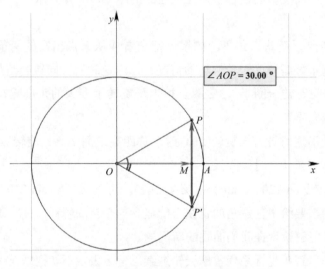

图 11-28   用坐标系与单位圆代替摩天轮

第 12 章 ⊚ 从正方体谈起

　　人们生活在三维空间中，而不是生活在平面上，因此我们不仅需要研究平面图形，还必须研究立体图形。

　　立体图形与平面图形具有密切的关系，展现或研究立体图形时往往要借助平面图形。例如，照片和电视机屏幕上的人物、山水、花鸟、建筑等实际上都是在用平面图形表现立体图形。建造楼房、制作零件都需要设计图纸，这些图纸上的平面图形也都用于表示立体图形。为了研究立体图形，有时需要把它们展开成平面图形，有时又需要用一个平面从适当的角度去截立体图形，以了解截面的形状。例如，裁衣服的纸样就可以看成一个立体图形的展开图，医院给病人拍摄的 CT 照片就是从某个角度用计算机对人体作出的多个截面图。

　　由立体图形想展开图，由展开图想立体图，由立体图想截面图，由截面图想立体图形，这些都需要空间想象力。

　　我们最熟悉的立体图形莫过于正方体了。大家都知道它有 8 个顶点、12 条棱和 6 个面，这 6 个面都是正方形。你能想清楚把它的各个面展开时能得到怎样的平面图形吗？现在做个测试，看看图 12-1 中的哪些图形是正方体的展开图，哪些不是？

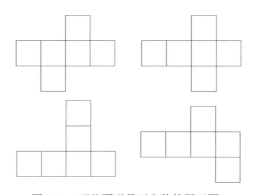

图 12-1　哪些图形是正方体的展开图

你不妨先想想，然后按照图 12-1 剪一些纸片并进行折叠以验证你原来的想法是否正确，最后通过课件观看正方体表面展开的不同动态效果。

本章中的课件是用网络画板的 3D 作图工具制作的。

【实验 12-1】 观察正方体表面的展开与合拢。

正方体有 11 种展开图。通过网址 https://www.netpad.net.cn/svg.html#posts/365244 或者下面的二维码，打开课件"正方体的 11 种表面展开图"。单击"展开"按钮，可以看到正方体的展开过程，如图 12-2 所示。等完全展开后，单击"折叠"按钮，进一步观察展开图合拢成正方体的过程。

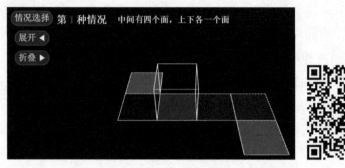

图 12-2　正方体表面的展开与合拢

通过实验观察，我们总结出正方体表面展开的 11 种方式，如图 12-3 所示。想一想还有没有其他展开方式？

图 12-3　正方体表面的 11 种展开方式

再想一想，如果是长、宽、高两两不相等的长方体，其表面展开后的 11 种图形应当是什么样子？

下面再来考察正方体的截面。

如果我们面前有一个正方体形状的萝卜块，现在用一把锋利的刀猛地朝它砍下去，你能猜想截面是怎样的图形吗？是三角形还是四边形、五边形、六边形？

你可以先在纸上画一个正方体，试着画出截面（见图 12-4），看看都有哪些可能。也可以准备一块橡皮泥或适当大小的土豆、萝卜，做一个正方体模型进行切割实验。

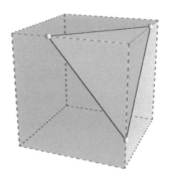

图 12-4 切割正方体

当然，也可以在计算机上进行模拟实验，拖动鼠标观察所有可能的情况。

【实验 12-2】 正方体和长方体的截面。

通过网址 https://www.netpad.net.cn/svg.html#posts/365246 或者下面的二维码，打开相应的课件，如图 12-5 所示。多次单击"截立方体"按钮改变平面的位置，从直观上认识用平面截正方体产生的几何图形。

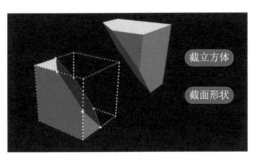

图 12-5 用平面截正方体

其实在画图或动手实验之前，不妨这样想想：正方体一共只有 6 个面，用一个平面去截这个正方体，它充其量最多与 6 个面相交。于是，平面和正方体的几个面相交，截面就是几边形。这样一想，截面最多是六边形，当然也可能是三角形、四边形和五边形。截面的形状显然与切割正方体的角度有关。我们接下来的问题是：如果截面是三角形，那么这个截面三角形有什么特点？

你可以先想一想，然后做实验验证你的想法；也可以先通过实验观察得出结论，然后试图说明其中的道理。正方体是长方体的一个特例，正方体截面的情形和长方体类似。

通过网址 https://www.netpad.net.cn/svg.html#posts/365245 或者下面的二维码，打开相应的课件，如图 12-6 所示。当截面是三角形时，两者没有什么区别。所以，不妨先看看长方体的三角形截面。分别在长方体的棱上拖动三个点（K、L、M），则这三个点所确定的平面与长方体的截面是三角形。反复实验，测量角度，我们发现这个截面是三角形，而且总是锐角三角形。

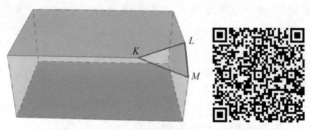

图 12-6　长方体的三角形截面总是锐角三角形

对于这种情况，不妨研究一下割下来的一个"角"。这是一个四面体，其中三个面都是直角三角形，第四个面就是三角形截面，如图 12-7 所示。研究它的形状时，可以从它的三条边之间的关系入手。这里给你一个提示：直角三角形的三条边满足"斜边的平方等于两直角边的平方和"，反过来，如果一个三角形的一条边的平方等于其他两条边的平方和，就可以断定这条边所对的角是直角，而如果一个三角形的一条边的平方小于其他两条边的平方和，就可以断定这条边所对的角是锐角。相信有了这个提示，你马上就能判断三角形截面的具体形状了。

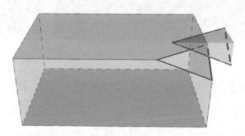

图 12-7　割下长方体的一个"角"

单击课件中的"截面形状"按钮，将截面切换成"其他"，拖动红点，使截面成为四边形。通过观察，可以看出长方体的四边形截面至少有一对平行边，如

图 12-8 所示。这个道理很简单：长方体的六个面两两平行（两个平面平行即两个平面没有公共点），其中任意四个面中至少总有两个平行，它们和截面相交产生一对平行边。

自己动手操作一下（见图 12-9），对照观察，有助于想象梯形截面的样子。

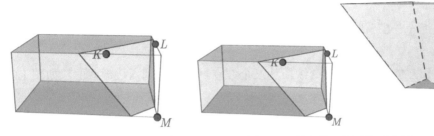

图 12-8　长方体的四边形截面至少　　图 12-9　长方体沿梯形截面分割
　　　　　有一对平行边

两个平行平面和第三个平面相交时，两条交线平行（你能说清楚其中的道理吗），如图 12-10 所示。这是我们思考长方体的多边形截面的特点的关键知识。

继续拖动红点，使得长方体和平面相交的四个面中有两对平行面，此时截面当然就是平行四边形了，如图 12-11 所示。长方体沿平行四边形截面分割的情形如图 12-12 所示，可以对照观察。

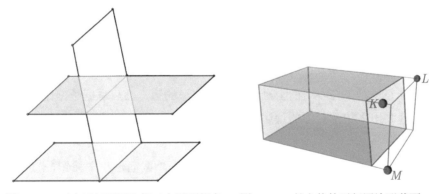

图 12-10　两个平行平面和第三个平面相交　图 12-11　长方体的平行四边形截面

图 12-13 呈现的是长方体的五边形截面。与此对应，图 12-14 是长方体沿五边形截面分割的情形。这些五边形截面有什么特点呢？通过实验观察，我们便会发现它们无非是平行四边形去掉一个角而已。

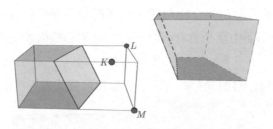

图 12-12　长方体沿平行四边形截面分割

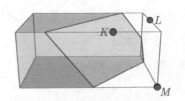

图 12-13　长方体的五边形截面是去
掉一个角的平行四边形

在长方体的截面上，继续拖动三个红点，可以得到六边形截面，如图 12-15
所示。

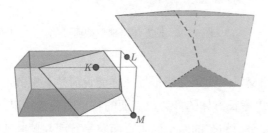

图 12-14　长方体沿五边形截面分割

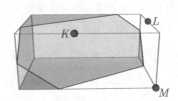

图 12-15　长方体的六边形截面

正方体的截面可以是正三角形或正方形，这比较容易想到。它会不会是正五
边形呢？也容易想到这是不可能的，因为正五边形的任意两条边都不会平行，而
长方体的五边形截面有两对平行边。

接下来就是一个有趣的问题：正方体的截面会不会是正六边形呢？

如果想得到正方体木块的一个正六边形截面，那么拿刀去砍时，谁能保证砍
得就那么准？还是先在各个面上画出截面多边形的边，然后拿锯子锯比较好。不
过要准确地画出多边形截面的边还需要一点点数学知识。这个问题不算太难，留
给你思考。

可以返回实验 12-2 的第一个课件，多次单击"截面形状"按钮，直至截面
是正六边形，如图 12-16 所示。

看，在我们最熟悉的正方体当中还真有不少值得探究的数学问题呢！

不过更微妙的是多面体的面、顶点和棱的数目之间的关系。

【实验 12-3】　把正方体和前面切割正方体时产生的多面体放在一起看看，尝
试寻找一些规律。

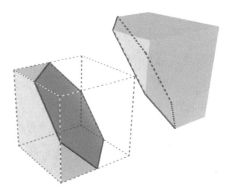

图 12-16　正方体沿正六边形截面切割

通过网址 https://www.netpad.net.cn/svg.html#posts/377232 或者下面的二维码，打开相应的课件，如图 12-17 所示。

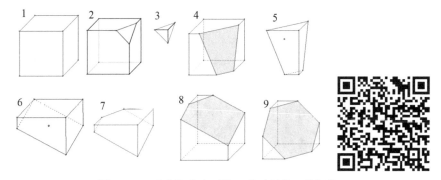

图 12-17　观察这些多面体，尝试寻找一些规律

首先是正方体，接着是将正方体削去一个角后得到的缺角正方体，还有削掉的"角"，它是一个四面体。

把多面体的面数记为 F，顶点数记为 V，棱数记为 E。你发现隐藏在这三个数之间的奥秘了吗？把正方体、缺角正方体和削去的那个"角"（四面体）的面数、顶点数和棱数填到表 12-1 中，细心观察一下，你一定能找到它们之间的关系。

表 12-1　多面体的面数、顶点数与棱数

多面体	面数（F）	顶点数（V）	棱数（E）
正方体	6	8	12
缺角正方体	7	10	15
四面体	4	4	6

最容易发现的是，原来面数与顶点数之和都比棱数大，如 6+8 ＞ 12，7+10 ＞ 15，4+4 ＞ 6。我们进一步观察后发现，6+8-12=2，7+10-15=2，4+4-6=2。我们有了一个发现：这里的 $F+V-E$ 是个不变量，都等于 2！由一个特例受到启发，对于别的情况，$F+V-E$ 还是不变量且等于 2 吗？你可以对图 12-17 中其余的多面体进行考察，数一数它们的顶点、棱和面各有多少个。

由上述大量的特例得到相同的结论 $F+V-E=2$，我们继而猜想：这个结论还适用于更一般的情况吗？这种从特殊到一般的思考方法叫作归纳猜想，这是探索科学问题时经常采用的一种方法。

法国大数学家拉普拉斯说，在数学里发现真理的主要工具是归纳和类比。

我们还可以设计新的实验验证上述猜想。

前面我们做了那么多切割实验，现在给正方体加个顶（见图 12-18），看看还有那个不变量吗？

数数看，这里 $F=9$，$V=9$，$E=16$，$F+V-E=9+9-16=2$。

如果不一一去数，而是研究正方体加顶前后面数、顶点数和棱数的变化，我们就会有新的发现。

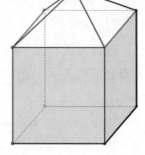

图 12-18 给正方体加个顶

注意到我们是在正方体上加顶，于是在减少一个面的同时多出了四个面，棱数同时也增加了 4 条，顶点则增加了一个。算算总账，$F+V-E$ 没有变化。

这样一来，我们就想到在任意一个多面体上加一个尖顶，具体做法是在一个 n 边形上增加一个尖顶（一个 n 棱锥）。设原来的多面体的面数为 F，顶点数为 V，棱数为 E，且 $F+V-E=2$。加上一个尖顶后，面增加了 $n-1$ 个，顶点增加了一个，棱增加了 n 条，于是对于新的多面体，面数＋顶点数－棱数=$[F+(n-1)]+(V+1)-(E+n)=F+V-E=2$。

对于任意一个多面体，用"切角"或"加顶"的办法得到新的多面体时，是否也可以用类似的方法探讨面数、顶点数和棱数的关系？我们把这个工作留给你。

你可以实际动手进行实验，也可以在计算机上进行模拟实验。

我们上面得到的公式"多面体的面数＋顶点数－棱数=2"就是著名的欧拉公式。

回顾上面的活动，我们先是通过实验观察得出几个特殊的多面体的面数、顶点数和棱数的关系，然后从特殊情况猜想一般情况下是否也有这样的规律，接着继续做实验，以增强我们对数学猜想的正确性的信心。归纳和猜想是发现数学和创造数学的重要过程。当然，在这之后还需要证明，用证明的手段确认我们发现的是普遍规律。

莱昂哈德·欧拉（Leonhard Euler，公元 1707—1783）是瑞士数学家和物理学家。他被一些数学史学者称为历史上最伟大的两位数学家之一（另一位是卡尔·弗里德里希·高斯）。欧拉通过大量的实验提出了上面的猜想 $F+V-E=2$ 并给出了证明。欧拉在数学上的贡献很多，他是第一个使用"函数"一词来描述包含各种参数的表达式的人，还是把微积分应用于物理学的先驱者之一。

在平面几何中，我们曾经研究过正多边形，如正方形、正三角形、正五边形、正六边形等。把正方体与正方形类比，可以把正方体称为正六面体。现在很自然的问题是在空间中还有没有其他正多面体？

所谓正多面体是指各个面都是全等的正多边形且每一个顶点所接的面数都是一样的凸多面体。

对于正方体而言，从每个顶点观察，相邻的三个面都是正方形。在一个顶点处能否有四个正方形相邻呢？答案当然是否定的。你想，如果有四个正方形相邻，集中在一个顶点处的四个面的角的和该为 $90°+90°+90°+90°=360°$，这四个正方形就处于同一个平面上了，而这是不可能的。这促使我们思考集中在多面体的一个顶点处的各个面的角的和满足小于 $360°$ 的条件都有哪些可能性。例如，多面体的面能否是正三角形、正五边形或正六边形等？

让我们先考察正三角形的情况。考虑到 $60°+60°+60°=180°$，$60°+60°+60°+60°=240°$，$60°+60°+60°+60°+60°=300°$，都小于 $360°$，这样看来就有三种可能用正三角形作为正多面体的面构造正多面体，也就是集中在每一个顶点处的棱可能有三条、四条和五条。

对于正五边形的情况，考虑到正五边形的每一个内角是 $108°$，而 $108°+108°+108°=324°$，小于 $360°$，因此也有可能以正五边形作为正多面体的面构造正多面体。

这样看来，正多面体最多有 5 种。现在我们借助欧拉公式考虑这些可能的正多面体的面数、棱数和顶点数。

设正多面体的顶点数为 V，面数为 F，棱数为 E，根据欧拉公式有 $F + V - E = 2$。又设正多面体的每个面都是正 n 边形，每个顶点处都有 m 条棱。

计算正多面体的总棱数。每个面有 n 条边，F 个面就有 nF 条边，每两个面重合在一起的边成为正多面体的一条棱，所以 $E = \dfrac{nF}{2}$，$F = \dfrac{2E}{n}$。

每个顶点处有 m 条棱，V 个顶点就应该有 mV 条棱，又因为这样计算时每条棱被重复计算了一次，所以总的棱数为 $E = \dfrac{mV}{2}$，顶点数为 $V = \dfrac{2E}{m}$。

代入欧拉公式，有 $\dfrac{2E}{n} + \dfrac{2E}{m} - E = 2$。两边除以 E，得到 $\dfrac{1}{m} + \dfrac{1}{n} = \dfrac{1}{2} + \dfrac{1}{E}$，即 $\dfrac{1}{m} + \dfrac{1}{n} - \dfrac{1}{2} = \dfrac{1}{E} > 0$，因此 $\dfrac{1}{m} + \dfrac{1}{n} > \dfrac{1}{2}$。根据这个条件，$m$、$n$ 不能同时大于 3。另外又有 $m \geqslant 3$ 且 $n \geqslant 3$，所以 m 和 n 中至少有一个等于 3。

当 $m = 3$ 时，因为 $\dfrac{1}{n} > \dfrac{1}{2} - \dfrac{1}{3} = \dfrac{1}{6}$，$n$ 又是正整数，所以 n 只能是 3、4 和 5，见表 12-2。

表 12-2 正多面体的类型

m	n	E	F	V
3	3	6	4	4
3	4	12	8	6
3	5	30	20	12

这说明以正三角形为多面体的面可以构造出正四面体、正八面体和正二十面体。

构造一个正四面体很容易。先在纸上画一个正三角形，然后取三条边的中点，以这三个中点的连线为折痕折叠这张纸，再用胶条粘好接缝，就得到了一个正四面体，如图 12-19 所示。

我们还可以从正方体中切割出一个正四面体（当然不只切一刀），从正四面体中切割出一个正八面体，从正八面体中切割出一个正方体。通过网址 https://www.netpad.net.cn/svg.html#posts/377617 或者下页的二维码，打开相应的课件，可以看到如何从正方体中切割出一个正四面体，如图 12-20 所示。若正方体的棱长为 1，那么你能算出切割出来的正四面体的体积吗？

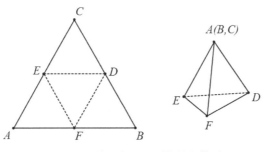

图 12-19　做一个正四面体的纸模型

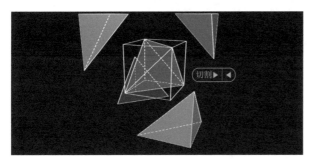

图 12-20　从正方体中切割出正四面体

图 12-21 展示了从正四面体中切割出一个正八面体的一种方法。想一想，用其他的方法，你能够切割出更大的正八面体吗？（通过网址 https://www.netpad. net.cn/svg.html#posts/377628 或者下面的二维码，可以打开相应的课件。）

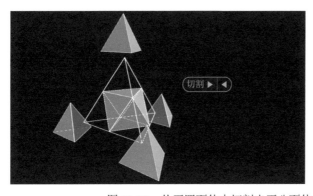

图 12-21　从正四面体中切割出正八面体

图 12-22 展示了从正八面体中切割出一个正方体的一种方法。如果正方体的棱长为 2，你能计算出正八面体的棱长至少是多少吗？图 12-22 中正方体的顶点

位于正八面体的棱上，如何准确地确定顶点的位置呢？（通过网址 https://www.
netpad.net.cn/svg.html#posts/377647 或者下面的二维码，可以打开相应的课件。）

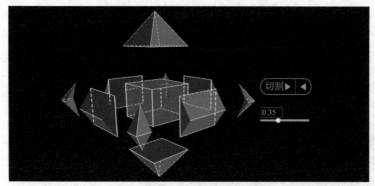

图 12-22　从正八面体中切割出正方体

　　请你画出正四面体和正八面体，或者用橡皮泥（也可以用适当大小的土豆或
萝卜）做一个正八面体。

　　你还可以在纸上画出下面的图形或在计算机上画出图形后再打印出来，然后
进行折叠并用胶条粘接成正八面体和正二十面体的纸模型，如图 12-23 所示。

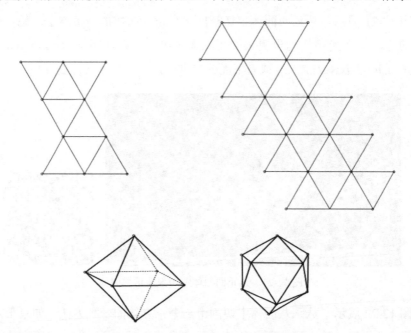

图 12-23　正八面体和正二十面体的纸模型

上面讨论了以正三角形为面构成的正多面体。

下面继续讨论，当 $n=3$ 时，m 只能取 3、4 或 5，所以还有表 12-3 所示的两种情况。

表 12-3　正六面体和正十二面体的数量关系

m	n	E	F	V
4	3	12	6	8
5	3	30	12	20

这里的正六面体就是我们熟悉的正方体。

正十二面体的各个面是正五边形，你可以在纸上画出图 12-24 中的图形，当然在网络画板上画这个图形更方便。建议你在计算机上画出这些图形，然后将其打印出来（想想看，怎样画图最方便），再进行折叠并用胶条将其粘接成正十二面体的纸模型。

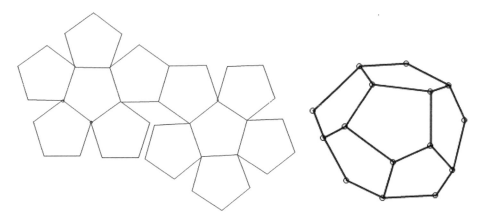

图 12-24　正十二面体的纸模型

通过上面的讨论和实验，我们现在终于搞清楚了正多面体只有五种，即正四面体、正方体、正八面体、正十二面体和正二十面体。

古希腊的毕达格拉斯学派对这五种正多面体就有研究，古希腊哲学家柏拉图（公元前 427—前 347）在《蒂迈欧篇》中也提到了这五种正多面体，因此这五种正多面体又称为柏拉图体。

正多面体在自然界中还见于某些矿石的晶体，我们可以把金刚石和其他宝石打磨成正多面体形状的饰物，如图 12-25 所示。

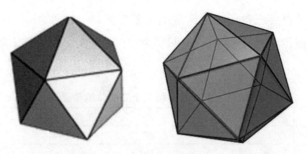

图 12-25　正多面体形状的宝石

为了增加对正多面体的直观认识，可以通过网址 https://www.netpad.net.cn/svg.html#posts/377074、https://www.netpad.net.cn/svg.html#posts/377076 或者下面的二维码，打开相应的课件，观察在屏幕上旋转的正十二面体和正二十面体，如图 12-26 和图 12-27 所示。

正十二面体

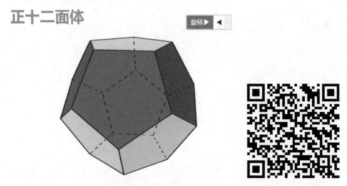

图 12-26　旋转的正十二面体

正二十面体

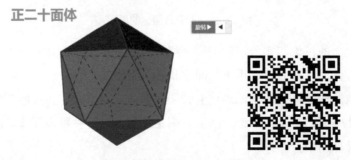

图 12-27　旋转的正二十面体

图 12-28 展示了一种艺术房屋，其外形是二十面体。

图 12-28　外形为二十面体的房子

　　我们的话题是从最熟悉的正方体展开的，谈到了多面体的展开和折叠，谈到了正方体的截面，由此又引出了隐藏在这背后的不少问题。问题到此是否已经穷尽了？不！你还可以继续进行实验探索。例如，切去正四面体的四个"角"，切去正方体的八个"角"，切去正八面体的六个"角"……再改变截面的位置。打开计算机制作相应的动态图形，你会得到极大的满足，感受数学与艺术的天然联系。

　　最后给你一个多面体的平面展开图（见图 12-29），你可以把这个图形复制下来（或者自己在网络画板中作出这个图形，然后将其打印出来），做一个多面体模型。这是由正八边形、正方形和正六边形围成的一个漂亮的多面体。你将为自己动手成功地做出艺术品而获得极大的喜悦。

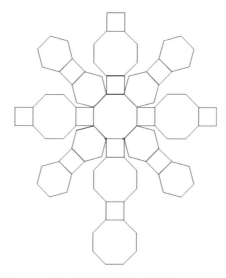

图 12-29　这是什么样的多面体的侧面展开图

第 13 章 ▷ 古算法中的球体积公式

　　上一章讲了网络画板在正方体研究中的应用。而球是最美的空间图形，从古到今许多数学家对球进行过深入的研究。阿基米德曾让人把圆柱容球图刻在其墓碑上。通过网址 https://www.netpad.net.cn/resource_web/course/#/417151 或者下面的二维码，打开相应的课件，看看圆柱容球，如图 13-1 所示。

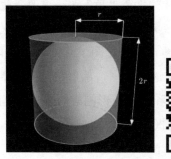

图 13-1　圆柱容球

　　阿基米德曾用物理方法巧妙地"称"出了球的体积。我国古代数学家祖冲之父子以刘徽的"牟合方盖"为工具，利用祖暅原理精确、严谨地得到了球的体积公式。通过网址 https://www.netpad.net.cn/resource_web/course/#/417082 或者下面的二维码，打开相应的课件，认识由两个正交圆柱构成的"牟合方盖"，如图 13-2 和图 13-3 所示。

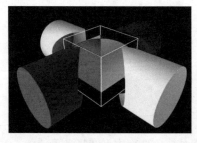

图 13-2　两个正交的圆柱

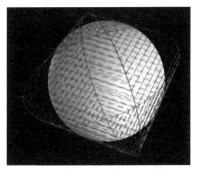

图 13-3　内切圆球牟合方盖示意图

如图 13-4 所示，V 表示球的体积，V_1 表示球的外切正方体的体积，V_2 表示球的外切圆柱或前述外切正方体的内切圆柱的体积，V_3 表示前述外切正方体的两个中心轴互相垂直的内切圆柱的相贯体（刘徽称之为"牟合方盖"）的体积。（通过网址 https://www.netpad.net.cn/resource_web/course/#/417249 或者下面的二维码，可以打开相应的课件。）

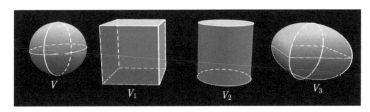

图 13-4　牟合方盖

取牟合方盖的 1/8，然后考虑它与其外切正方体所围成的立体图形。通过网址 https://www.netpad.net.cn/resource_web/course/#/417382 或者下面的二维码，打开相应的课件，拖动变量尺上的滑钮，看看各部分的组成，如图 13-5 所示。

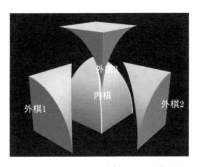

图 13-5　牟合方盖的 1/8 及其外切正方体围成的立体图形

祖暅取 $\dfrac{1}{8}V_3$（牟合方盖），将它填充为 $\dfrac{1}{8}V_1$（外切正方体），再用高为 h 的平面

截 $\dfrac{1}{8}V_1$（外切正方体）和一个倒置的四棱锥 V^1（即倒置的"阳马"）。

通过网址 https://www.netpad.net.cn/resource_web/course/#/417997 或者下面的二维码，打开相应的课件，如图 13-6 所示。移动平面，得到如下的截面及相应的数量关系：$F_1 = \left(\dfrac{D}{2}\right)^2 - h^2$，$F_2 + F_3 + F_4 = h^2$，$F = h^2$。其中，$D$ 为牟合方盖的外切正方体 V_1 的棱长，F 为倒置的四棱锥的截面面积。

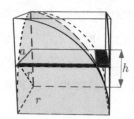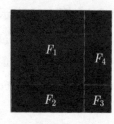

图 13-6　用平面截外切正方体

可以证明图 13-7 中红色部分的面积相等。

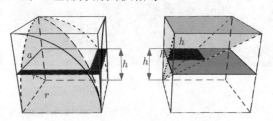

图 13-7　红色部分的面积相等

图 13-8 是内棋、三个外棋及倒立阳马等高处的截面示意图。通过网址 https://www.netpad.net.cn/resource_web/course/#/418034 或者右侧的二维码，打开相应的课件，移动平面，观察各截面的大小。

图 13-8　等高处的截面

祖暅提出"缘幂势既同，则积不容异"，这就是著名的祖暅原理。由此可得：

$$\frac{1}{8}V_1 = \frac{1}{8}V_3 + V^1, \quad V^1 = \frac{1}{3} \times \frac{1}{8}V_1, \quad V_3 = \frac{2}{3}V_1$$

再由刘徽的结论 $V_3 : V = 4 : \pi$ 可得 $V = \frac{1}{6}\pi V_1 = \frac{1}{6}\pi D^3$。

网络画板中求球的体积的思想直观地体现出来了，这是信息技术与数学融合的一个十分恰当的例子。

第 2 部分　计算机帮你解题

第14章 三角形

从本章起，让我们进入计算机解题空间。

数学离不开解题，但怎样解题大有学问。这里的计算机解题空间作为一种新的尝试，相信会给广大同学提供实实在在的帮助。借助计算机的数学实验和动态演示令人耳目一新，原来的难题现在变得容易破解了，一题多解、一题多变在计算机上得到充分、生动的展现。

用计算机进行实验和观察，动态地解析数学问题，有助于更深入地理解数学知识。

我们在小学里就知道三角形的内角和是 $180°$。由此最简单的事实思考，我们会想到多角形各角的角度之和的问题。

首尾相连的一条折线叫作一个多角形。计算多角形各角之和是一个有趣的问题。

【例 14-1】 请计算图 14-1 中标注出来的角的和。（改编自 2003 年 TRULY 联赛题。）

【分析】 我们可以按以下思路进行分析。

① 用量角器测量图 14-1 中标注出来的角并求和，猜想问题的答案，尝试给出证明。

② 用网络画板在计算机屏幕上画出

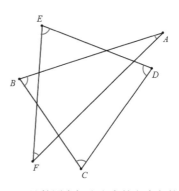

图 14-1 计算图中标注出来的六个角的和

类似的图形，再用鼠标拖动，看看在特殊情形下这些角的和是多少，然后大胆地进行猜测。

③ 还可以借助网络画板的测量功能验证你的猜想。

④ 拖动顶点变换图形，进一步验证你的猜想。

在实验和猜想的基础上，尝试给出证明。

其实，不通过这些实验，也不难得到正确的答案。

在图 14-2 中，想象把点 *A* 拖到点 *D*，把点 *B* 拖到点 *E*，把点 *C* 拖到点 *F*，发现图形变成了两个重合的三角形，这 6 个角的和自然等于 180° 的两倍，即 360°。于是，我们猜想一般情况下左图中 6 个角的和也是 360°。当然，这需要证明，而证明时所用的最基本的知识还是三角形的内角和等于 180°，四边形的内角和等于 360°，以及三角形的一个外角等于与它不相邻的两个内角的和。不过这里需要把复杂的图形分解成简单的三角形和四边形，引入另外两个角，分几次计算，然后算总账。例如设 *AF* 交 *BC* 于 *G*，交 *DE* 于 *H*，于是形成了 △*ABG* 和 △*EFH* 以及四边形 *HGCD*。分别计算它们的内角和，通过化简就能够得到这 6 个角的和了。

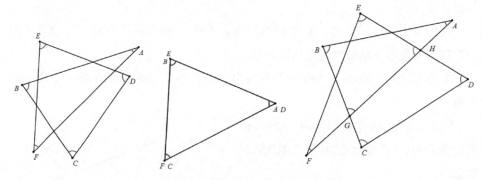

图 14-2　把复杂的图形分解成简单的三角形和四边形

【解 1】　对照图 14-2 中的右图，在 △*ABG* 中，∠*A* + ∠*B* + ∠*BGA* = 180°。

在 △*EFH* 中，∠*E* + ∠*F* + ∠*FHE* = 180°。

在四边形 *GCDH* 中，∠*C* + ∠*D* + (180° − ∠*FHE*) + (180° − ∠*BGA*) = 360°。

三式相加，得到 ∠*A* + ∠*B* + ∠*C* + ∠*D* + ∠*E* + ∠*F* = 360°。

得到了解答，不应满足，还可以进一步问有没有其他的方法。

【解 2】　通过网址 https://www.netpad.net.cn/svg.html#posts/362649 或者下页的二维码，打开相应的课件，如图 14-3 所示。因为三角形的一个外角等于与它不相邻的两个内角的和，故有 ∠*A* + ∠*B* = ∠1，∠1 + ∠*F* = ∠2，于是 ∠*A* + ∠*B* +

$\angle C+\angle D+\angle E+\angle F=\angle 1+\angle C+\angle D+\angle E+\angle F=\angle C+\angle D+\angle E+\angle 2=360°。$

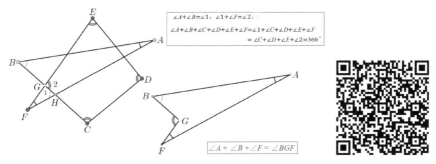

图 14-3 利用四边形各角的关系

这里最后一步用到了四边形的内角和等于 360°。

第二种解法包含了一个有用且有趣的事实：在凹四边形 ABGF 中，有 $\angle A+\angle B+\angle F=\angle BGF$。用文字语言来说，就是"在凹四边形中，凹角等于其他三内角之和"。这里说的"凹角"就是图 14-3 中 $\angle 2$ 的对顶角 $\angle BGF$。

另外一个计算 7 个角的和的问题可以进行类似的处理，请你自己思考。通过网址 https://www.netpad.net.cn/svg.html#posts/362651 或者下面的二维码，可以打开相应的课件，如图 14-4 所示。

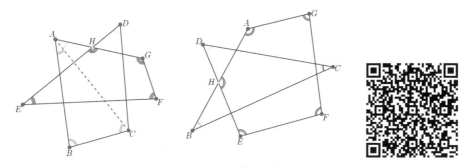

图 14-4 如何计算 7 个角的和

如果再画个五角形，你还能提出什么问题吗？这些题目之间有什么联系？

我们通过解题发现了凹四边形的一个有趣的性质，利用这个性质能够解决更多的问题。到此应当满意了吗？还有必要进一步思考和实验吗？

不妨再试试对更多的情形进行实验和观察。

【实验 14-1】 通过网址 https://www.netpad.net.cn/svg.html#posts/362652 或者

下面的二维码，打开相应的课件，如图 14-5 所示。在这个七角形中，7 个角的度数之和是多少？

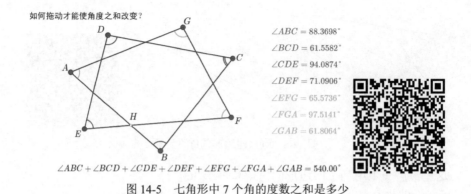

图 14-5　七角形中 7 个角的度数之和是多少

测量 7 个角的度数，结果如我们预料，它们的和是 540°。

但如果多探索一些情形（见图 14-6），结果就变了！

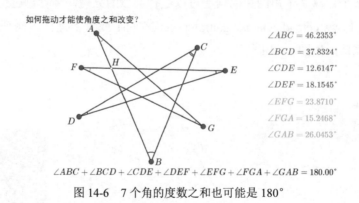

图 14-6　7 个角的度数之和也可能是 180°

从测量结果看，这 7 个角的度数之和也可能不是 540°，而是 180°。

有没有其他的情形？再拖动点 G 进行实验，当点 G 到了 ∠BHE 之外时，出现了新的情况：7 个角的度数之和既不是 540° 也不是 180°，而是不规则变化的数字，如图 14-7 所示。

直线 AB 和 EF 相交于点 H，把平面分成 4 块。通过实验发现，只有当点 G 在 ∠BHE 之内或此角的两条边上移动时测量数据保持为 180°，点 G 在其他位置时测量数据不再为常数！

如何拖动才能使角度之和改变？

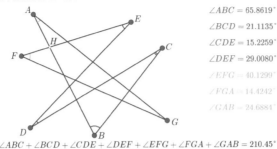

$\angle ABC = 65.8619°$
$\angle BCD = 21.1135°$
$\angle CDE = 15.2259°$
$\angle DEF = 29.0080°$
$\angle EFG = 40.1299°$
$\angle FGA = 14.4242°$
$\angle GAB = 24.6884°$

$\angle ABC + \angle BCD + \angle CDE + \angle DEF + \angle EFG + \angle FGA + \angle GAB = 210.45°$

图 14-7　当点 G 在 $\angle BHE$ 之外时出现新情况

把点 G 拖回 $\angle BHE$ 之内，测量数据恢复为 180°；换一个点拖动看看，仍有类似的现象。实验发现了不平凡的现象，引人入胜了。

为了找出一般的规律，我们回到最简单的情形，看看三角形。

不管怎样拖动点 A、B、C，总有 $\angle ABC + \angle BCA + \angle CAB = 180°$。

道理何在呢？请你在下面的实验中仔细观察和思考。

【实验 14-2】　通过网址 https://www.netpad.net.cn/svg.html#posts/362654 或者下面的二维码，打开相应的课件，如图 14-8 所示。设想一支铅笔沿着三角形周界滑动，每经过一个顶点，它前进的方向就要改变一次，改变的角度正是这个顶点处的外角。铅笔滑动了一圈，回到起点，方向和出发时一致了，角度改变量之和恰好是 360°。课件中让三角形缩成一个点，也可以看出这个现象。

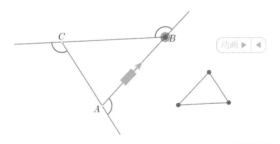

图 14-8　三角形的外角和

对于四边形，有趣的变化开始出现了。通过网址 https://www.netpad.net.cn/svg.html#posts/362655 或者右侧的二维码，打开相应的课件，如图 14-9 所示。这里有三种情况，分别测量四边形的各个角以及它们的和或差。

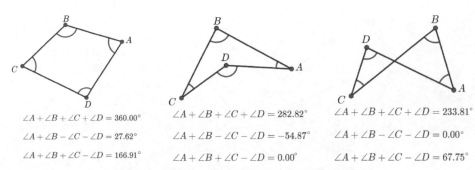

$\angle A + \angle B + \angle C + \angle D = 360.00°$

$\angle A + \angle B - \angle C - \angle D = 27.62°$

$\angle A + \angle B + \angle C - \angle D = 166.91°$

$\angle A + \angle B + \angle C + \angle D = 282.82°$

$\angle A + \angle B - \angle C - \angle D = -54.87°$

$\angle A + \angle B + \angle C - \angle D = 0.00°$

$\angle A + \angle B + \angle C + \angle D = 233.81°$

$\angle A + \angle B - \angle C - \angle D = 0.00°$

$\angle A + \angle B + \angle C - \angle D = 67.75°$

图 14-9　测量四边形的各个角以及它们的和或差

反复观察这三个四边形，如何描述它们之间的区别呢？

想象四边形是一条循环跑道。

在第一个四边形跑道上沿 *A-B-C-D-A* 前进，到转弯处总是向左转。也就是说，下下个点总在前进方向的左侧。如果倒过来跑，沿 *A-D-C-B-A* 前进，到转弯处总是向右转。也就是说，下下个点总在前进方向的右侧。总之，转弯方向总是一致。

在第二个四边形跑道上沿 *A-B-C-D-A* 前进，在点 *A*、*B*、*C* 这三个转弯处向左转。也就是说，从点 *A* 向点 *B* 跑时，看到点 *C* 在左侧；从点 *B* 向点 *C* 跑时，看到点 *D* 在左侧；从点 *D* 向点 *A* 跑时，看到点 *B* 在左侧。唯独从点 *C* 向点 *D* 跑时，看到点 *A* 在右侧，即在点 *D* 处向右转。

在第三个四边形跑道上沿 *A-B-C-D-A* 前进，在点 *A*、*B* 这两个转弯处向左转。也就是说，从点 *D* 向点 *A* 跑时，看到点 *B* 在左侧；从点 *A* 向点 *B* 跑时，看到点 *C* 在左侧；但在 *C*、*D* 这两个转弯处就是向右转了。

这样的实验和思考启发我们，转弯方向是否一致是个关键。

回头看看开始提出的问题中的六角形和七角形，其转弯方向的确是一致的。

我们可不可以猜想，在各点处转弯方向一致的多角形的各角度数之和是一个仅与顶点数有关的常数？

三角形各点处的转弯方向总是一致，3 个角之和是 180°，不错。

凸四边形各点处的转弯方向总是一致，4 个角之和是 360°，也不错。

凸五边形各点处的转弯方向总是一致，5 个角之和是 540°；图 14-10 中的五角形各点处的转弯方向也是一致的，5 个角之和却是 180°。两者的区别何在？

通过网址 https://www.netpad.net.cn/svg.html#posts/362656 或者下页的二维码，打开相应的课件，观察凸五边形和五角形的区别。

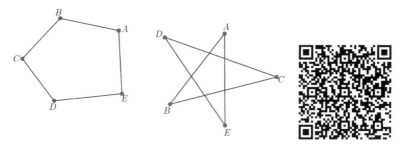

图 14-10　凸五边形和五角形的区别

如果站在凸五边形内部看别人在边上跑一圈，不论你面朝什么方向，他在你的面前只经过一次。如果站在五角形内部看别人在边上跑一圈，不论你面朝什么方向，他在你的面前都要经过两次。

是绕场一圈还是绕场两圈，区别就在这里。

直观地推理：绕场一圈时外角和是 360°，多绕一圈时外角和就增加 360°。外角和大了，内角和就小了，所以五角形的 5 个角的和比凸五边形的 5 个角的和小 360°。

开始的题目中的六角形和七角形的特点都是转弯方向一致且绕场两圈，所以前者的六角和比凸六边形的六角和小 360°，后者的七角和比凸七边形的七角和小 360°。

问题变得如此简单，可谓不战而胜！

图 14-6 所示为转弯方向一致且绕场三圈的七角形，其七角和比凸七边形的七角和要小 720°。

通过网址 https://www.netpad.net.cn/svg.html#posts/362657 或者下面的二维码，打开相应的课件，如图 14-11 所示。这里显示了一个九角形。用这样的分析方法，算算图 14-11 中的 9 个角之和是多少度。

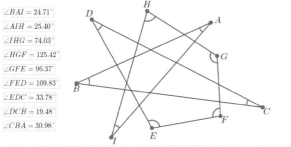

图 14-11　算算图中 9 个角之和是多少度

这是转弯方向一致且绕场三圈的九角形，9个角之和应为 $(9-2) \times 180° - 2 \times$ $360° = 540°$。

【实验14-3】 如果多画画看看，就会发现有时绕场多少圈是不容易看出来的。通过网址 https://www.netpad.net.cn/svg.html#posts/362658 或者下面的二维码，打开相应的课件，如图14-12所示。图中左边是转弯方向一致的多角形，但绕场多少圈不好说。拖动点 E，将图形变成右边的样子，就可以看出绕场两圈了。但这一拖动改变了3个角，那么6个角之和还与原来相等吗？这留给你思考。

把点 a 拖到 A 处，发现两图仅仅有一点不同。这一点影响了三个角；这三个角的和变了吗？

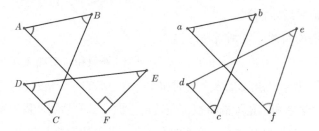

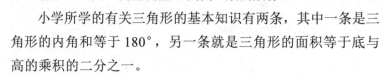

图14-12   有时绕场多少圈不容易看出来

上面详细讨论了转弯方向一致的多角形。转弯方向不一致的多角形诸角之间的关系如何呢？前面列举了四角形的情形，这里通过网址 https://www.netpad.net.cn/svg.html#posts/362659 或者右侧的二维码，打开相应的课件，探索五角形的情形。对于更多角的情形，请你画画图、测量测量，找找一般的规律。

小学所学的有关三角形的基本知识有两条，其中一条是三角形的内角和等于 $180°$，另一条就是三角形的面积等于底与高的乘积的二分之一。

对于前面的一条，我们已经进行了挖掘。

对于后面的一条，挖掘起来内容更丰富。

根据三角形的面积等于底与高的乘积的二分之一，我们可以立刻推导出等高三角形的面积比等于底之比。

在第10章里，我们用质点几何的方法探讨了三角形重心的性质，现在用更基本的知识来研究这个问题。

通过网址 https://www.netpad.net.cn/svg.html#posts/362660 或者右侧的二维码，打开相应的课件，如图 14-13 所示。我们发现推理过程一目了然，仅仅用到了"等高三角形的面积比等于底之比"。

用不同的方法解决同一个问题，常常有新的收获。

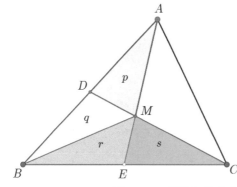

用 p、q、r、s 分别表示 4 个三角形的面积，则由中点条件和面积公式得：

① $p+q+r=s+q+r$，所以 $p=s$。

② $p=q$，$r=s$；所以 $p=q=r=s$。

③ $p+q=2r$，推导出 $AM=2ME$。

图 14-13　用面积关系确定中线交点的位置

由此同样推导出，三角形三边中线交于一点，而且该点到三角形的每一个顶点的距离等于它到对边中点的距离的 2 倍。

三角形三边中线的交点称为三角形的重心。

剪一块三角形硬纸板试一试，这个重心是不是物理上的重心？

最后，看看图 14-14，能不能从另一个角度说明三角形的这个性质？

3 条平行线等分 AC，所以它们也等分 AD。

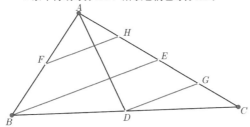

图 14-14　从另一个角度说明三角形中线的性质

为了进一步挖掘"等高三角形的面积比等于底之比"这条性质的应用，我们来做个小实验。

【实验 14-4】　通过网址 https://www.netpad.net.cn/svg.html#posts/362661 或者下页的二维码，打开相应的课件，如图 14-15 所示。

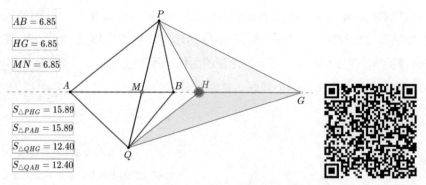

图 14-15　线段 HG 和 AB 的长度相等

拖动红点，对照测量数据，可以看出线段 HG 在直线 AB 上滑动时，其长度始终保持和线段 AB 的长度相等。所以，△PAB 和 △PHG 的面积相等，△QAB 和 △QHG 的面积相等。面积测量数据证实了我们的上述判断。

单击"动画"按钮，我们看到红点 H 从点 A 运动到 AB 与 PQ 的交点 M，如图 14-16 所示。此时，两个染色三角形的面积比等于线段 PM 与 QM 的长度之比。

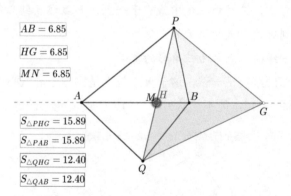

图 14-16　两个染色三角形的面积比等于线段 PM 与 QM 的长度之比

因为△PAB 和 △QAB 的面积分别等于△PHG 和 △QHG 的面积，所以我们就得到了一条十分重要的基本定理。

【共边定理】　设直线 PQ 与 AB 交于点 M，则 $\dfrac{S_{\triangle PAB}}{S_{\triangle QAB}} = \dfrac{PM}{QM}$。

【证明】　在直线 AB 上取一点 N，使得 $MN = AB$，则：

$$\frac{S_{\triangle PAB}}{S_{\triangle QAB}} = \frac{S_{\triangle PMN}}{S_{\triangle QMN}} = \frac{PM}{QM}$$

证毕。

在课件中单击"发现"按钮，再把红点 H 拖远一点，如图 14-17 所示。这就是我们的实验结果。

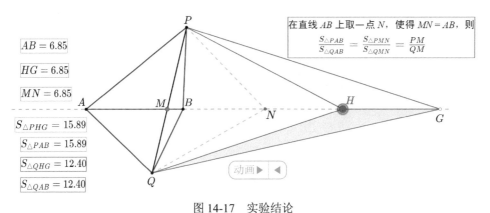

$$AB = 6.85$$

$$HG = 6.85$$

$$MN = 6.85$$

$$S_{\triangle PHG} = 15.89$$

$$S_{\triangle PAB} = 15.89$$

$$S_{\triangle QHG} = 12.40$$

$$S_{\triangle QAB} = 12.40$$

在直线 AB 上取一点 N，使得 $MN = AB$，则

$$\frac{S_{\triangle PAB}}{S_{\triangle QAB}} = \frac{S_{\triangle PMN}}{S_{\triangle QMN}} = \frac{PM}{QM}$$

图 14-17 实验结论

再想一想，画一画，如果直线 PQ 与 AB 不相交，则面积比 $\dfrac{S_{\triangle PAB}}{S_{\triangle QAB}}$ 等于多少？

在上面的几个图中，AB 与 PQ 的交点是两条线段的内点。其实，共边定理涵盖了多种情形，因为条件只是"直线 PQ 与 AB 交于点 M"，而对点 M 的位置并无限制。在课件中拖动有关的点，得到的几种情形如图 14-18 所示。上面的证明方法是不是适合每种情形？

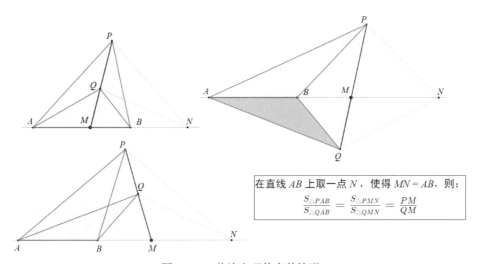

在直线 AB 上取一点 N，使得 $MN = AB$，则：

$$\frac{S_{\triangle PAB}}{S_{\triangle QAB}} = \frac{S_{\triangle PMN}}{S_{\triangle QMN}} = \frac{PM}{QM}$$

图 14-18 共边定理的多种情形

这个定理只是小学学过的三角形面积公式的推论，却可以用来解决大量的问题。随便画几条线段，有了交点，就可以用共边定理写几个等式出来。利用这些等式中出现的面积之间的关系，容易发现线段比例之间的关系。这些关系中的一些就成为了定理，一些成为了数学竞赛题目。

如图 14-19 所示，在 $\triangle ABC$ 内取一个点 H，测量后发现图中三条红色线段的长度的乘积总是等于三条黑色线段的长度的乘积，这是什么道理呢？原来是共边定理在背后起作用。提示一下，可以发现：

$$\frac{AR}{BR} \cdot \frac{BP}{CP} \cdot \frac{CQ}{AQ} = \frac{S_{\triangle AHC}}{S_{\triangle BHC}} \cdot \frac{S_{\triangle AHB}}{S_{\triangle AHC}} \cdot \frac{S_{\triangle BHC}}{S_{\triangle AHB}} = 1$$

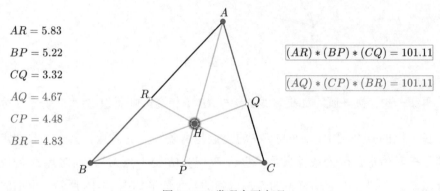

$AR = 5.83$

$BP = 5.22$

$CQ = 3.32$

$AQ = 4.67$

$CP = 4.48$

$BR = 4.83$

$(AR) * (BP) * (CQ) = 101.11$

$(AQ) * (CP) * (BR) = 101.11$

图 14-19　发现塞瓦定理

这就是数学竞赛中常用的塞瓦定理，严格地说是半个塞瓦定理，因为塞瓦定理还有另一半，即如果 $\frac{AR}{BR} \cdot \frac{BP}{CP} \cdot \frac{CQ}{AQ} = 1$，则 AP、BQ、CR 三条直线共点。画一画，想一想，便会发现：三角形的三条中线共点，三条高共点，三条角平分线共点，这些都可以看作塞瓦定理的特例。

在有关塞瓦定理的课件（通过网址 https://www.netpad.net.cn/svg.html#posts/362664 或右侧的二维码打开）中，点 H 是可以拖动的。试着把它拖到 $\triangle ABC$ 之外，这时三条线段的长度乘积的等式还成立吗？是什么道理呢？

对于同一个图，你还可以通过测量找出别的规律。例如，测量下面式子中的比值并求和，你会发现什么？这是以前的一道高考题。

$$\frac{AH}{AP} + \frac{BH}{BQ} + \frac{CH}{CR} = ?$$

上面说的是一个三角形和一个点，下面讨论一个三角形和一条线的情形。

如图 14-20 所示，一条线把△ABC的三条边内分或外分成六条线段。我们进行测量，发现了类似的现象：三条线段长度的乘积总是等于另外三条线段长度的乘积。

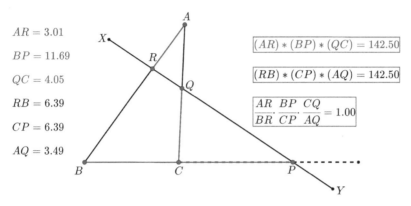

$AR = 3.01$

$BP = 11.69$

$QC = 4.05$

$RB = 6.39$

$CP = 6.39$

$AQ = 3.49$

$$(AR)*(BP)*(QC) = 142.50$$

$$(RB)*(CP)*(AQ) = 142.50$$

$$\frac{AR}{BR} \cdot \frac{BP}{CP} \cdot \frac{CQ}{AQ} = 1.00$$

图 14-20　发现门奈纽斯定理

这是什么道理呢？原来仍然是共边定理在背后起作用。提示一下，

$$\frac{AR}{BR} \cdot \frac{BP}{CP} \cdot \frac{CQ}{AQ} = \frac{S_{\triangle AXY}}{S_{\triangle BXY}} \cdot \frac{S_{\triangle BXY}}{S_{\triangle CXY}} \cdot \frac{S_{\triangle CXY}}{S_{\triangle AXY}} = 1。$$

这也是数学竞赛中常用的门奈纽斯定理，严格地说是半个门奈纽斯定理，因为门奈纽斯定理还有另一半，即如果 $\frac{AR}{BR} \cdot \frac{BP}{CP} \cdot \frac{CQ}{AQ} = 1$，则 P、Q、R 三点在一条直线上。

把两个定理的图合并在一起，又有新的发现了。在图 14-21 中，把 BC 边上表示点 P 的字母改成 S。根据塞瓦定理和门奈纽斯定理，有：

$$\frac{AR}{BR} \cdot \frac{BS}{CS} \cdot \frac{CQ}{AQ} = 1, \qquad \frac{AR}{BR} \cdot \frac{BP}{CP} \cdot \frac{CQ}{AQ} = 1$$

比较上述两个式子，得到：

$$\frac{BS}{CS} = \frac{BP}{CP}$$

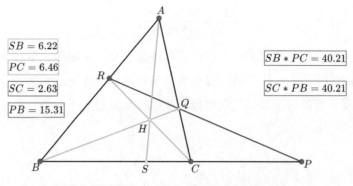

图 14-21　把两幅图合在一起时的新发现

数学大师华罗庚很重视这个等式，把它叫作射影几何的基本定理，还用三角函数的知识专门为它提供了一个初等证明并写在 1979 年全国数学竞赛题解的序言中。

前面说的是早已出名的定理。通过作图测量，说不定还能有新的发现。通过网址 https://www.netpad.net.cn/svg.html#posts/362784 或者下面的二维码，打开相应的课件，如图 14-22 所示。我们从五边形里发现了与塞瓦定理类似的规律。

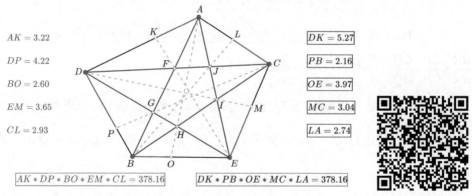

图 14-22　从五边形里发现了与塞瓦定理类似的规律

在图 14-23 中，从△ABC 的三条边的三等分点出发作图，发现了有趣的面积比值。连接△ABC 的三个顶点和对边的三等分点，这些线的交点形成一个六边形，它的面积恰好是△ABC 的面积的 1/10！取这个六边形的三个两两不相邻的顶点作三角形，这个三角形的面积恰好是△ABC 的面积的 1/25！（通过网址 https://www.netpad.net.cn/svg.html#posts/362785 或者下页的二维码，可以打开相应的课件。）

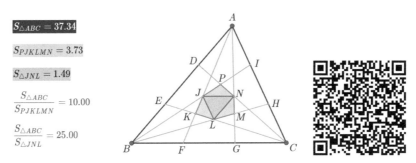

图 14-23　从三角形的三条边的三等分点出发作图时的发现

这些图中还有不少没有测量的面积和线段，你不妨测一测，找一找，看看能不能发现其他有趣的事情。对于四边形、六边形和七边形，也可以画一画，测一测，有了新发现时写出来互相交流。

上面几个例子讨论的都是等式，利用面积也可以解决不等式问题。

【例 14-2】　在图 14-24 中，设点 G 是 $\triangle ABC$ 的重心，过点 G 任作一直线分别交 $\triangle ABC$ 的两条边 AB、AC 于点 X、Y。试比较 GX 和 $2GY$ 的大小。（选自 1979 年安徽省数学竞赛题。）

提示：注意点 X 在线段 BF 上，点 Y 在线段 CE 上，就可以估计出 GX 与 $2GY$ 之比的范围。通过网址 https://www.netpad.net.cn/svg.html#posts/362787 或者下面的二维码，可以打开相应的课件，如图 14-24 所示。

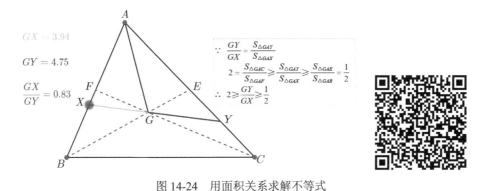

图 14-24　用面积关系求解不等式

【解】　因为 $\dfrac{GY}{GX} = \dfrac{S_{\triangle GAY}}{S_{\triangle GAX}}$，$2 = \dfrac{S_{\triangle GAC}}{S_{\triangle GAF}} \geqslant \dfrac{S_{\triangle GAY}}{S_{\triangle GAX}} \geqslant \dfrac{S_{\triangle GAE}}{S_{\triangle GAB}} = \dfrac{1}{2}$，所以 $4 \geqslant \dfrac{2GY}{GX} \geqslant 1$。

下面的例子在例 10-6 中做过，这里的方法用了更基本的知识。

【**例 14-3**】 如图 14-25 所示，在平面上给出了两点 A、B 和平行于 AB 的一条直线 CD，只用直尺，怎样找出 AB 的中点？（改编自 1978 年全国中学生数学竞赛题。）

【**分析**】 通过网址 https://www.netpad.net.cn/svg.html#posts/362789 或者下面的二维码，打开相应的课件，不难找出答案。

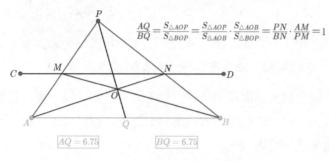

$$\frac{AQ}{BQ} = \frac{S_{\triangle AOP}}{S_{\triangle BOP}} = \frac{S_{\triangle AOP}}{S_{\triangle AOB}} \cdot \frac{S_{\triangle AOB}}{S_{\triangle BOP}} = \frac{PN}{BN} \cdot \frac{AM}{PM} = 1$$

$AQ = 6.75$　　　$BQ = 6.75$

图 14-25　只用直尺找中点

图中最后一步用了平行截割定理。若不用此定理，则可用 $S_{\triangle AMB} = S_{\triangle ANB}$，

$\dfrac{PN}{BN} = \dfrac{S_{\triangle PMN}}{S_{\triangle BMN}}$，$\dfrac{AM}{PM} = \dfrac{S_{\triangle AMN}}{S_{\triangle PMN}}$，后面两个式子相乘，可得 $\dfrac{PN}{BN} \cdot \dfrac{AM}{PM} = \dfrac{S_{\triangle AMN}}{S_{\triangle BMN}} = 1$。

想一想，这个问题和图 14-21 所示的问题有何关系？

【**例 14-4**】 如图 14-26 所示，在四边形 $ABCD$ 中，$AD = BC$，另外两条边 AB、CD 的中点分别为 M、N。延长 AD、BC 分别与直线 MN 交于点 P、Q，判断 PD 和 CQ 的关系。

【**分析**】 通过网址 https://www.netpad.net.cn/svg.html#posts/362790 或者下面的二维码，打开相应的课件，可以发现测量数据表明 $PD = CQ$。

从中点可以想到图中有哪些等面积三角形，由已知条件 $AD = BC$ 想到要证明 $PD = CQ$，则只需要证明 $\dfrac{PD}{AD} = \dfrac{CQ}{BC}$ 或 $\dfrac{AP}{DP} = \dfrac{BQ}{CQ}$。注意到 $\triangle AMN$ 和 $\triangle DMN$ 是共边三角形，$\triangle BMN$ 和 $\triangle CMN$ 也是共边三角形，也许共边定理可以帮助我们呢！

从图 14-26 中的注解看到 $\dfrac{AP}{DP} = \dfrac{BQ}{CQ}$。

接下去有点技巧：$\dfrac{AD + DP}{DP} = \dfrac{BC + CQ}{CQ}$，$\dfrac{AD}{DP} + 1 = \dfrac{BC}{CQ} + 1$，$\dfrac{AD}{DP} = \dfrac{BC}{CQ}$，再由

$AD = BC$ 得 $PD = CQ$。

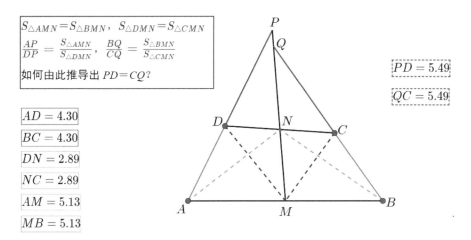

图 14-26　测量数据表明 $PD = CQ$，如何证明

如果你想自己用网络画板作图探讨此题，难点是作出对边相等的四边形。看看下面的说明就会做了。

———【操作说明 14-1】已知线段 AD，如何作出线段 $BC = AD$？

　　在智能作图状态下，在任一点上按下鼠标左键并拖动，慢慢拉出一条线段。当该线段的长度接近 AD 时，会出现"相等"字样，并且 AD 变色。这时松开鼠标左键，就作出了长度等于 AD 的线段。退出智能作图状态后，双击线段端点的标签，可以改写标注的字母。也可以按顺序选中两个端点，在屏幕上方的"显示"菜单中执行"批量标签"命令，然后在弹出的对话框里把起始标签设置为 B，于是作出的线段自然就是 BC 了。

经过深入分析可以得知，几乎所有的平面几何问题都能用面积法来解决（参看《几何新方法和新体系》，张景中著，科学出版社 2009 年出版）。但是许多问题用其他知识解决起来更方便。

【例 14-5】　如图 14-27 所示，在直角三角形 ABC 中，$\angle C$ 为直角，CD 为 AB 边上的高，$\angle A$ 的平分线 AE 交 CD 于点 H，交 $\angle BCD$ 的平分线 CF 于点 G，考察 HF 与 BC 的关系。（选自 1995 年天津市数学竞赛题。）

【分析】　通过网址 https://www.netpad.net.cn/svg.html#posts/362791 或者下页

的二维码，打开相应的课件，可以看出 $HF \parallel BC$。

在证明 HF 平行于 BC 时，需要先证明什么？

从已知直角三角形和高的条件又能得到什么？

再加上两个角平分线的条件呢？

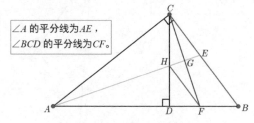

∠A 的平分线为 AE，
∠BCD 的平分线为 CF。

图 14-27　探讨两条红线的关系

【解】　根据直角和角平分线的性质可得：

$$\frac{CH}{HD} = \frac{AC}{AD} = \frac{BC}{CD} = \frac{BF}{FD}$$

由此可得：

$$HF \parallel BC$$

注意，这样推导用不到点 G 和 E。

作图 14-27 时要作角平分线，操作方法见下面的说明。

【操作说明14-2】　如何作角平分线？

在网络画板中，只要选择点 A、B、C，再执行屏幕下方菜单中的"角平分线"命令，即可作出 ∠ABC 的平分线。

当然，运用你的几何知识，也不难作出 ∠ABC 的平分线。如图 14-28 所示，以点 B 为圆心过 AB 上的一点 D 作圆与 BC 交于点 E，作线段 DE 和它的中点 F，则 BF 就是 ∠ABC 的平分线。

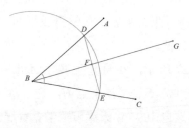

图 14-28　用基本作图方法画出角平分线

其实，此题中角平分线这个条件并不重要。如图 14-29 所示，只要 $AG \perp CF$，点 H 就是△AFC 的垂心，从而得出 $FH \perp AC$，推导出 $FH /\!/ BC$。

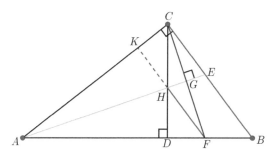

图 14-29　利用垂心的性质推导出 $FH /\!/ BC$

下面一组例题是全等三角形的应用。课件里的动画主要也是点明全等的两个三角形。

【例 14-6】　△ABC 是边长为 1 的正三角形，△BDC 是顶角 BDC 为 120° 的等腰三角形，以 D 为顶点作一个 60° 角，该角的两边分别交 AB 于点 M，交 AC 于点 N，连接 MN，形成△AMN，求△AMN 的周长。

【分析】　通过网址 https://www.netpad.net.cn/svg.html#posts/362792 或者右侧的二维码，打开相应的课件，如图 14-30 所示。用鼠标拖动点 M，观察△AMN 的周长的变化。尝试把点 M 拖到特殊点，观察△AMN 的周长的变化，并提出猜想。

在拖动点 M 时，观察到 DN 似乎平分∠MNC。

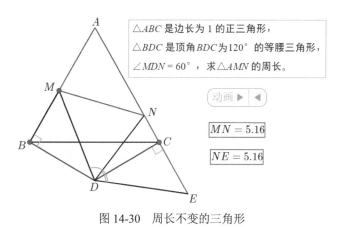

图 14-30　周长不变的三角形

以 DN 为对称轴作 $\triangle MDN$ 的对称图形，看看会有什么结果，这可能对构建证明思路有帮助。

通过实验猜想到 $\triangle AMN$ 的周长等于 AB 的 2 倍，即 $AB+AC$。而 $\triangle AMN$ 的周长等于 $AM+AN+MN$，所以只需证明 $MN=NC+MB$。

看看测量数据，看看动画，想一想，应当就能解决了。

【解】　如图 14-30 所示，作 $\angle NDE=60°$，其一条边交 AC 的延长线于点 E。因为 $\triangle BDC$ 是顶角为 $120°$ 的等腰三角形，所以 $\angle CBD=\angle BCD=30°$。又因为 $\triangle ABC$ 是正三角形，所以 $\angle DBM=\angle DCE=90°$。

易知 $\angle CDE=\angle BDM$，而 $BD=CD$，所以 $\triangle DCE\cong\triangle DBM$，$CE=BM$，$DE=DM$。

容易证明 $\triangle DMN\cong\triangle DEN$，所以 $MN=NE=NC+CE=NC+MB$。

于是，$AM+AN+MN=AM+AN+NC+MB=AB+AC=2$。

【例 14-7】　$\triangle ABC$ 是等边三角形，点 D 在 BC 上，点 E 在 AC 上，$AE=CD$，AD、BE 相交于点 P，$BQ\perp AD$ 于点 Q。BP 与 PQ 之间有什么关系？

【分析】　通过网址 https://www.netpad.net.cn/svg.html#posts/362793 或者下面的二维码，打开相应的课件，如图 14-31 所示。拖动点 D 至点 C，观察 BP 和 PQ 之间的关系。进一步启动动画，发现全等关系，显示测量数据。

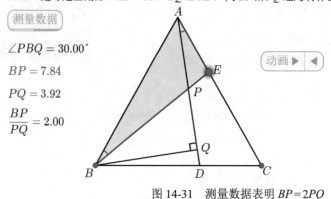

$\triangle ABC$ 是等边三角形，$AE=CD$，$BQ\perp AD$，问 BP 和 PQ 之间有什么关系？

测量数据

$\angle PBQ=30.00°$

$BP=7.84$

$PQ=3.92$

$\dfrac{BP}{PQ}=2.00$

动画 ▶ ◀

图 14-31　测量数据表明 $BP=2PQ$

根据实验结果，不难写出以下证明提要。

① $\triangle ABE\cong\triangle ACD$。

② $\angle ABP=\angle CAP$。

③ $\angle BPQ=\angle BAP+\angle ABP=\angle BAP+\angle CAP=60°$。

④ $BP = 2PQ$。

【例 14-8】 平面上有两个边长相等的正六边形 $ABCDEF$ 和 $A'B'C'D'E'F'$，且正六边形 $A'B'C'D'E'F'$ 的顶点 A' 在正六边形 $ABCDEF$ 的中心。当正六边形 $A'B'C'D'E'F'$ 绕点 A' 旋转时，这两个正六边形的重叠部分的面积是定值吗？

【分析】 通过网址 https://www.netpad.net.cn/svg.html#posts/362794 或者下面的二维码，打开相应的课件，如图 14-32 所示。先启动动画进行观察，相信你看过后心中就会有数了。

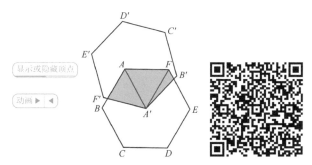

图 14-32 两个正六边形的公共部分

由此引出联想，对于正三角形、正方形、正五边形等，有没有类似的现象呢？

网络画板提供了实验环境。通过网址 https://www.netpad.nct.cn/svg.html#posts/362795 或者下面的二维码，打开相应的课件，如图 14-33 所示。单击"旋转"按钮，观察正八边形和转动的正五边形的公共部分的变化。

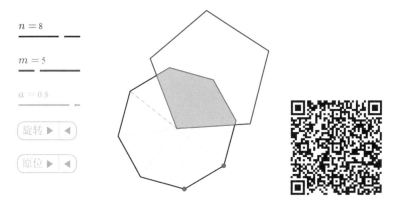

图 14-33 观察正八边形和转动的正五边形的公共部分

在旋转过程中单击"旋转"按钮，可使图形停止转动。单击"原位"按钮，可以使图形回到开始旋转时的位置。

　　拖动左边第一个变量尺上的滑钮，可以改变固定不动的正多边形的边数。拖动第二个变量尺上的滑钮，可以改变旋转的正多边形的边数。课件中预设的边数可以从 3 变化到 10，能表现 8 种正多边形，内外两个多边形的组合有 64 种情形。在每种情形下，两个多边形公共部分的面积都为定值吗？通过对这些情形的实验和观察，相信你能找出一般规律。

　　图 14-34 显示了两个正八边形，它们的公共部分的面积为定值吗？怎样通过测量提出猜想？怎样确认你的猜想呢？（第三个变量可用于调整旋转的正多边形的大小。）

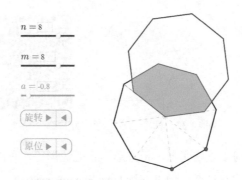

图 14-34　两个正八边形的公共部分

　　这个问题还可以有更多的变化。通过网址 https://www.netpad.net.cn/svg.html#posts/362797 或者下面的二维码，打开相应的课件，如图 14-35 所示。染色区域是旋转的扇形和正多边形的公共部分。

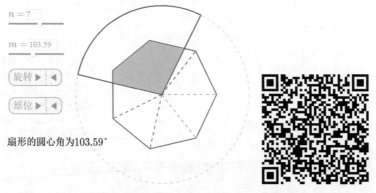

图 14-35　旋转的扇形和正多边形的公共部分

　　对于给定的正多边形，扇形的圆心角是多少度时，公共部分的面积在旋转过程中保持不变呢？

　　改变正多边形的边数，改变扇形的圆心角的大小，经过实验和观察，你会发现规律，找到结论，摸索出推理的途径。

　　做实验的目的是为了不做实验。道理明白了，实验就告一段落。

下面有 10 个有趣的练习,这些练习可以作为解题训练内容,帮助你深入理解四边形与平行四边形的基本概念。你可以借助网络画板在计算机上画图、观察、测量、提出猜想并证明你的猜想(不要忘记证明时需要在纸上清晰地写出证明过程),也可以参照这里的解答过程和计算机提供的图形,探索新的解题思路。

【例 15-1】 在四边形 $ABCD$ 中,$BC < BA$,BD 平分 $\angle ABC$,且 $\angle A + \angle C = 180°$,考察 AD 和 CD 的关系。

【分析】 通过网址 https://www.netpad.net.cn/svg.html#posts/362798 或者下面的二维码,打开相应的课件,如图 15-1 所示。如果喜欢自己动手作图,则可按以下步骤进行操作。

① 用智能画笔任意作两条线段 AB、BC。

② 作 $\angle ABC$ 的平分线(参看操作说明 14-2)。

③ 在角平分线上取一点 D 并连接 AD 和 CD。

④ 测量 $\angle A$ 和 $\angle C$ 的度数,计算它们的和。

⑤ 测量线段 AD 和 CD 的长度。

如图 15-1 所示,选择点 D,按左、右箭头键调整点 D 的位置,观察角度测量数据的变化,直到 $\angle A$ 和 $\angle C$ 的度数之和尽可能接近 $180°$。这时,你会发现 AD 和 CD 的长度非常接近。

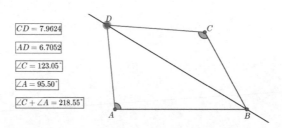

图 15-1 对角接近互补时,两边接近相等

看来，若满足条件 $\angle A + \angle C = 180°$，则有 $AD = CD$。

怎样在角平分线上确定点 D 的位置，才能使 $\angle A + \angle C = 180°$ 呢？

通过网址 https://www.netpad.net.cn/svg.html#posts/362799 或者下面的二维码，打开相应的课件，如图 15-2 所示。作 AC 的中垂线与 $\angle ABC$ 的平分线相交于点 D，下面指出这样作出的四边形 $ABCD$ 的对角互补。

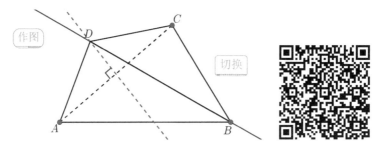

图 15-2　作 AC 的中垂线与 $\angle ABC$ 的平分线相交

在课件中单击"切换"按钮两次，从 $\angle ABC$ 的平分线上的任一点 D 向该角的两条边引垂线，垂足为点 P 和 Q，有 $DP = DQ$，如图 15-3 所示。如果再添加条件 $\angle A + \angle C = 180°$，则 $\angle A = \angle DCQ$，于是两个直角三角形 DCQ 与 DAP 全等，因此 $AD = CD$。

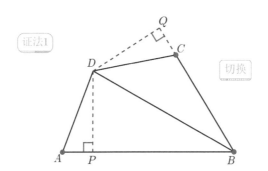

图 15-3　自点 D 向 $\angle ABC$ 的两条边引垂线

对于同样的图，如果不添加条件 $\angle A + \angle C = 180°$，而设 $AD = CD$，则也能推出 $\triangle DCQ$ 与 $\triangle DAP$ 全等，从而 $\angle A = \angle DCQ$，也就是 $\angle A + \angle C = 180°$。这不但证明了我们的猜想 $AD = CD$，而且一石二鸟，反过来还证明了其逆命题也成立，即只要 $AD = CD$（点 D 在线段 AC 的中垂线上），则四边形 $ABCD$ 的对角互补。

单击"切换"按钮两次，可得另一种证明方法，如图 15-4 所示。

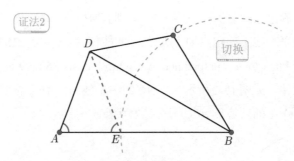

图 15-4　在 BA 上截取 BE=BC

　　详细地说，因为 $BC < BA$，所以总能在 BA 上截取 $BE=BC$。连接 DE，容易证明 $\triangle CBD \cong \triangle EBD$，于是 $DC=DE$。

　　而要证明 $AD=CD$，则只需要证明 $DE=AD$。因为 $\angle DEA=180° - \angle BED = 180° - \angle C = \angle A$，所以 $AD=DE=CD$。

　　上面两种证明方法的基本思路都是构造全等三角形。单击课件上的"切换"按钮，屏幕上显示的图形提示用类似的方法可做出新的证明，如图 15-5 所示。如何依据图中的辅助线完成证明？请你思考。

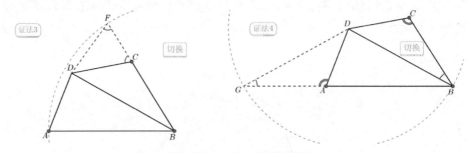

图 15-5　构造全等三角形的另外两种思路

　　在上面的图中，我们讨论的四边形有三条性质：对角线是一个角的平分线，这个角所对的两条边相等，对角互补。现在问：若这三条性质中有两条成立，那么另一条是否必然成立呢？这样提问题，一个题目就变成了三个！前面的四个图也可以用来解决另外两个问题。建议你试一试，这是很好的练习。

　　还可以想想，有没有构造全等三角形的其他方法？

　　继续单击课件上的"切换"按钮，屏幕上显示第五种证明方法的图形，如图 15-6 所示。这种方法利用了角平分线的性质和相似三角形。

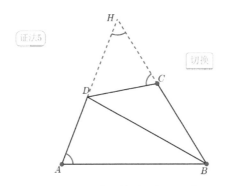

图 15-6　利用角平分线的性质和相似三角形的证法

如图 15-6 所示，根据角平分线的性质有 $\dfrac{AD}{AB}=\dfrac{HD}{HB}$，另一方面容易知道

△HAB 与△HCD 相似，所以 $\dfrac{CD}{AB}=\dfrac{HD}{HB}$。比较两式，可得 $AD=CD$。

继续切换到第六种证明方法，如图 15-7 所示。这里利用了圆周角的性质。由于四边形 $ABCD$ 的对角互补，故 A、B、C、D 四点共圆。由已知条件可知 AD 和 CD 所对的圆周角相等，所以 $\overset{\frown}{AD}=\overset{\frown}{CD}$，$AD=CD$。这种方法直截了当。

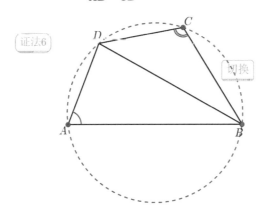

图 15-7　利用圆周角性质的证法直截了当

图 15-8 为第七种方法的图。这一次不用添加任何辅助线，利用前面介绍的正弦定理就可以了。事实上，由正弦定理和已知条件 $\angle A+\angle C=180°$ 可得

$$\frac{AD}{\sin\angle ABD}=\frac{BD}{\sin A}=\frac{BD}{\sin C}=\frac{CD}{\sin\angle CBD}$$

再用上角平分线的条件，可得 $\sin\angle ABD=\sin\angle CBD$，于是 $AD=CD$。

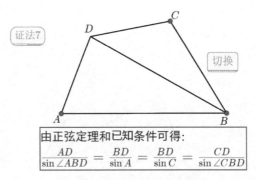

图 15-8　用正弦定理来证明

回顾第 11 章，正弦和正弦定理都是从小学里的三角形面积公式引出来的，那么这个题目可不可以从小学里的知识出发来解答呢？

我们在第 11 章中计算花坛面积（见图 11-2）时提出了这样的问题：两个有公共角的三角形面积的比与夹这个公共角的两条边的长度的比有什么关系？

这个问题可以用下面的定理来回答。

【共角定理】　如图 15-9 所示，若 $\angle ABC$ 与 $\angle XYZ$ 相等或互补，则有

$$\frac{S_{\triangle ABC}}{S_{\triangle XYZ}} = \frac{AB \cdot BC}{XY \cdot YZ}。$$

通过网址 https://www.netpad.net.cn/svg.html#posts/463234 或者下方的二维码，打开相应的课件。

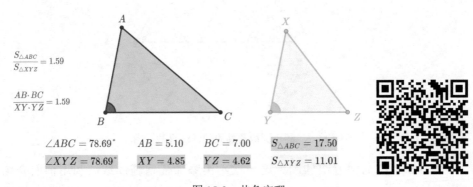

图 15-9　共角定理

有了这个定理，此题还可以按如下方法进行证明。

参看图 15-8，利用共角定理，得 $\dfrac{AD \cdot AB}{DC \cdot CB} = \dfrac{S_{\triangle DAB}}{S_{\triangle DCB}} = \dfrac{S_{\triangle ABD}}{S_{\triangle CBD}} = \dfrac{AB \cdot BD}{CB \cdot BD}$。化简

后可得 $AD = DC$。

此法不需要用到更多的知识，也不用添加辅助线，就这么简单！

共角定理显然是第 11 章中推导出的三角形面积公式 $S_{\triangle ABC} = \dfrac{1}{2}bc\sin A = \dfrac{1}{2}ac\sin B = \dfrac{1}{2}ab\sin C$ 的简单推论。其实，还可以不用正弦而直接将其推导出来。如图 15-10 所示，把两个三角形沿等角或互补角的边对齐摆放，立刻推导出

$$\frac{S_{\triangle ABC}}{S_{\triangle XYZ}} = \frac{S_{\triangle ABC}}{S_{\triangle XBC}} \cdot \frac{S_{\triangle XBC}}{S_{\triangle XYZ}} = \frac{AB}{XY} \cdot \frac{BC}{YZ}。$$

推导过程对等角和互补角的情形都有效。

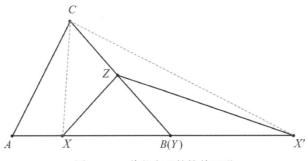

图 15-10　共角定埋的简单证明

由此可见，共角定理本来就是小学里的三角形面积公式的简单推论。

对于上面这个例题，我们从多个角度进行了思考，竟得到了多种不同的解法。数学可以使人聪明。通过解题，学会了提出问题和分析问题，眼界开阔了，思维灵活了，我们也从中体验到了解题的乐趣。在解答下一个例题之前，建议你把上面这个题目的解答过程好好地回顾反思一遍。回顾反思是丰富和积累数学经验的好办法。

【例 15-2】　在凸四边形中，当经过一组对边的中点的直线与两条对角线所成的角相等时，这两条对角线有怎样的关系？（选自第 24 届全苏数学奥林匹克竞赛题。）

【分析】　作一个任意四边形，调整其形状，对照题目中的已知条件进行观察。

通过网址 https://www.netpad.net.cn/svg.html#posts/362801 或者下页的二维码，打开相应的课件，如图 15-11 所示。用智能画笔作凸四边形 *ABCD* 并画出对角

线，取 AD 和 BC 的中点 E、F，连接 EF 与 AC 和 BD 分别相交于点 N、M。测量 $\angle BMF$ 和 $\angle ANE$ 的度数以及 AC 和 BD 的长度，再选择点 C，按上下左右箭头键调整四边形 $ABCD$ 的形状，观察 $\angle BMF$ 和 $\angle ANE$ 的度数的变化，直到这两个角接近相等。观察并猜想 AC 和 BD 有怎样的关系？

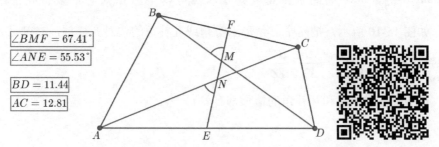

$$\angle BMF = 67.41°$$
$$\angle ANE = 55.53°$$
$$BD = 11.44$$
$$AC = 12.81$$

图 15-11 调整四边形顶点的位置，使两个角接近相等

你凭直觉一定想到了两条对角线的长度相等，但如何证明呢？

考虑中点的条件，联想到三角形的中位线定理，作必要的辅助线试试看。

通过网址 https://www.netpad.net.cn/svg.html#posts/362802 或者下面的二维码，打开相应的课件。单击"切换"按钮，显示此题的一种证明思路，如图 15-12 所示。取 CD 的中点 G，连接 GE 和 GF，则 GE 平行于 AC，$\angle GEF = \angle ANE$。同理，$\angle GFE = \angle BMF$。因为 $\angle ANE = \angle BMF$，所以 $\angle GEF = \angle GFE$，从而 $GE = GF$。由中位线定理可知，在 $\triangle ADC$ 中，$GE = \dfrac{1}{2} AC$；在 $\triangle BDC$ 中，$GF = \dfrac{1}{2} BD$。所以，$AC = BD$。

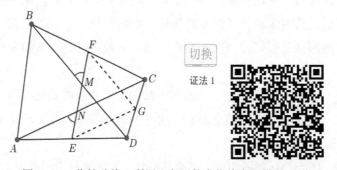

切换

证法 1

图 15-12 作辅助线，利用三角形的中位线定理进行证明

有没有其他思路呢？

单击课件上的"切换"按钮，显示另一种思路，如图 15-13 所示。这是利用面积关系的证明方法。

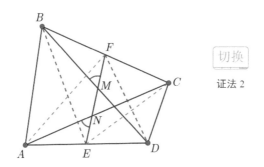

图 15-13　发现四边形 *AFCE* 和 *BEDF* 的面积相等

观察图 15-13，注意中点条件，不难发现△*ACE* 的面积是△*ADC* 的面积的一半，而△*ACF* 的面积是△*ABC* 的面积的一半，所以四边形 *AFCE* 的面积是四边形 *ABCD* 的面积的一半。同理，四边形 *BEDF* 的面积也是四边形 *ABCD* 的面积的一半。因此，四边形 *AFCE* 和 *BEDF* 的面积相等。

由于三角形的面积等于两边长度乘积的一半与两边夹角正弦的积，容易求出四边形 *AFCE* 和 *BEDF* 的面积（分块计算，或利用平移对角线的方法）。

$$S_{AFCE} = \frac{1}{2}AC \cdot EF \cdot \sin \angle ANE, \quad S_{BEDF} = \frac{1}{2}BD \cdot EF \cdot \sin \angle BMF$$

由于两者相等且 $\sin \angle ANE = \sin \angle BMF$，所以 $AC = BD$。

前面的例题用到了共角定理，其实共角定理可以推广到两个四边形的面积比。

【四边形的共角定理】　若两个四边形的对角线的交角相等或互补，则二者的面积比等于其两条对角线的长度的乘积之比。

参看图 15-14，更容易理解上述定理。

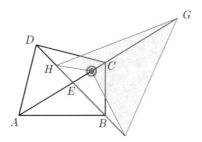

图 15-14　四边形 *ABCD* 的面积与蓝色四边形的面积相等

为了推导出四边形的共角定理，最自然的想法是把四边形化成面积与之相等的三角形，问题就迎刃而解了。

通过网址 https://www.netpad.net.cn/svg.html#posts/362803 或者下面的二维码，打开相应的课件，如图 15-14 所示。这里介绍了一种转化的方法。图中的红色线段的长度与 *BD* 的长度相等，蓝色线段的长度与 *AC* 的长度相等。拖动红点时，我们发现红蓝两条线段分别在两条对角线所在的直线上滑动，容易看出在滑动过程中染色四边形的面积不变。反复单击两个"动画"按钮的主钮和副钮进行观察，想想四边形 *ABCD* 的面积会和什么样的三角形的面积相等。

你还可以思考这个题目能有什么变化。例如，假定两条对角线的长度相等，能不能推导出对边中点的连线和两条对角线相交成等角？如果不取对边中点的连线，改为三等分点的连线，又能得到什么结论？

通过网址 https://www.netpad.net.cn/svg.html#posts/362804 或者下面的二维码，打开相应的课件，如图 15-15 所示。这里展示了对边的三等分点的连线和两条对角线相交的情形。调整四边形的形状，使两个交角接近相等，看看测量结果如何。能否对此加以证明呢？我们把这作为练习留给你。

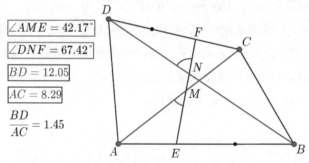

图 15-15　调整四边形的形状，使两个交角接近相等

【例 15-3】　如图 15-16 所示，在凸四边形 *ABCD* 内有一点 *O*，*OA* = *OB*，*OC* = *OD*，∠*AOB* = ∠*COD* = 120°。设 *K*、*L*、*M* 分别是 *AB*、*BC*、*CD* 的中点，研究△*KLM* 的形状。（选自第 58 届莫斯科数学奥林匹克竞赛题。）

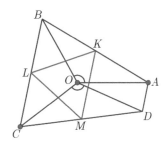

图 15-16　观察四边形三边的中点构成的三角形

【分析】　通过网址 https://www.netpad.net.cn/svg.html#posts/362805 或者下面的二维码，打开相应的课件，如图 15-16 所示。如果喜欢自己动手作图，则可按以下步骤进行操作。

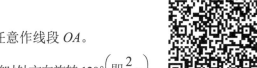

① 打开网络画板，用智能画笔任意作线段 OA。

② 以点 O 为旋转中心，将 OA 按逆时针方向旋转 $120°\left(即 \dfrac{2}{3}\pi\right)$，得到 OB。

③ 用智能画笔任意作线段 OC。

④ 以点 O 为旋转中心，将 OC 按逆时针方向旋转 $120°\left(即 \dfrac{2}{3}\pi\right)$，得到 OD。

⑤ 连接 $ABCD$，并作出 AB、BC、CD 的中点 K、L、M。

⑥ 连接 K、L、M，观察并猜想△KLM 的形状。

⑦ 可以通过测量验证你的猜想。

⑧ 证明你的猜想（可以在图中添加你需要的辅助线）。

凭实验观察，可知△KLM 是等边三角形。

为了证明这个事实，需要证明这个三角形的三条边相等，或两条边相等且其夹角为 $60°$。

已知条件比较多，归纳起来后一个是线段相等的条件（$OA = OB$，$OC = OD$），另一个是有关角的条件（$\angle AOB = \angle COD = 120°$），再一个是三个中点的条件。要想利用这些条件，三角形的中位线定理不可不想。由此需要添加必要的辅助线，构造全等三角形，逐步向要求证的结论靠拢。

单击课件中的"显示或隐藏辅助线"按钮，显示辅助线，如图 15-17 所示。

观察此图，容易获得一种解答方法。

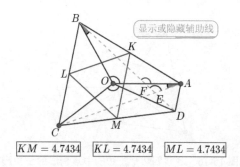

$KM = 4.7434$	$KL = 4.7434$	$ML = 4.7434$

图15-17   作出四边形的两条对角线，构造全等三角形

【解1】 作出四边形的两条对角线，立刻发现△BOD≌△AOC，于是有 $AC = BD$。由三角形的中位线定理可得，$2LM = BD = AC = 2KL$，这就证明了 $LM = KL$。另外，由三角形的一个外角等于和它不相邻的两个内角之和可得 $\angle AEB + \angle OAC = \angle AFB = \angle AOB + \angle OBD$。注意到 $\angle OAC = \angle OBD$，可得 $\angle AEB = \angle AOB = 120°$，所以 $\angle AED = 60°$。根据三角形的中位线定理可知 $LM /\!/ BD$ 且 $KL /\!/ AC$，所以 $\angle KLM = 60°$。于是，△KLM 是等边三角形得证。

【解2】 如图15-18所示，取 BO 和 CO 的中点 E、F，不难证明 $EL = \frac{1}{2}OC$，$MF = \frac{1}{2}OD$。因为 $OC = OD$，所以 $EL = MF$。同理，可以证明 $KE = LF$。因为 $\angle KEL = \angle AOC = 120° + \angle AOD = \angle BOD = \angle LFM$，所以△$KEL$≌△$LFM$，$KL = LM$。

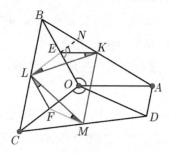

图15-18   取 OB 和 OC 的中点构造全等三角形

以下只需证明 $\angle KLM = 60°$。延长 LE 交 AB 于点 N，则有 $\angle KLM = \angle FLE - (\angle FLM + \angle KLE) = \angle FLE - \angle KEN = \angle OEN - \angle KEN = \angle OEK = 180° - \angle AOE = 60°$，可见△$KLM$ 是等边三角形。

【例 15-4】　如图 15-19 所示，在凸四边形 $ABCD$ 中，$\angle ABC = 30°$，$\angle ADC = 60°$，$AD = DC$，研究 BD、AB、BC 有什么关系。（选自 1996 年北京市数学竞赛题。）

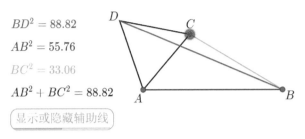

$$BD^2 = 88.82$$
$$AB^2 = 55.76$$
$$BC^2 = 33.06$$
$$AB^2 + BC^2 = 88.82$$

显示或隐藏辅助线

图 15-19　猜测红、绿、蓝三条实线之间的关系

【分析】　通过网址 https://www.netpad.net.cn/svg.html#posts/362806 或者下面的二维码，打开相应的课件。也可以自己用网络画板作图。

① 用智能画笔任意作线段 AB。

② 以点 B 为旋转中心，将 AB 按顺时针方向旋转 30°得到一条线段，并在此线段上取一点 C。

③ 以 AC 为一条边作等边三角形 ACD。

④ 连接线段 BD。

在课件中，选择点 C 并拖动，观察 BD、AB 和 BC 的变化，猜测它们之间可能有怎样的关系（可以考虑将点 C 移动到一个特殊位置）。

测量 BD、AB 和 BC 的长度，验证你的猜想，考虑如何证明它。

选择点 C 并拖动，当 $\angle BAD = 90°$ 时（点 D、C、B 在一条直线上），你会发现 BD 恰好是一个直角三角形的斜边，AD 为这个直角三角形的一条直角边，而 AB 是另外一条直角边（见图 15-20）。由特殊到一般，于是我们可以猜想，在一般情况下，这三条线段也可能构成一个直角三角形的三条边（AB 为这个直角三角形的一条直角边，BD 是这个直角三角形的斜边）。

一般情况下考虑到已知条件 $\angle ABC = 30°$，设法构造一个以 AB 为直角边的直角三角形，以 BC 为一条边作等边三角形 BCE。这时有 $\angle EBA = 90°$，BE 为 $\triangle EBA$ 的一条直角边，BA 为另外一直角边，且 $BE = BC$，如图 15-21 所示。以下只需要证明 $AE = BD$ 就可以了。

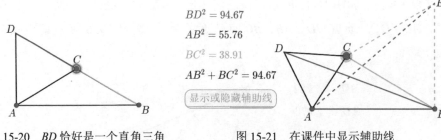

图 15-20　*BD* 恰好是一个直角三角　图 15-21　在课件中显示辅助线
　　　　　形的斜边

【解】　如图 15-21 所示，以 *BC* 为一条边作等边三角形 *BCE*。因为 ∠*CBA* = 30°，所以 △*ABE* 为直角三角形。

因为 *CE* = *BC*，*CA* = *CD*，∠*ECA* = 60° + ∠*BCA* = ∠*BCD*，所以 △*BCD* ≌ △*ECA*，*BD* = *AE*，于是由 $AB^2 + BE^2 = AE^2$ 得 $AB^2 + BC^2 = BD^2$。

这就是三者之间的关系。

此题不是让我们证明一个现成的结论，而是先让我们探究三条线段之间的关系。一旦作出辅助线，证明并不难。问题在于如何发现三者之间的关系，构建解题思路。事实上，我们经历了测量、特殊化和猜想的过程，进而才给出了完整的证明。

【例 15-5】　在图 15-22 中，凸四边形 *ABCD* 的边 *AD*、*BC* 的延长线交于点 *E*，设点 *H* 和 *G* 分别是 *BD* 和 *AC* 的中点，求 △*EHG* 的面积与四边形 *ABCD* 的面积之比。（选自第 10 届加拿大奥林匹克竞赛题。）

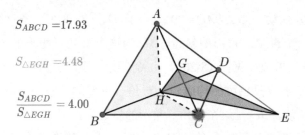

$S_{ABCD} = 17.93$

$S_{\triangle EGH} = 4.48$

$\dfrac{S_{ABCD}}{S_{\triangle EGH}} = 4.00$

图 15-22　经测量发现四边形 *ABCD* 的面积总是 △*EHG* 的面积的 4 倍

【分析】　通过网址 https://www.netpad.net.cn/svg.html#posts/362808 或者下页的二维码，打开相应的课件。也可以自己按下列步骤作图。

① 利用智能画笔作凸四边形 *ABCD*。

② 延长 AD、BC 交于点 E。

③ 分别作 BD 和 AC 的中点 H 和 G。

④ 连接 E、H、G 三点成三角形。

测量出 △EHG 的面积与四边形 ABCD 的面积，计算二者的比值，如图 15-22 所示。拖动点 C，改变四边形 ABCD 的形状，发现四边形 ABCD 的面积总是 △EHG 的面积的 4 倍。以下尝试给出证明过程。

即使没有计算机或不进行测量，也可以从特殊情形得到信息，进而猜想到一般情况。例如，把点 D 拖到 BC 的延长线上（见图 15-23），一眼就能看出来这两个图形的面积的关系。

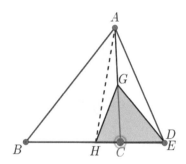

图 15-23　D 和 E 两点重合时的情形

对于一般情况，这里重要的仅仅是中点的条件，所以应该联想到三角形的中线把这个三角形分成面积相等的两部分。根据 G、H 为中点的条件，这里有多对等面积的三角形，可以从中找到答案。

【解 1】　如图 15-22 所示，由点 G、H 分别为 AC、BD 的中点可得：

$$S_{\triangle ABH} + S_{\triangle BCH} = \frac{1}{2}\left(S_{\triangle ABD} + S_{\triangle BCD}\right) = \frac{1}{2}S_{ABCD}$$

$$S_{\triangle AHE} = S_{\triangle ADH} + S_{\triangle DEH} = \frac{1}{2}\left(S_{\triangle ABD} + S_{\triangle BDE}\right) = \frac{1}{2}S_{\triangle ABE}$$

$$S_{\triangle AGH} + S_{\triangle AGE} = \frac{1}{2}\left(S_{\triangle AHC} + S_{\triangle AEC}\right) = \frac{1}{2}S_{AHCE}$$

$$S_{\triangle EGH} = S_{\triangle AHE} - \left(S_{\triangle AGH} + S_{\triangle AGE}\right) = \frac{1}{2}S_{\triangle ABE} - \frac{1}{2}S_{AHCE} = \frac{1}{2}\left(S_{\triangle ABE} - S_{AHCE}\right)$$

$$= \frac{1}{2} \times \frac{1}{2}S_{ABCD} = \frac{1}{4}S_{ABCD}$$

如果应用第 10 章里引入的方法，则计算要直截了当得多。

【解 2】 如图 15-22 所示，设 $AE=kDE$，$BE=mCE$，显然有：

$$S_{ABCD} = S_{\triangle ABE} - S_{\triangle DCE} = (mk-1)S_{\triangle DCE}$$

又因为有：

$$A-E=k(D-E)，即 A=kD+(1-k)E$$

$$B-E=m(C-E)，即 B=mC+(1-m)E$$

$$2H=B+D=mC+(1-m)E+D$$

$$2G=A+C=kD+(1-k)E+C$$

于是有：

$$4S_{\triangle EGH} = E[kD+(1-k)E+C][mC+(1-m)E+D]$$

$$= kmEDC+ECD= kmEDC-EDC=(km-1)S_{\triangle EDC}= S_{ABCD}$$

【例 15-6】 如图 15-24 所示，在平行四边形 $ABCD$ 中，点 O 为 AC 与 BD 的交点，P 为平面内的任一点，M、N 分别为 PB、PC 的中点，Q 为 AN 与 DM 的交点。探求：

① P、Q、O 三点的位置关系；

② 线段 PQ 和 OQ 的关系。

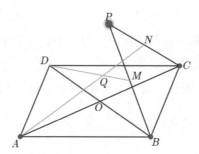

图 15-24 观察并猜想 P、Q、O 三点的位置关系

【分析】 通过网址 https://www.netpad.net.cn/svg.html#posts/362809 或者下面的二维码，打开相应的课件。也可以自己按下列步骤作图。

① 利用智能画笔作平行四边形 $ABCD$ 及其对角线的交点 O。

② 在平面上任意取一点 P，连接 PC 和 PB。

③ 作出 PB、PC 的中点 M、N。

④ 连接 DM、AN 交于点 Q。

在课件中，选择点 P 并拖动，观察并猜想 P、Q、O 三点的位置关系以及 PQ 和 OQ 的关系，思考如何对你的猜想进行证明。

当把点 P 移动到点 D 时，我们发现点 Q 恰好是 $\triangle ACD$（即 $\triangle PAC$）的重心。这使我们猜想点 Q 在一般情形下会不会也是 $\triangle PAC$ 的重心呢？如果是这样，那么点 Q 应该位于 $\triangle PAC$ 的每一条中线的三等分点处。于是，P、Q、O 三点在一条直线上，且 $PQ = 2OQ$。

基于上述思考，再单击课件中的"显示或隐藏辅助图形"按钮，如图 15-25 所示。进一步观察后，我们容易给出下面的解答。

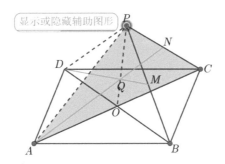

图 15-25　点 Q 是两个三角形的重心

【解 1】　连接 PA、PD、PO。在平行四边形 $ABCD$ 中，$AO = CO$，$BO = DO$。又因点 N 为 PC 的中点，所以 AN 与 PO 的交点是 $\triangle PAC$ 的重心。该点将线段 PO 分为长度之比为 $2:1$ 的两部分。同理，在 $\triangle PDB$ 中，DM 与 PO 的交点是 $\triangle PDB$ 的重心，该点将线段 PO 分为长度之比为 $2:1$ 的两部分。既然 AN、DM 都与 PO 交于同一点，所以该点就是 AN 与 DM 的交点。因此，P、Q、O 三点在同一条直线上，而且 $PQ = 2OQ$。

【解 2】　利用第 10 章引入的方法，根据条件写出各点之间的加减关系: $2N = P + C$，$2M = P + B$，$2O = A + C = B + D$。用前两式消去 B、C，得到 $2O = A + 2N - P = 2M - P + D$，于是 $A + 2N = D + 2M = 3Q$。再将 $A + 2N = 3Q$ 代入 $2O = A + 2N - P$ 中，得到 $2O = 3Q - P$，即 $2O + P = 3Q$。这表明 P、Q、O 三点在同一条直线上，而且 $PQ = 2OQ$。

【例 15-7】　如图 15-26 所示，在平行四边形 $ABCD$ 中，E 为 AD 上的一点，F 为 AB 上的一点，且 $BE = DF$，BE 与 DF 交于点 G。探究 $\angle CGB$ 和 $\angle CGD$ 的关系。

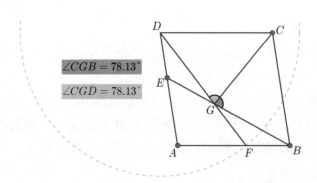

图 15-26　探究 ∠CGB 和 ∠CGD 的关系

【分析】　通过网址 https://www.netpad.net.cn/svg.html#posts/362810 或者右侧的二维码，打开相应的课件。也可以自己按照下列步骤作图。

①　利用智能画笔作平行四边形 ABCD。

②　在 AD 上取一点 E，并连接 BE。

③　选择点 D 和线段 BE 后，执行屏幕下方菜单中的"点线圆"命令，屏幕上将呈现以 D 为圆心、BE 为半径的圆。该圆与 AB 的交点为 F，连接 DF。

④　把 BE 和 DF 的交点记为 G，连接 CG。

如图 15-26 所示，观察并猜测 ∠CGB 和 ∠CGD 的关系。测量这两个角的大小，并证明你的猜想。

【操作说明 15–1】　作指定半径的圆。

这里指定的半径可能是数字、变量、数学表达式或两点间的距离。

用网络画板作圆，选择一点作为圆心，执行菜单中的"指定半径的圆"命令，在弹出的对话框中输入圆的半径即可。圆的半径可以是数字、变量或数学表达式，其长度单位与坐标系的单位一致。

如果指定的半径是屏幕上的一条线段，则要先选择这个点，然后选择作为半径的线段，再执行菜单中的"点线圆"命令。这时不再弹出对话框，而是立刻显示一个圆。所选的这个点为圆心，所选的线段为半径。

在证明 ∠CGB = ∠CGD 时，想到构造一对包含这两个角且能够判定其全等的三角形是自然的。如图 15-27 所示，作 $CH \perp BE$，$CI \perp DF$。在直角三角形 CGH 和 CGI 中，如果能证明 $CH = CI$，则这两个三角形全等，于是有 $\angle CGB = \angle CGD$。考虑到已知条件 $BE = DF$，连接 CE 和 CF，马上看到 CH 和 CI 分别是 $\triangle CEB$ 和 $\triangle CDF$ 的高。如果这两个三角形的面积相等，就会得到 $CH = CI$。这是不难证明的。单击课件中的"显示或隐藏辅助图形"按钮，可以看到上面讨论中涉及的作图过程。

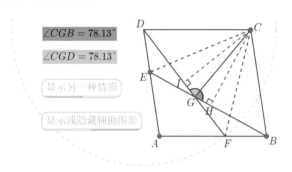

图 15-27　作两条垂线构造全等三角形

【解】　因为 AD 平行于 BC，所以 $\triangle CEB$ 的面积等于 $\triangle ABC$ 的面积，等于平行四边形 $ABCD$ 的面积的一半。同理，$\triangle CDF$ 的面积等于 $\triangle CBD$ 的面积，等于平行四边形 $ABCD$ 的面积的一半。于是，$\triangle CEB$ 和 $\triangle CDF$ 的面积相等。

作 $CH \perp BE$，$CI \perp DF$。因为 $BE = DF$，所以 $CH = CI$。在直角三角形 CGH 和 CGI 中，因为 $CH = CI$，$CG = CG$，所以 $\triangle CGH \cong \triangle CGI$，$\angle CGB = \angle CGD$。

题目做出来了，但还可以多想想。图中的圆和直线 AB 应当有两个交点。对于另一个交点，会不会有类似的情形呢？单击课件中的"显示另一种情形"按钮，屏幕上显示的内容如图 15-28 所示。请你考虑原来的方法是否仍然有效？

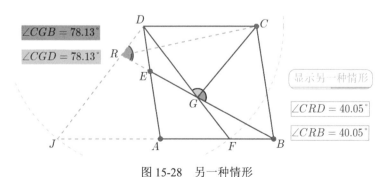

图 15-28　另一种情形

【例 15-8】 如图 15-29 所示，在△ABC 中，X、Y、Z 分别是 AB、BC 和 CA 的中点，点 P 在 BC 上，并且∠CPZ=∠YXZ。猜想 AP 与 BC 的位置关系。（根据 1991 年澳大利亚数学奥林匹克竞赛题目改编。）

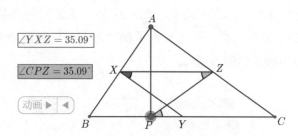

图 15-29 ∠CPZ=∠YXZ 时，猜想 AP 与 BC 的位置关系

【分析】 通过网址 https://www.netpad.net.cn/svg.html#posts/362811 或者下面的二维码，打开相应的课件，如图 15-29 所示。也可以自己按下列步骤作图。

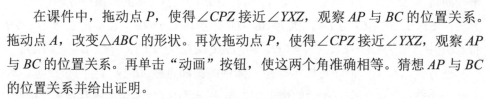

① 利用智能画笔作任意三角形 ABC。

② 作出 AB、BC、CA 的中点 X、Y、Z，连接 XY 和 XZ。

③ 测量∠YXZ 的度数。

④ 在 BC 上取一点 P 并连接 AP 和 ZP。

⑤ 测量∠CPZ。

在课件中，拖动点 P，使得∠CPZ 接近∠YXZ，观察 AP 与 BC 的位置关系。拖动点 A，改变△ABC 的形状。再次拖动点 P，使得∠CPZ 接近∠YXZ，观察 AP 与 BC 的位置关系。再单击"动画"按钮，使这两个角准确相等。猜想 AP 与 BC 的位置关系并给出证明。

根据在计算机上进行实验的结果，似乎 AP⊥BC。要证明这一点其实并不难，只要能证明 PZ=CZ=AZ 就可以了。考虑到中点的条件，CZ=AZ 是显然的。另外，根据∠CPZ=∠YXZ，容易证明 PZ=CZ。

【解】 在△ABC 中，因为 X、Y、Z 分别是 AB、BC、CA 的中点，所以不难证明四边形 CZXY 是平行四边形，∠YXZ=∠C。又因为∠CPZ=∠YXZ，所以∠CPZ=∠C，PZ=CZ。又因为 CZ=AZ，所以 PZ=CZ=AZ。因此，△APC 为直角三角形，AP⊥BC。

【例 15-9】 如图 15-30 所示，在任意五边形 ABCDE 中，M、N、P、Q 分别为 AB、CD、BC、DE 的中点。K、L 分别为 MN 和 PQ 的中点。讨论 KL 与 AE

的关系。（根据 2001 年天津市数学竞赛题目改编。）

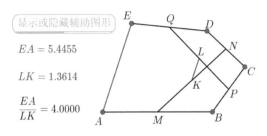

图 15-30　猜测 KL 与 AE 的关系并证明

【分析】　通过网址 https://www.netpad.net.cn/svg.html#posts/362812 或者下面的二维码，打开相应的课件。也可以按下列步骤自己作图。

① 利用智能画笔作五边形 $ABCDE$。

② 作出 AB、CD、BC、DE 的中点 M、N、P、Q。

③ 作出 MN 和 PQ 的中点 K、L。

④ 连接 KL。

猜测 KL 与 AE 的关系。拖动五边形 $ABCDE$ 的任意一个顶点改变其形状，看看 KL 与 AE 是否仍然保持这种关系。测量 KL 与 AE 的长度，验证你的猜想，并试图证明这个猜想。

凭观察测量结果，猜测 KL 平行于 AE 且等于 AE 的 1/4。

要证明这件事，自然想到利用中点的条件。如图 15-31 所示，连接 BE 并取其中点 F，则 MF 平行于 AE 且等于 AE 的 1/2。余下的问题是证明 KL 平行于 MF 且等于 MF 的 1/2。关键问题是证明 L 是 FN 的中点。在课件中单击"显示或隐藏辅助图形"按钮，可以看到解答方法。

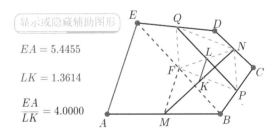

图 15-31　显示辅助图形

【解1】　连接 BE 并取其中点 F。在 $\triangle ABE$ 中，MF 平行于 AE 且等于 AE 的 1/2。连接 FP、PN、NQ、QF，容易证明四边形 $FPNQ$ 是平行四边形。根据平行四边形的两条对角线互相平分，可知 PQ 的中点 L 也是 FN 的中点。在 $\triangle NFM$ 中，KL 平行于 MF 且等于 MF 的 1/2，所以 KL 平行于 AE 且等于 AE 的 1/4。

【解2】　采用第 10 章引入的质点几何方法，由已知条件得：

$$A+B=2M,\ C+D=2N,\ B+C=2P$$
$$D+E=2Q,\ M+N=2K,\ P+Q=2L$$

于是有：

$$4(K-L)=2(M+N)-2(P+Q)=(A+B+C+D)-(B+C+D+E)=A-E$$

这表明 KL 平行于 AE 且等于 AE 的四分之一。

【例 15-10】　如图 15-32 所示，四边形 $ABCD$ 为凸四边形，对角线 AC 和 BD 的中点分别为 E 和 F。在 AC 上取两点 G 和 H，在 BD 上取两点 K 和 L，使得 $AG=CH=\dfrac{1}{4}AC$，$BK=DL=\dfrac{1}{4}BD$。过 AD 和 BC 的中点 N、M 连一条直线，那么该直线与线段 EF、KH、GL 有什么关系？（根据第 17 届全苏数学奥林匹克竞赛题目改编。）

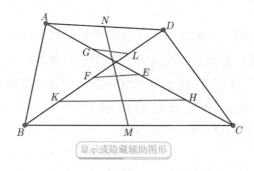

图 15-32　猜测直线 MN 和线段 EF、KH、GL 有什么关系

【分析】　通过网址 https://www.netpad.net.cn/svg.html#posts/362813 或者下面的二维码，打开相应的课件。也可以自己用网络画板按下列步骤作图，观察实验结果。

① 利用智能画笔作凸四边形 $ABCD$。

② 作 AC 和 BD 的中点 E、F。

③ 用鼠标同时选择点 A、E，按快捷键 Ctrl＋M 作出 AE 的中点 G。用同样的方法作出 CE 的中点 H、BF 的中点 K 和 DF 的中点 L。

④ 用鼠标同时选择线段 BC 和 AD，按快捷键 Ctrl＋M，同时作出它们的中点 M 和 N。

⑤ 连接 GL、EF、KH、MN。

观察并猜测直线 MN 和线段 EF、KH、GL 之间有什么关系。改变四边形 $ABCD$ 的形状，观察上述关系是否发生变化。试图证明你的猜测。

通过实验发现，不管四边形 $ABCD$ 如何变动，MN 似乎总经过 EF、KH 和 GL 的中点。

要证明这个事实，需要充分利用中点、四分之一分点和四分之三分点的条件。

因为 AC 的中点为 E，BD 的中点为 F，不难发现四边形 $MENF$ 为平行四边形，如图 15-33 所示。因此，对角线 EF 与 MN 互相平分，其交点为 MN 和 EF 的中点。

观察 $\triangle FBE$ 和 $\triangle CBE$，根据三角形的中位线定理，容易得到 MH 平行且等于 KO，因此四边形 $HMKO$ 为平行四边形，MO 和 HK 互相平分。

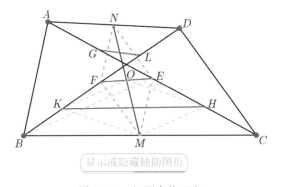

图 15-33　问题水落石出

【解 1】　设 AC 的中点为 E，BD 的中点为 F，连接 EN 和 MF。根据三角形的中位线定理，易证 EN 平行且等于 MF，所以四边形 $ENFM$ 为平行四边形。设 EF 和 MN 相交于 O，则 $EO=OF$。

在 $\triangle FBE$ 中，因为 $OF=EO$，$FK=KB$，所以 KO 平行于 BE 且等于 BE 的一半。在 $\triangle CBE$ 中，MH 平行于 BE 且等于 BE 的一半，所以 KO 平行且等于 MH。

四边形 $HMKO$ 为平行四边形，因此 MO 和 HK 互相平分，MO 经过 HK 的中点。同理，可证 NO 经过 GL 的中点，即 MN 经过 HK 和 GL 的中点。

若用第 10 章里介绍的质点几何方法，则可以简单地计算出结果。

【解2】 根据已知条件，有：

$$A+C=2E,\ B+D=2F,\ 3A+C=4G,\ A+3C=4H$$

$$3B+D=4K,\ B+3D=4L,\ B+C=2M,\ A+D=2N$$

容易算出：

①$2(M+N)=A+B+C+D=2(E+F)$，可见 MN 与 EF 相互平分；

②$4(G+L)=3(A+D)+B+C=6N+2M$，可见 MN 过 GL 的中点；

③$4(K+H)=3(B+C)+A+D=6M+2N$，可见 MN 过 HK 的中点。

第16章 一次函数

讨论函数问题时总要作出函数的图像。这里先介绍用网络画板作函数图像的方法。

────── 【操作说明16-1】 作函数曲线。 ──────

在网络画板中，单击屏幕下方菜单中的"$f(x)\ y=f(x)$"命令，打开曲线编辑对话框，在"$y=$"一栏里输入指定的函数表达式，在"自变量"一栏中设置函数定义域或作图的区间，如图16-1所示。最后，单击"确定"按钮，屏幕上就会显示函数的图像。

图16-1 曲线编辑对话框

关于函数表达式的书写，要注意以下几点。

① 乘号用"*"表示，不能省略。

② 幂运算用"^"表示，如 x^3 表示 x 的三次方，x^（1/2）表示 x 的算术平方根[或用 sqrt（x）表示]。

③ x 的绝对值 $|x|$ 用 abs（x）表示。

④ x 的整数部分用 floor（x）表示，如 floor（3.2）=3，floor（−1.5）=−2。

⑤ 函数名后面要有括号，如 sin$x$ 要写成 sin（x）。

⑥ 以 a 为底的 b 的对数写成 log（b,a），x 的常用对数表示为 log10（x），自然对数表示为 log（x）。

⑦ 函数 less（$u,\ v$）的定义：在 $u<v$ 时为 1，在其他情形下为 0。

【例16-1】 设 $-1 \leqslant x \leqslant 2$，求 $|x-2| - \dfrac{1}{2}|x| + |x+2|$ 的最大值与最小值之差。（选自江苏省数学竞赛。）

【分析】 通过网址 https://www.netpad.net.cn/svg.html#posts/362816 或者下面的二维码，打开相应的课件。也可以自己按下列步骤作图。

打开网络画板，单击屏幕下方的菜单中的 "$f(x)\ y=f(x)$" 命令，在屏幕上出现的对话框中的 "$y=$" 一栏中输入 "abs（x-2）-abs（x）/2+abs（x+2）"，并将自变量改为 "-1" 到 "2"，单击 "确定" 按钮，如图 16-2 所示。

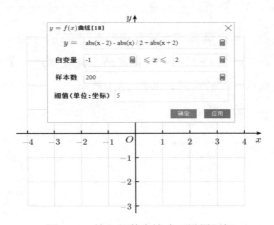

图 16-2　输入函数表达式，设置区间

观察屏幕上出现的函数图像（见图 16-3），进行解答。

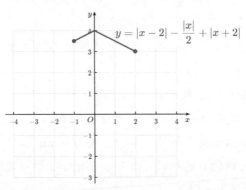

图 16-3　观察图像，求函数的最大值与最小值之差

因为 $-1 \leqslant x \leqslant 2$，所以 $|x-2|=2-x$，$|x+2|=x+2$。下面按照 $-1 \leqslant x < 0$ 和 $0 \leqslant x \leqslant 2$ 两种情况进行讨论和化简。

【解】　当 $-1 \leqslant x < 0$ 时，原式 $=2-x+\dfrac{1}{2}x+x+2=\dfrac{1}{2}x+4$，其最大值是 4，最小值为 $\dfrac{7}{2}$。

当 $0 \leqslant x \leqslant 2$ 时，原式 $=2-x-\dfrac{1}{2}x+x+2=-\dfrac{1}{2}x+4$，其最大值是 4，最小值为 3。

所以，原式的最大值与最小值之差为 1。

反思：其实不论 x 取何值，把绝对值符号去掉之后，原式都是 x 的一次函数，其函数图像都是折线段。因此，只需要计算几个关键点的坐标，就能了解函数图像的全貌。对照图形，解答过程一目了然。

【例 16-2】　已知 $|a|=a+1$，$|x|=2ax$，求 $|x-1|-|x+1|+2$ 的最大值与最小值。

【分析】　仿照例 16-1，在网络画板上作函数 $y=|x-1|-|x+1|+2$ 的图像，如图 16-4 所示。

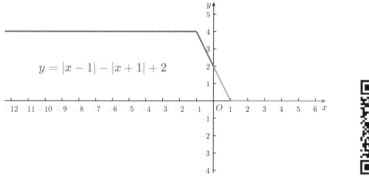

图 16-4　函数 $y=|x-1|-|x+1|+2$ 的图像

从图像看，该函数的最大值为 4，最小值为 0，但这不是正确答案，因为忽略了两个条件 $|a|=a+1$，$|x|=2ax$。应根据已知条件确定函数自变量的取值范围。这时剩下的问题就好办了。

【解】　由 $|a|=a+1$ 得 $-a=a+1$，$a=-\dfrac{1}{2}$。于是，$|x|=2ax$ 可以改写为 $|x|=-x$，推导出 $x \leqslant 0$。这时，$|x-1|=1-x$。下面分 $-1 < x \leqslant 0$ 和 $x \leqslant -1$ 两种情形进

行讨论。

当 $-1 < x \leqslant 0$ 时，原式 $= 1-x-(x+1)+2 = -2x+2$。

当 $x \leqslant -1$ 时，原式 $= 1-x+(x+1)+2 = 4$。

所以，原式的最大值为 4，最小值为 2。

只要确定了 $x \leqslant 0$，这个结果从图上一眼就看出来了。

【例 16-3】　以 $A(0, 2)$、$B(2, 0)$、$O(0, 0)$ 为顶点的三角形被直线 $y = ax - a$ 分成两部分，设靠近原点一侧的部分的面积为 S，试写出用 a 表示的 S 的解析式。

这个问题涉及给定坐标作点的操作，这是网络画板中很有用的一种操作，值得特别说明。

【操作说明 16-2】　作坐标点。

最简单的方法是调出网络画板的全局坐标系，在屏幕上方的"坐标系"菜单中选择"吸附网格"命令，再单击屏幕左边工具栏中的"点"工具，鼠标指针变为笔的形状。这时不能像智能画笔那样画线作圆，而只能作出坐标为整数的点。用鼠标左键单击一次，就作出一个点。最好显示坐标系的网格（见图 16-5），这样在作点时就知道该在什么位置单击。

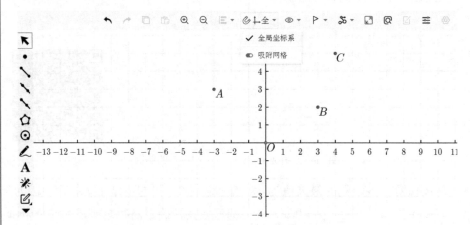

图 16-5　开启"吸附网格"功能，绘制格点

还可以执行屏幕下方菜单中的"直角坐标点"命令，打开坐标点输入对话框，如图 16-6 所示。这时可以输入要作的点的坐标，一次可以作多个点。

图 16-6　坐标点输入对话框

【分析】　通过网址 https://www.netpad.net.cn/svg.html#posts/362819 或者下面的二维码，打开相应的课件。也可以自己按如下步骤作图。

① 执行菜单命令"直角坐标点"，作 A（0，2）、B（2，0）两点，并作出可以拖动的点 P（a，0），如图 16-7 所示。

② 用智能画笔连接 AB。

③ 作出直线 $y = ax - a$。

图 16-7　作可以拖动的点（a，0）

上述作图结果如图 16-8 所示。

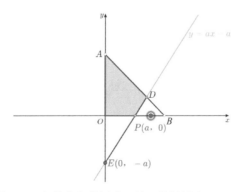

图 16-8　把染色部分写成 a 的函数解析式（$a > 0$）

　　用鼠标选择屏幕上的点（a，0）并拖动，观察靠近原点一侧的部分图形（即染色区域）的变化，考虑写出用 a 表示 S 的解析式。

　　直线 $y=ax-a$ 过点（1，0），随着 a 的变化，靠近原点一侧的部分图形（即染色区域）为三角形或为四边形。因此，应分两种不同情况考虑用 a 表示 S 的解析式。

　　【解】　容易得到直线 AB 的方程为 $y=-x+2$，直线 $y=ax-a$ 过点 C（1，0）。

　　① 当 $-2\leqslant a<0$ 时，直线 $y=ax-a$ 与 y 轴交于点 $E(0,-a)$，染色区域成为 $\triangle OCE$，其面积 $S=-\dfrac{a}{2}$，如图16-9所示。

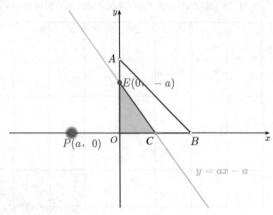

图16-9　把染色部分的面积写成 a 的函数解析式（$-2<a\leqslant0$）

　　② 当 $a\leqslant-2$ 时，直线 $y=ax-a$ 与直线 AB 交于点 D，染色区域成为四边形，如图16-10所示。解方程组 $\begin{cases} y=-x+2 \\ y=ax-a \end{cases}$，得点 D 的坐标为 $\left(\dfrac{2+a}{1+a},\dfrac{a}{1+a}\right)$，所以，$\triangle CBD$ 的面积为 $\dfrac{1}{2}\times1\times\dfrac{a}{1+a}$，$\triangle OAB$ 的面积为2，所求四边形的面积为

$$S=2-\dfrac{1}{2}\times1\times\dfrac{a}{1+a}=\dfrac{4+3a}{2(1+a)}。$$

　　③ $a>0$ 时的情况与第二种情况类似，如图16-10所示。

　　综合以上所有情况，得：

$$S=\begin{cases} -\dfrac{a}{2}（-2\leqslant a<0） \\[3mm] \dfrac{4+3a}{2(1+a)}（a\leqslant-2\text{或}a>0） \end{cases}$$

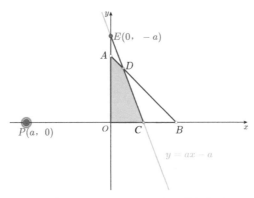

图 16-10　把染色部分的面积写成 a 的函数解析式（$a \leqslant -2$）

【例 16-4】　如图 16-11 所示，在直角坐标系中，矩形 $OABC$ 的顶点 B 的坐标为（15，6），直线 $y = \dfrac{1}{3}x + b$ 恰好将矩形 $OABC$ 分成面积相等的两部分，求 b 的值。

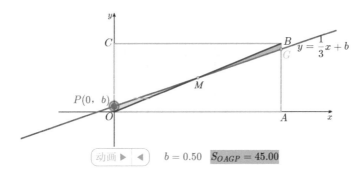

图 16-11　确定参数 b，使直线将矩形分成面积相等的两部分

【分析】　通过网址 https://www.netpad.net.cn/svg.html#posts/362820 或者下面的二维码，打开相应的课件。也可以自己按下列步骤作图。

① 在自定义坐标系中执行菜单命令"直角坐标点"，作出点 A（15，0）、B（15，6）、C（0，6）和 P（0，b）。

② 连接 OA、AB、BC、CO。

③ 作出直线 $y = \dfrac{1}{3}x + b$。

在图 16-11 中，用鼠标选择点 $(0, b)$ 并拖动，观察矩形 $OABC$ 的两部分面积的变化，猜测符合题目要求的参数 b 的值并给出证明。

连接对角线 OB，显然 OB 也将矩形 $OABC$ 分成面积相等的两部分。考虑动直线在移动过程中与 OB 相交于哪一点时恰好将矩形 $OABC$ 分为面积相等的两部分。我们容易想到动直线应当过 OB 的中点，如图 16-12 所示。也可以作出动直线与 AB 的交点 G，根据四边形 $POAG$ 的面积等于矩形面积的一半确定 b。

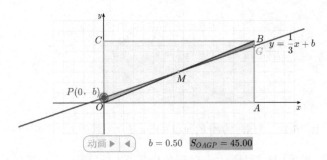

图 16-12　动直线过 OB 的中点时将矩形分成面积相等的两部分

【解1】　连接对角线 OB，设其中点为 M，则 $M=\left(\dfrac{15}{2}, 3\right)$。将 $x=\dfrac{15}{2}$ 和 $y=3$ 代入动直线的方程 $y=\dfrac{1}{3}x+b$，得 $b=\dfrac{1}{2}$。事实上，当动直线过点 M 时，容易通过三角形全等证明矩形的两部分的面积都等于 $\triangle OBC$ 的面积。

【解2】　容易求出动直线与 AB 的交点 G 的纵坐标为 $5+b$，于是由梯形面积公式求出梯形 $POAG$ 的面积为 $\dfrac{15(5+2b)}{2}$，再由 $\dfrac{15(5+2b)}{2}=45$ 求出 $b=\dfrac{1}{2}$。

【例 16-5】　如图 16-13 所示，在直角坐标系中，直角梯形 $OABC$ 的顶点 O 为坐标原点，另外三个顶点的坐标分别为 $A(3, 0)$、$B(2, 7)$ 和 $C(0, 7)$。P 为线段 OC 上的一点，过 P、B 两点的直线为 $y=k_1x+b_1$，过 A、P 两点的直线为 $y=k_2x+b_2$，且 $PB \perp PA$。求 $k_1k_2(k_1+k_2)$ 的值。

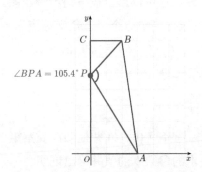

图 16-13　探究 $PA \perp PB$ 的条件

【分析】　通过网址 https://www.netpad.net.cn/svg.html#posts/362821 或者下面的二维码，打开相应的课件。也可以自己按下列步骤作图。

① 在自定义坐标系中执行菜单命令"直角坐标点"，作点 A（3，0）、B（2，7）和 C（0，7）。

② 在 y 轴上取一点 P，并连接 PA 和 PB。

③ 测量∠APB。

用鼠标选择点 P 并拖动，观察∠APB 的变化。当∠APB 为直角时，思考可以利用图形的什么几何性质求出有关参数，进一步计算 $k_1 k_2 (k_1 + k_2)$ 的值。

在图 16-14 中，当∠APB 为直角时，△$AOP \backsim$ △PCB。注意，有两种情形。

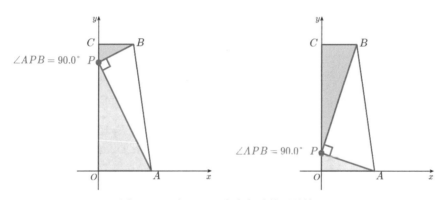

图 16-14　当∠APB 为直角时的两种情形

【解 1】　设点 P 的坐标为（0，b）。当∠APB 为直角时，△$AOP \backsim$ △PCB，所以 $\dfrac{OA}{OP} = \dfrac{CP}{CB}$，$\dfrac{3}{b} = \dfrac{7-b}{2}$。化简后得到方程 $b^2 - 7b + 6 = 0$，解之得 $b = 1$ 或 $b = 6$。把 $x = 2$ 和 $y = 7$ 代入方程 $y = k_1 x + 1$，得 $k_1 = 3$；把 $x = 3$ 和 $y = 0$ 代入方程 $y = k_2 x + 1$，得 $k_2 = -\dfrac{1}{3}$。因此，$k_1 k_2 (k_1 + k_2) = -1 \times \dfrac{8}{3} = -\dfrac{8}{3}$。把 $x = 2$ 和 $y = 7$ 代入方程 $y = k_1 x + 6$，得 $k_1 = \dfrac{1}{2}$；把 $x = 3$ 和 $y = 0$ 代入方程 $y = k_2 x + 6$，得 $k_2 = -2$。因此，$k_1 k_2 (k_1 + k_2) = -1 \times \left(-\dfrac{3}{2} \right) = \dfrac{3}{2}$。

结论：$k_1 k_2 (k_1 + k_2) = \dfrac{3}{2}$ 或 $-\dfrac{8}{3}$。

【解 2】　设点 P 的坐标为（0，b）。将（0，b）和（2，7）分别代入 $y=k_1x+b_1$，得 $k_1=\dfrac{7-b}{2}$。将（0，b）和（3，0）分别代入 $y=k_2x+b_2$，得 $k_2=-\dfrac{b}{3}$。

当 $\angle APB$ 为直角时，由勾股定理得 $[2^2+(7-b)^2]+3^2+(-b)^2=7^2+(-1)^2$。化简后得方程 $b^2-7b+6=0$，解之得 $b=1$ 或 $b=6$。

将方程 $b^2-7b+6=0$ 变形后得 $6=7b-b^2$，等号两边除以 $2b$ 得 $\dfrac{3}{b}=\dfrac{7-b}{2}$，即 $k_1k_2=-1$。

因此，$k_1k_2(k_1+k_2)=-(k_1+k_2)=\dfrac{b}{3}-\dfrac{7-b}{2}$。当 b 为 1 或 6 时，可得 $k_1k_2(k_1+k_2)=-\dfrac{8}{3}$ 或 $\dfrac{3}{2}$。

【例 16-6】　在直角坐标系中，已知四个点为 A（-8，3）、B（-4，5）、C（0，n）和 D（m，0）。当四边形 $ABCD$ 的周长最短时，求 $m:n$ 的值。

【分析】　通过网址 https://www.netpad.net.cn/svg.html#posts/362823 或者下面的二维码，打开相应的课件，如图 16-15 所示。也可以自己按下列步骤作图。

在网络画板中作出点 A（-8，3）、B（-4，5）、C（0，n）和 D（m，0）（注意 C、D 是可以拖动的点），连接 $ABCD$。拖动点 C（0，n）和 D（m，0），观察四边形 $ABCD$ 的周长的变化，考虑何时周长最短。

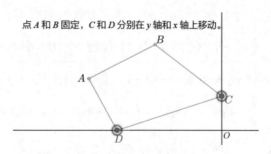

点 A 和 B 固定，C 和 D 分别在 y 轴和 x 轴上移动。

图 16-15　观察四边形 $ABCD$ 的周长何时最短

在四边形 $ABCD$ 的四条边中，AB 的长度是固定的，因此四边形 $ABCD$ 的周长最短意味着 $BC+CD+DA$ 取最小值。而 C、D 分别是 y 轴和 x 轴上的动点，

因此考虑作出 A、B 两点分别关于 x 轴和 y 轴的对称点 E、F（见图 16-16），问题转化为 $DE+DC+CF$ 何时最短。

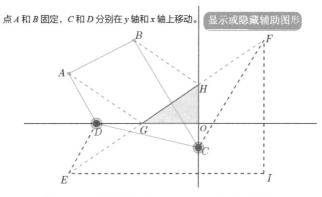

图 16-16 问题转化为 $DE+DC+CF$ 何时最短

【解】 作出 A、B 两点分别关于 x 轴和 y 轴的对称点 E、F。显然，当 D、C 两点在直线 FE 上时，$DE+DC+CF$ 最短。因为 $DE=DA$，$CF=BC$，所以这时四边形 $ABCD$ 的周长最短。利用相似三角形的性质容易求出 $\dfrac{m}{n}=-\dfrac{3}{2}$。

【例 16-7】 如图 16-17 所示，函数 $y=\dfrac{\sqrt{3}}{3}x+1$ 的图像分别与 x 轴、y 轴交于 A、B 两点，点 C 在第一象限内，$\triangle ABC$ 为等腰直角三角形，$\angle BAC=90°$，有一点 $P\left(a,\dfrac{1}{2}\right)$ 使 $\triangle ABP$ 和 $\triangle ABC$ 的面积相等，求 a 的值。

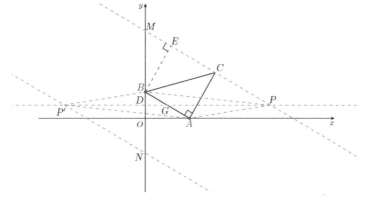

图 16-17 在直线 $y=\dfrac{1}{2}$ 上确定点 P，使 $\triangle ABP$ 和 $\triangle ABC$ 的面积相等

【分析】 通过网址 https://www.netpad.net.cn/svg.html#posts/362824 或者下面的二维码，打开相应的课件，如图 16-17 所示。也可以自己按下列步骤作图。

① 作一个以 AB 为底、面积与 $\triangle ABC$ 的面积相等的三角形。

② 找出所有以 AB 为底且面积与 $\triangle ABC$ 的面积相等的三角形的顶点的轨迹。

③ 找出符合条件的点 P。

以 AB 为底且面积与 $\triangle ABC$ 的面积相等的三角形的顶点的轨迹为与 AB 平行且与它的距离等于 BC 的两条直线，如图 16-17 所示。

【解1】 设与 AB 的距离等于 AC 且平行于 AB 的直线与直线 $y=\dfrac{1}{2}$ 相交于 P 和 P' 两点，则 $\triangle PAB$、$\triangle P'AB$ 和 $\triangle ABC$ 的面积相等。下面求这两条平行线的方程。由于它们与直线 $y=-\dfrac{\sqrt{3}}{3}x+1$ 平行，所以可设其方程为 $y=-\dfrac{\sqrt{3}}{3}x+b$。设它们与 y 轴分别交于点 M 和 N，自点 B 向直线 MC 引垂线 BE，容易求出 $OB=1$，$OA=\sqrt{3}$，于是 $BE=AB=AC=2$。容易看出 $\angle MBE=30°$，所以 $BM=\dfrac{4\sqrt{3}}{3}$。于是，可得点 M 和 N 的坐标分别为 $\left(0,1+\dfrac{4\sqrt{3}}{3}\right)$ 和 $\left(0,1-\dfrac{4\sqrt{3}}{3}\right)$，从而确定两条平行线的方程分别为 $y=-\dfrac{\sqrt{3}}{3}x+1+\dfrac{4\sqrt{3}}{3}$ 和 $y=-\dfrac{\sqrt{3}}{3}x+1-\dfrac{4\sqrt{3}}{3}$。把 $x=a$ 和 $y=\dfrac{1}{2}$ 代入上述方程，得 $a=\dfrac{\sqrt{3}}{2}+4$ 或 $\dfrac{\sqrt{3}}{2}-4$。

【解2】 如图 16-17 所示，容易看出 $\triangle BPP'$ 和 $\triangle ABC$ 的面积等于 2，而 $\triangle BPP'$ 的高为 0.5，故 $PP'=4$。又因为 $DG=\dfrac{OA}{2}=\dfrac{\sqrt{3}}{2}$，所以点 P 的横坐标为 $a=\dfrac{\sqrt{3}}{2}+4$，而点 P' 的横坐标为 $a=\dfrac{\sqrt{3}}{2}-4$。

【例16-8】 已知一次函数 $y=mx+4$ 具有以下性质：y 随 x 的增大而减小。直线 $y=mx+4$ 与直线 $x=1$ 和 $x=4$ 分别相交于点 A、D，且点 A 在第一象限内，直线 $x=1$ 和 $x=4$ 分别与 x 轴交于点 B、C，如图 16-18 所示。

① 要使四边形 $ABCD$ 为凸四边形，试求 m 的取值范围。

② 已知四边形 $ABCD$ 为凸四边形，直线 $y=mx+4$ 与 x 轴交于点 E，且 $\dfrac{ED}{EA}=\dfrac{4}{7}$，求一次函数 $f(x)=mx+4$ 的解析式。

③ 在②的已知条件下，直线 $y=mx+4$ 与 y 轴交于点 F，求证：点 D 是 $\triangle EOF$ 的外心。

【分析】 通过网址 https://www.netpad.net.cn/svg.html#posts/362826 或者下面的二维码，打开相应的课件。也可以自己按下列步骤作图。

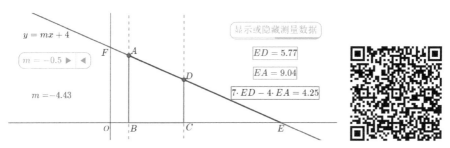

图 16-18 探究动直线为凸四边形的一条边时的性质

① 在全局坐标系中用菜单命令"直角坐标点"作点 A（1，$m+4$）、D（4，$4m+4$）、B（1，0）和 C（4，0）。

② 连接 A 和 D 作直线 $y=mx+4$，连接 A 和 B 作直线 $x=1$，连接 C 和 D 作直线 $x=4$。

③ 测量 m，拖动点 A 或用上、下箭头键微调其位置，观察四边形的形状和 m 的值的变化，思考符合条件①的参数 m 的取值范围。

④ 作直线 AD 与 x 轴、y 轴的交点 E、F。

⑤ 测量 ED 和 EA 的长度，再计算 $7\times ED-4\times EA$。

在课件中，拖动点 A 或用上、下箭头键微调其位置，考察 $7\times ED-4\times EA$ 接近 0 时 m 的值。若不能调整为 0，则可单击标有"$m=-0.5$"的按钮，仔细思考和观察。再根据要求进行计算，并通过实验验证你的答案。

要使四边形 $ABCD$ 为凸四边形，则只需要求点 D 位于点 C 的上方。由此可以确定 m 的取值范围。

【解】 ①对于一次函数 $y=mx+4$ 来说，y 随 x 的增大而减小。由此可知 $m<0$。解方程组 $\begin{cases} y=mx+4 \\ x=1 \end{cases}$ 和 $\begin{cases} y=mx+4 \\ x=4 \end{cases}$，得点 A、D 的坐标分别为（1，$m+4$）

和（4，$4m+4$）。因此，$4m+4>0$，$m>-1$。所以，要使四边形 $ABCD$ 为凸四边形，则 m 的范围应为 $-1<m<0$。

② 四边形 $ABCD$ 为凸四边形，且 $AB=m+4$，$CD=4m+4$。由 $\dfrac{ED}{EA}=\dfrac{4}{7}$ 可知，$\dfrac{CD}{AB}=\dfrac{4}{7}$，$\dfrac{4m+4}{m+4}=\dfrac{4}{7}$，$m=-\dfrac{1}{2}$。所以，一次函数 $f(x)=mx+4$ 的解析式为 $f(x)=-\dfrac{1}{2}x+4$，如图 16-19 所示。

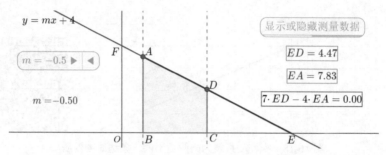

图 16-19   当 $\dfrac{ED}{EA}=\dfrac{4}{7}$ 时，D 为直角三角形 EOF 的斜边的中点

③ 由 $y=-\dfrac{1}{2}x+4$ 可得点 E 的坐标为（8，0），而由已知条件可知点 C 的坐标为（4，0）。因此，点 C（4，0）为 EO 的中点，点 D 为直角三角形 EOF 的斜边的中点，所以，点 D 为 $\triangle EOF$ 的外心。

第 17 章 ⊙ 二次函数

　　如果函数可用解析法表示，我们就能通过解析表达式挖掘出很多有关这个函数的信息，这对深入了解函数性质的帮助极大。例如，通过函数 $y=2x$ 的解析式，容易证明这个函数是增函数，它的图像是过原点且过第一、三象限的一条直线。由此可以进一步研究一次函数的性质和图像。

　　比一次函数略微复杂一些的是二次函数，它用自变量的二次式表示，其一般形式为 $y=ax^2+bx+c\ (a\neq 0)$。没有了一次项和常数项的二次函数是 $y=ax^2\ (a\neq 0)$。对它的解析式进行一些简单的分析，可以立刻了解它的性质和图像的大致轮廓。

　　例如，当 $a>0$ 时，因为 $x^2\geqslant 0$，可以得出 $ax^2\geqslant 0$，当且仅当 $x=0$ 时等号才成立。这说明对于任意自变量 x，这个函数都取非负值，当且仅当 $x=0$ 时函数取最小值 0，因此它的图像在第一、二象限且过原点。而对于任意 $x_2>x_1>0$，考察对应的函数值的差 y_2-y_1，因为 $y_2-y_1=a(x_2^2-x_1^2)=a(x_2+x_1)(x_2-x_1)>0$，于是 $y_2>y_1$，因此函数 $y=ax^2\ (a\neq 0)$ 在 $x>0$ 时是增函数，即当 x 增大时，y 也增大。

　　由于 $x>0$ 时，$a(-x)^2=ax^2$，而点 $(-x,y)$ 与点 (x,y) 关于 y 轴对称，所以这个函数的图像关于 y 轴对称。于是，由 y 轴右侧的函数图像的形状可以得知 y 轴左侧的函数图像的形状。y 轴（即直线 $x=0$）是这个函数图像的对称轴。在 y 轴的右侧，可以通过比较 ax^2 和 ax 的大小，想象 $y=ax^2$ 的图像与直线 $y=ax$ 的位置关系。事实上，由 $ax^2-ax=ax(x-1)$ 可知，当 $0<x<1$ 时，$ax^2<ax$；当 $x>1$ 时，$ax^2>ax$。于是我们可以得知，在 $0<x<1$ 时，$y=ax^2$ 的图像在直线 $y=ax$ 的下方；在 $x>1$ 时，$y=ax^2$ 的图像在直线 $y=ax$ 的上方。$y=ax^2$ 的图像的大致轮廓已经浮现在我们的眼前了！

　　你可以给定 a 的一个大于 0 的具体数值，通过列表、描点、连线的办法画出

函数 $y=ax^2$ 的图像，以验证上面得到的结果。当然，也可以在计算机上做下面的实验，并得出更复杂一些的二次函数 $y=a(x-h)^2+k$ 的图像。

【实验 17-1】 画出函数 $y=ax^2$ 和 $y=a(x-h)^2+k$ 的图像。

① 打开网络画板，按操作说明 16-1 介绍的方法画出函数 $y=ax^2$ 的图像，注意输入的函数表达式为"a*x^2"。

② 按操作说明 4-2 介绍的方法作出控制参数 a 的变量尺。

③ 选择变量尺上控制参数 a 变化的滑钮并拖动，观察函数 $y=ax^2$ 的图像的变化。

④ 思考并描述函数的增减性。

⑤ 思考 $a<0$ 时函数 $y=ax^2$ 的图像和性质以及 $y=ax^2$ 的图像与 $y=-ax^2$ 的图像的关系，并说明其中的理由。

我们看到了函数 $y=ax^2$ 的图像，它是过原点且以 y 轴（即直线 $x=0$）为对称轴的一条抛物线。当 $a>0$ 时，该抛物线的开口朝上；当 $a<0$ 时，该抛物线的开口朝下。我们把对称轴与抛物线的交点（0，0）叫作抛物线的顶点。

继续做实验 17-1，在计算机上画出函数 $y=a(x-h)^2+k$ 的图像并考察它与 $y=ax^2$ 的关系。

① 按操作说明 16-1 介绍的方法画出函数 $y=a(x-h)^2+k$ 的曲线，注意输入的函数表达式为"a*(x-h)^2+k"。

② 按操作说明 16-2 介绍的方法作出点 $A(h，k)$。

③ 过点 A 作平行于 y 轴或垂直于 x 轴的直线，此直线的函数为 $x=h$。

④ 按操作说明 4-2 介绍的方法作出控制 a、h、k 的变量尺。

通过网址 https://www.netpad.net.cn/svg.html#posts/362827 或者下页的二维码，打开相应的课件，可以看到实验结果，如图 17-1 所示。用变量尺改变 h、k，观察图像、对称轴以及顶点的变化，思考函数 $y=a(x-h)^2+k$ 的图像与 $y=ax^2$ 的关系，说明其中的道理。

把 $y=a(x-h)^2+k$ 展开，得到二次函数的一般形式 $y=ax^2-2ahx+(ah^2+k)$。设这个表达式中一次项的系数为 b，常数项为 c，比较系数后不难得到 $-2ah=b$，$ah^2+k=c$。由此可得 $h=-\dfrac{b}{2a}$，$k=\dfrac{4ac-b^2}{4a}$。

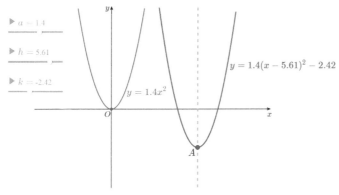

图 17-1　画出函数 $y=ax^2$ 和 $y=a(x-h)^2+k$ 的图像

反之，一般的二次函数 $y=ax^2+bx+c(a\neq0)$ 通过配方可以化为 $y=a\left(x+\dfrac{b}{2a}\right)^2+$ $\dfrac{4ac-b^2}{4a}$。这说明其图像是对称轴为 $x=-\dfrac{b}{2a}$、顶点为 $\left(-\dfrac{b}{2a},\ \dfrac{4ac-b^2}{4a}\right)$ 的抛物线。

【实验 17-2】　探讨二次函数 $y=ax^2+bx+c$ 的性质和图像。

通过网址 https://www.netpad.net.cn/svg.html#posts/362828 或者右侧的二维码，打开相应的课件，如图 17-2 所示。

① 用变量尺改变 a，观察抛物线的开口方向。

② 单击"P 运动"按钮，根据图像分不同的情况说明函数何时递增，何时递减，何时有最大（小）值。

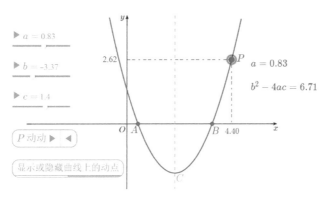

图 17-2　二次函数 $y=ax^2+bx+c$ 的图像和性质

③ 拖动有关变量尺的滑钮，改变二次函数的相应系数，思考图像的对称轴何时在 y 轴的右侧，何时在 y 轴的左侧。

④ 拖动有关变量尺的滑钮，改变二次函数的相应系数，思考图像何时与 x 轴有公共点。如果有，则有几个公共点？

通过这个实验，你能解答有关二次函数的最大（小）值的问题吗？你能用函数的观点处理二次方程与二次不等式的相关问题吗？

下面我们一起考虑一些问题。

【例 17-1】 证明：无论 a 取何值，抛物线 $y = x^2 + (a+1)x + \dfrac{1}{2}a + \dfrac{1}{4}$ 恒过定点，而且其顶点都在一条确定的抛物线上。

【分析】 我们先思考以下问题。

① 看懂题目了吗？已知条件是什么？这里说的是几条抛物线的顶点在一条确定的抛物线上？

② 给出 a 的几个具体数值，画出图像，看看要证明的结论对不对。

③ 再画一条，看看有什么现象。能否对观察到的现象进行说明？

④ 考虑在计算机上做实验，看看当 a 的取值改变时有什么现象。

通过网址 https://www.netpad.net.cn/svg.html#posts/362829 或者下面的二维码，打开相应的课件，如图 17-3 所示。也可以自己按下列步骤作图。

① 令 a 取 0、-1 或 1，画几条抛物线（参看操作说明 16-1）。

② 画出函数 $y = x^2 + (a+1)x + \dfrac{1}{2}a + \dfrac{1}{4}$ 的图像。

③ 创建参数 a 的变量尺（参看操作说明 4-2）。

观察几条抛物线经过同一点的现象，如图 17-3 所示。

再作坐标点 $\left(-\dfrac{a+1}{2}, -\dfrac{a^2}{4} \right)$，可以看出它恰好是抛物线 $y = x^2 + (a+1)x + \dfrac{1}{2}a + \dfrac{1}{4}$ 的顶点。选择函数 $y = x^2 + (a+1)x + \dfrac{1}{2}a + \dfrac{1}{4}$ 的图像，在右键菜单中单击"跟踪"命令。用鼠标拖动变量尺上的滑钮，观察抛物线留下的轨迹。如果感觉拖动不均匀，则可以作变量 a 的"动画"按钮。启动动画后看到的现象如图 17-4 所示。注意观察抛物线的顶点的运动轨迹，思考如何证明观察到的现象。

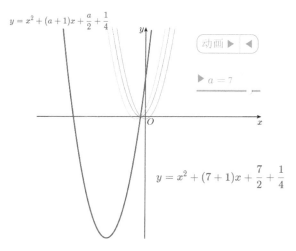

图 17-3　几条抛物线经过同一个点

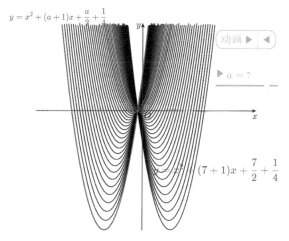

图 17-4　曲线族 $y = x^2 + (a+1)x + \frac{1}{2}a + \frac{1}{4}$ $(-6 < a < 6)$

【解】 抛物线 $y = x^2 - \frac{1}{4}$ 和 $y = x^2 + 2x + \frac{3}{4}$ 交于点 $\left(-\frac{1}{2},\ 0 \right)$, 可以证明无论 a 取何值, 抛物线 $y = x^2 + (a+1)x + \frac{1}{2}a + \frac{1}{4}$ 都过这一点。事实上, 当 $x = -\frac{1}{2}$ 时, $x^2 + (a+1)x + \frac{1}{2}a + \frac{1}{4} = \frac{1}{4} - \frac{a+1}{2} + \frac{a}{2} + \frac{1}{4} = 0$。所以, 无论 a 取何值, 抛物线 $y = x^2 + (a+1)x + \frac{1}{2}a + \frac{1}{4}$ 都过点 $\left(-\frac{1}{2},\ 0 \right)$。

由 $y = x^2 + (a+1)x + \frac{1}{2}a + \frac{1}{4} = \left(x + \frac{1}{2}\right)^2 + a\left(x + \frac{1}{2}\right)$ 可知，当 $x = -\frac{1}{2}$ 时，$y = 0$。

以下证明第二部分。

因为 $y = x^2 + (a+1)x + \frac{1}{2}a + \frac{1}{4} = \left(x + \frac{a+1}{2}\right)^2 - \frac{a^2}{4}$，所以抛物线的顶点为 $\left(-\frac{a+1}{2}, -\frac{a^2}{4}\right)$。解出 $a = -2x - 1$，将其代入 $y = -\frac{a^2}{4}$，得 $y = -x^2 - x - \frac{1}{4}$。这说明抛物线 $y = x^2 + (a+1)x + \frac{1}{2}a + \frac{1}{4}$ 的顶点都在抛物线 $y = -x^2 - x - \frac{1}{4}$ 上。

在上述例题中要作四条函数曲线，其中一条的表达式含有参数，另外三条是在参数取特殊值时得到的。通常在作图时要输入表达式四次，比较烦琐。利用网络画板能够定义函数的功能，大大简化操作过程。

【操作说明 17-1】 定义函数并求值。

执行网络画板的菜单命令"自定义函数"，可以在弹出的对话框中定义函数。利用定义函数的功能，可以使函数求值操作大大简化，对于含有参数的函数来说更为方便。

以例题 17-1 中的函数 $y = x^2 + (a+1)x + \frac{1}{2}a + \frac{1}{4}$ 为例，在"自定义函数"对话框中选择函数类型"f(x)"，定义函数名为"f"，在英文状态下输入表达式"x^2+(a+1)*x+1/2*a+1/4"，如图 17-5 所示。单击"确定"按钮，函数 $f(x)$ 定义成功。

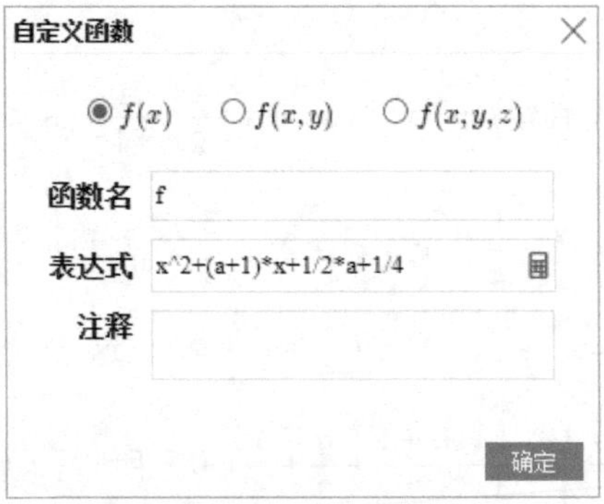

图 17-5　自定义函数 $f(x) = x^2 + (a+1)x + \frac{1}{2}a + \frac{1}{4}$

如果你要计算 $a=3$ 且 $x=5$ 时表达式 $5^2+(3+1)\times 5+\dfrac{1}{2}\times 3+\dfrac{1}{4}$ 的值，则需要先创建变量 a，设置其当前值为 3，再在"计算"一栏中输入"f（5）"，单击"确定"按钮，如图 17-6 所示。

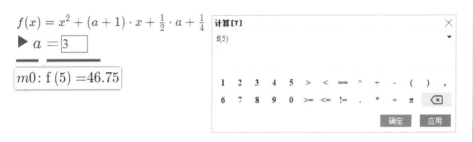

图 17-6　定义函数后求函数值

【例 17-2】 ①把抛物线 $y=2x^2$ 向右平移 p 个单位，或向下平移 q 个单位，都能使它与直线 $y=x-4$ 恰好有一个交点，求 p、q 的值。

② 把抛物线 $y=2x^2$ 向左平移 p 个单位，再向上平移 q 个单位，得到的抛物线经过点（1，3）和（4，9），求 p、q 的值。

【分析】 首先思考以下问题。

① 已知条件是什么？能否换个方式表述已知条件？

② 由抛物线与直线 $y=x-4$ 恰好有一个交点可以想到什么？

③ 本题中的未知数有几个，它们都是什么？需要得到什么就可以解出未知数？

画出图形有助于深入了解题意，在计算机上画出相应的图形更便于考察动态变化过程。

通过网址 https://www.netpad.net.cn/svg.html#posts/362830 或者下面的二维码，打开相应的课件，如图 17-7 所示。也可以自己按下列步骤作图。

① 对于函数 $y=2（x+p）^2+q$，它的图像是把原抛物线 $y=2x^2$ 向左平移 p 个单位、向上平移 q 个单位后得到的。假

设 $y=2x^2$ 的图像是原抛物线，那么 $y=2(x-p)^2$ 的图像是原抛线向右平移 p 个单位后得到的抛物线，$y=2x^2-q$ 的图像是原抛线向下平移 q 个单位后得到的抛物线。

② 在自定义的坐标系中作出 $y=2x^2$，$y=2(x-p)^2$，$y=2x^2-q$ 和 $y=2(x+p)^2+q$ 这四个函数的曲线，依次将其着色为黑色、红色、蓝色和绿色。

③ 根据操作说明16-2，作出可拖动的坐标点 $A(p, 0)$ 和 $B(0, q)$。

④ 测量 p 和 q。

在课件中隐藏绿色曲线，拖动点 $A(p, 0)$ 时观察红色抛物线与直线 $y=x-4$ 相切时 p 的数值，拖动点 $B(0, q)$ 时观察蓝色抛物线与直线 $y=x-4$ 相切时 q 的数值，如图17-7所示。实际上，你不可能拖动得像课件中显示的那样准确。课件中的图像是用"动画"按钮控制两个数值准确定位的。

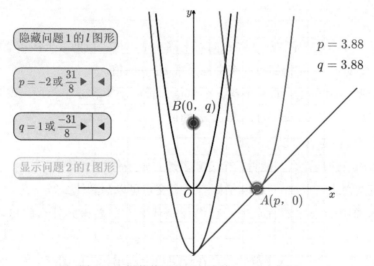

图17-7　抛物线平移后与直线 $y=x-4$ 相切

继续探究下一个问题。作点 $C(1, 3)$ 和 $D(4, 9)$，隐藏上一个问题中的有关图形并显示绿色曲线。拖动点 A 和 B，考察抛物线 $y=2(x+p)^2+q$ 过点 C 和 D 时 p 和 q 的数值，如图17-8所示。课件中的图像也是用"动画"按钮控制数值准确定位的。

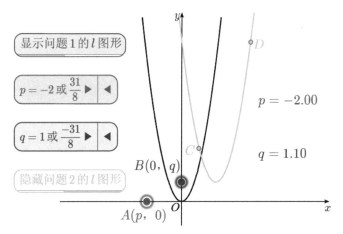

图 17-8 抛物线平移后恰好过两个指定的点

【解】 ①把抛物线 $y=2x^2$ 向右平移 p 个单位后得到的抛物线方程为 $y=2(x-p)^2$，所以要考虑下列方程组有唯一解的条件。

$$\begin{cases} y=x-4 \\ y=2(x-p)^2 \end{cases}$$

消去 y，得 $2(x-p)^2=x-4$，即 $2x^2-(4p+1)x+2p^2+4=0$。该方程有两个相等的实根的条件是判别式 $\Delta=(4p+1)^2-4\times2\times(2p^2+4)=0$，解之得 $p=\dfrac{31}{8}$。

把抛物线 $y=2x^2$ 向下平移 q 个单位后得到的抛物线方程为 $y=2x^2-q$，所以要考虑下列方程组有唯一解的条件。

$$\begin{cases} y=x-4 \\ y=2x^2-q \end{cases}$$

消去 y，得 $2x^2-p=x-4$，即 $2x^2-x+4-q=0$。由于该方程有两个相等的实根，所以判别式 $\Delta=1-4\times2\times(4-q)=0$，解之得 $q=\dfrac{31}{8}$。

② 把抛物线 $y=2x^2$ 向左平移 p 个单位、向上平移 q 个单位后得到的抛物线方程为 $y=2(x+p)^2+q$。根据已知条件有：

$$\begin{cases} 3=2(1+p)^2+q \\ 9=2(4+p)^2+q \end{cases}$$

解之得 $\begin{cases} p=-2 \\ q=1 \end{cases}$。

这组解表示把抛物线向右平移两个单位、向上平移一个单位时抛物线过点(1，3)和(4，9)。

【例 17-3】   如图 17-9 所示，在梯形 $ABCD$ 中，$AB \perp BC$，$\angle BCD = 30°$，$BC = 6$，$AD \leqslant 3$，点 E、F 同时从 B 点出发向点 C 运动，点 E 的速度是每秒 1 个单位，点 F 的速度是每秒 2 个单位。以 EF 为一边作等边三角形，它与梯形的公共部分的面积随点 E 的运动而变化。设此面积为 y，点 E 运动的时间为 x，求 y 与 x 的函数关系式。

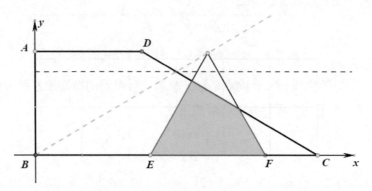

图 17-9   探索等边三角形与梯形的公共部分的面积的变化规律

【分析】   首先思考以下问题。

① 看清楚题目，已知条件是什么？要求的是什么？能否背诵一下题目？

② 怎么理解等边三角形与梯形的公共部分的面积随点 E 的运动而变化？能否画图说明？

③ 能否对点 E 的运动时间 x 进行分类？每一类图形有什么特点？

可能这时你已经能够想清楚解决这个问题的思路，请把解答过程写出来，然后通过课件进行对照分析。也可以直接通过课件进行模拟实验，这有助于加深你对问题的理解。

通过网址 https://www.netpad.net.cn/svg.html#posts/362831 或者下页的二维码，打开相应的课件，如图 17-10 所示。将点 A 拖到红色虚线的上方。拖动点 E，思考应该怎样分类解答此题。如果找不到思路，则单击左方有关辅助图形的按钮，找到适当的图形提示。曲线表示面积的变化。

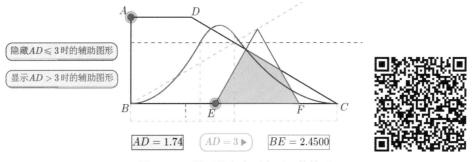

图 17-10 梯形的上底不大于 3 的情形

建议进一步思考 $AD > 3$ 的情形。将点 A 拖到红线虚线的下方，拖动点 E 进行实验。单击左方有关辅助图形的按钮，可以找到适当的图形提示，如图 17-11 所示。这时出现了五边形的新情况。

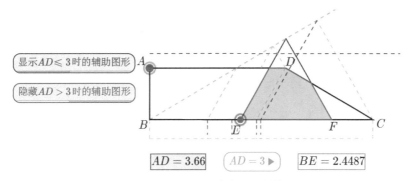

图 17-11 梯形的上底大于 3 的情形

【解】 $AD \leqslant 3$ 时，有以下三种情况。

第一种情况：$x \leqslant 2$，公共部分为等边三角形。

这时，$BE = EF = x$，$y = \dfrac{\sqrt{3}}{4} x^2$。

第二种情况：$2 < x < 3$，公共部分为四边形，我们可以将其看成在一个直角三角形上剪去一个等腰三角形后得到的图形。这时，$CE = 6 - x$，$CF = 6 - 2x$。

直角三角形的面积为 $\dfrac{\sqrt{3}}{8}(6-x)^2$，等腰三角形的面积为 $\sqrt{3}(3-x)^2$，所以

$$y = \sqrt{3}\left[\frac{(6-x)^2}{8} - (3-x)^2\right]。$$

第三种情况：$3 \leqslant x \leqslant 6$，公共部分为一个直角三角形，如图 17-12 所示。这

时，$CE = 6 - x$，$y = \dfrac{\sqrt{3}}{8}(6 - x)^2$。

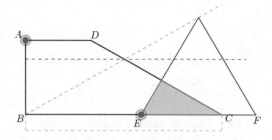

图 17-12　公共部分为直角三角形时的情形

以上是针对 $AD \leqslant 3$ 的情形的解答，将 $AD > 3$ 的情形留给你思考。

【例 17-4】　已知二次函数 $y = ax^2$（$a \geqslant 1$）的图像上有两点 A、B，它们的横坐标分别是 -1 和 2，O 是坐标原点。如果 $\triangle OAB$ 是直角三角形，求它的周长。

【分析】　首先思考以下问题。

① 画个草图帮助理解题意，已知条件是什么？

② $\triangle OAB$ 是直角三角形时有几种可能性？

③ 这个直角三角形的三条边的长度能用 a 表示吗？

通过网址 https://www.netpad.net.cn/svg.html#posts/362833 或者下面的二维码，打开相应的课件，如图 17-13 所示。也可以自己按下列步骤作图。

① 作出抛物线 $y = ax^2$（$a \geqslant 1$）。

② 作出点 A（-1，a）和 B（2，$4a$），并连接 OA、OB 和 AB。

③ 作出可用鼠标拖动的点（a，0）或控制 a 变化的"动画"按钮。

④ 测量并计算 $\triangle OAB$ 的周长。

在课件中，改变 a 的数值，观察 $\triangle OAB$ 的周长的变化。

【解】　计算 OA、OB 和 AB 的长度。$OA = \sqrt{1 + a^2}$，$OB = \sqrt{4 + 16a^2}$，$AB = \sqrt{9 + 9a^2}$，显然 OA 不可能为直角三角形的斜边。以下讨论两种情况。

① $OB = \sqrt{4 + 16a^2}$ 为直角三角形的斜边。

$$4 + 16a^2 = 1 + a^2 + 9 + 9a^2$$

$$6a^2 = 6$$

$$a = 1$$

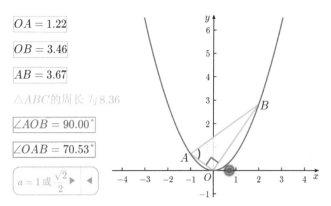

图 17-13　改变 a 的数值，观察△OAB 的周长的变化

这时，△OAB 的周长为 $\sqrt{2}+\sqrt{20}+\sqrt{18}=4\sqrt{2}+2\sqrt{5}$。

② $AB=\sqrt{9+9a^2}$ 为直角三角形的斜边。

$$9+9a^2=1+a^2+4+16a^2$$

$$8a^2=4$$

$$a=\frac{\sqrt{2}}{2}\text{（不合题意）}$$

所以，△OAB 的周长为 $4\sqrt{2}+2\sqrt{5}$。

【例 17-5】　已知抛物线 $y=-\dfrac{x^2}{4}+\dfrac{5x}{2}$ 与 x 轴交于点 A，点 B（2，n）在此抛物线上，P 为 OA 上的一个动点，如图 17-14 所示。

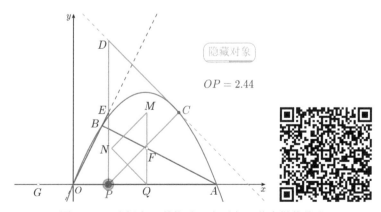

图 17-14　选择点 P 并拖动，直至点 C 落在抛物线上

① 过点 P 引 x 轴的垂线与直线 OB 交于点 E，延长 PE 到点 D，使得

$ED=PE$。以 PD 为斜边向右作等腰直角三角形 PDC。OP 为何值时，点 C 在此抛物线上？

②　在点 P 从点 O 向点 A 运动的同时，点 Q 从点 A 向点 O 运动。已知点 P 的速度为每秒 1 个单位，点 Q 的速度为每秒 2 个单位。过点 Q 引 x 轴的垂线与直线 AB 交于点 F，延长 QF 到点 M，使得 $FM=QF$。以 QM 为斜边向左作等腰直角三角形 QMN。点 P 出发几秒时这两个三角形有一条边在同一条直线上？（根据 2010 年北京市中考题改编。）

【分析】　首先思考以下问题。

①　题目较长，要看懂题目，最好画个图。已知条件是什么？

②　由等腰直角三角形 PDC 可以想到什么？点 C 在抛物线上又意味着什么？这样解答第一个问题的思路就有了。

③　对于第二个问题也需要画个图，考虑会出现什么情况。

通过网址 https://www.netpad.net.cn/svg.html#posts/362834 或者上页的二维码，打开相应的课件，如图 17-14 所示。

①　用鼠标选择点 P 并拖动，直至点 C 落在抛物线上。

②　测量 OP 值。

③　在课件中单击"显示对象"按钮，屏幕上将出现等腰三角形 QMN。

④　选择点 P 并拖动，考察符合第二个问题的要求的所有情况，如图 17-15 所示。

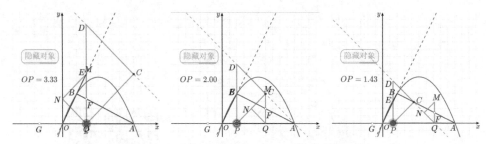

图 17-15　两个三角形有一条边共线的三种情况

【解】　①　因为点 B 在抛物线 $y=-\dfrac{x^2}{4}+\dfrac{5}{2}x$ 上，容易计算出点 B 的坐标为（2，4），所以直线 OB 的函数为 $y=2x$。设 $OP=a$，则 $PE=2a$，$EC=2a$。

求得点 C 的坐标为（$3a$，$2a$）。

把点 C 的坐标 $(3a, 2a)$ 代入 $y = -\dfrac{x^2}{4} + \dfrac{5}{2}x$，得 $2a = -\dfrac{1}{4} \times (3a)^2 + \dfrac{5}{2} \times 3a$，即

$\dfrac{9}{4}a^2 - \dfrac{11}{2}a = 0$。由此可知，$a_1 = \dfrac{22}{9}$，$a_2 = 0$（舍去）。所以，$OP = \dfrac{22}{9}$，如图 17-14

所示。

② 第一种情况：点 P、Q 重合。此时，OP、AQ 可分别表示为 t 个单位和 $2t$

个单位。所以，$t + 2t = 10$，$t = \dfrac{10}{3}$，见图 17-15 中的左图。

第二种情况：两个三角形有一条直角边部分重合。容易求出直线 AB 的函数

为 $y = -\dfrac{1}{2}(x - 10)$。由 $OP = t$ 和 $QA = 2t$ 不难求出 $QF = t$，$FM = t$，$NF = t$，于是可

得 $PQ = 2t$。而 $OA = t + 2t + 2t = 10$，所以 $t = 0$，见图 17-15 中的中图。

第三种情况：两个三角形有一条直角边在同一条直线上。因为 $OP = t$，$PE = 2t$，

$PD = 4t$，$QA = 2t$，于是 $OA = t + 4t + 2t = 10$，所以 $t = \dfrac{10}{7}$，见图 17-15 中的右图。

【例 17-6】 已知方程 $x^2 + (2k - 1)x - k + 1 = 0$。

① k 取何值时，方程的一个根为正，另一个根为负？

② k 取何值时，方程的两个根都是正数？

③ k 取何值时，方程的一个根大于 1，另一个根小于 1？

【分析】 首先思考以下问题。

① 能否用函数的观点解决有关方程的问题？

② 关于二次函数的图像，可以想到什么？

③ 二次方程的根与系数的关系对解答此题有帮助吗？

通过网址 https://www.netpad.net.cn/svg.html#posts/362836 或者下面的二维码，

打开相应的课件，如图 17-16 所示。也可以自己按下列步骤

作图。

① 画出函数 $y = x^2 + (2k - 1)x - k + 1$ 的图像。

② 作出可拖动的坐标点 $(k, 0)$。

③ 测量 k。

在课件中，拖动点 $(k, 0)$，思考函数图像与 x 轴的交点的位置和 k 的关系。

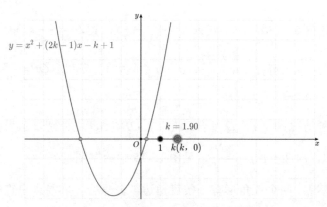

图 17-16 观察函数图像与 x 轴的交点的位置

【解】 设方程有两个实根 x_1 和 x_2，则 $\Delta = 4k^2 - 3 \geqslant 0$，即 $|k| \geqslant \dfrac{\sqrt{3}}{2}$。这是三个问题都要满足的必要条件。

① 函数 $y = x^2 + (2k-1)x - k + 1$ 的图像的开口向上，它与 y 轴的交点的纵坐标为 $-k+1$。因此，$-k+1 < 0$（即 $k > 1$）时 $\left(满足必要条件 |k| \geqslant \dfrac{\sqrt{3}}{2}\right)$，抛物线与 x 轴的交点位于原点的两侧。所以，方程的一个根为正，另一个根为负。

另解：由题意可知 $x_1 \cdot x_2 < 0$，因此 $x_1 \cdot x_2 = -k+1 < 0$，由此得到 $k > 1$。反之，当 $k > 1$ 时，方程的一个根为正，另一个根为负。

② 这两个交点应该在原点的右侧，因此对称轴在原点的右侧 $\Leftrightarrow -\dfrac{2k-1}{2} > 0$，且图像与 y 轴的交点在原点的上方 $\Leftrightarrow f(0) = -k+1 > 0$。此外，还要满足必要条件 $|k| \geqslant \dfrac{\sqrt{3}}{2}$，故得 $k \leqslant -\dfrac{\sqrt{3}}{2}$。

③ 将抛物线向左平移一个单位，得 $y_1 = (x+1)^2 + (2k-1)(x+1) - k + 1$。化简后得 $y_1 = x^2 + (2k+1)x + k + 1$。而方程 $x^2 + (2k+1)x + k + 1 = 0$ 的一个根为正、另一个根为负的条件是 $k + 1 < 0$，所以当 $k < -1$ 时 $\left(满足必要条件 |k| \geqslant \dfrac{\sqrt{3}}{2}\right)$，方程 $x^2 + (2k-1)x - k + 1 = 0$ 的一个根大于 1，另一个根小于 1。

另解：由题意可知 $(x_1 - 1) \cdot (x_2 - 1) < 0$，$x_1 \cdot x_2 - (x_1 + x_2) + 1 < 0$，然后由韦达定理得 $(-k+1) - (1 - 2k) + 1 < 0$，解之得 $k < -1$。

反之，当 $k < -1$ 时，方程 $x^2 + (2k-1)x - k + 1 = 0$ 的一个根大于 1，另一个

根小于 1。

【例 17-7】 设方程 $|x^2+ax|=4$ 只有三个不相等的实根，求 a 的值和相应的三个根。

【分析】 首先思考以下问题。

① 二次函数 $y=x^2+ax$ 的图像具有什么特点？

② 把方程改写为 $x^2+ax=4$，它能有三个不相等的实根吗？为什么？

③ $y=|x^2+ax|$ 的图像与 $y=x^2+ax$ 的图像有怎样的关系？这个方程只有三个不相等的实根在图像上怎样反映？

可以就不同的情况画几幅图或者在计算机上做实验。

通过网址 https://www.netpad.net.cn/svg.html#posts/362837 或者下面的二维码，打开相应的课件，如图 17-17 所示。也可以自己按下列步骤作图。

① 作出函数 $y=|x^2+ax|$ 的图像和直线 $y=4$。

② 作出可拖动的坐标点 $(a,0)$。

在课件中，选择点 $(a,0)$ 并拖动，观察 a 的取值的变化对函数 $y=|x^2+ax|$ 的图像和直线 $y=4$ 的交点有何影响。

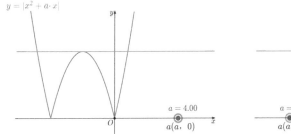
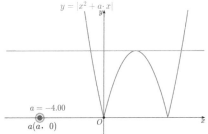

图 17-17　观察 a 的取值的变化对函数 $y=|x^2+ax|$ 的图像和直线 $y=4$ 的交点有何影响

【解】 函数 $y=|x^2+ax|$ 的图像可以看成由以下两部分组成：函数 $y_1=x^2+ax$（$x^2+ax \geqslant 0$）和 $y_2=-x^2-ax$（$x^2+ax<0$）。而直线 $y=4$ 总与 $y_1=x^2+ax$ 的图像有两个交点，因此只要它与 $y_2=-x^2-ax$ 只有一个公共点，方程 $|x^2+ax|=4$ 就只有三个不相等的实根。

$y_2=-x^2-ax=-\left(x+\dfrac{a}{2}\right)^2+\dfrac{a^2}{4}$，所以当且仅当 $\dfrac{a^2}{4}=4$ 时，方程只有三个不相等的实根，解之得 $a=\pm 4$。

当 $a=4$ 时，方程 $|x^2+4x|=4$ 的根为 $-2\pm2\sqrt{2}$ 和 -2，见图17-17中的左图；当 $a=-4$ 时，方程 $|x^2-4x|=4$ 的根为 $2\pm2\sqrt{2}$ 和 2，见图17-17中的右图。

【例17-8】 已知二次方程 $x^2-x+1-m=0$ 的两个根为 x_1 和 x_2，满足 $|x_1|+|x_2|\leqslant5$，求实数 m 的取值范围。

【分析】 请思考以下问题。

① 抛物线 $y=x^2-x+1-m$ 有什么特点？

② m 对抛物线的位置有什么影响？

③ m 对方程的根有什么影响？

④ 还记得绝对值的定义吗？如何理解 $|x_1|+|x_2|\leqslant5$，这时你的脑子里可能已经这个题目的解题思路了。如果一时还想不清楚，则可以在计算机上做下面的实验。

───── 【操作说明17-2】 作二次方程的曲线（圆锥曲线）。 ─────

你当然可以用上面的方法得到二次函数的图像，这里介绍的是另外一种画抛物线的方法，通过这种方法可以更方便地得到抛物线和直线的交点。

网络画板提供了7个作圆锥曲线的菜单命令，还可以利用隐函数方程作图，不需任何选择，直接单击菜单项即可弹出图17-18所示的对话框。

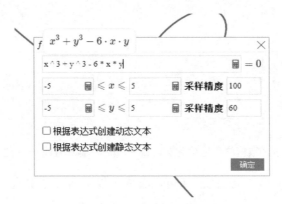

图17-18　利用隐函数方程作图

下面介绍一般圆锥曲线的作图方法，你可以先不去追究"圆锥曲线"一词，按照说明进行操作就行了。其实，我们学过的二次函数的图像抛物线只不过是圆锥曲线中的一种。对于圆锥曲线中的椭圆和双曲线，你可以通过作图对它们有一个初步的认识，也可以暂时跳过这段内容。

使用网络画板的菜单命令"圆锥曲线第一定义 |···"（见图 17-19），可以在多种不同的条件下作圆锥曲线。

图 17-19　作圆锥曲线的菜单命令

作圆锥曲线时，都要先选择相应的几何对象。以作标准椭圆为例，单击相应的菜单命令后，在弹出的对话框中进行设置即可，如图 17-20 所示。

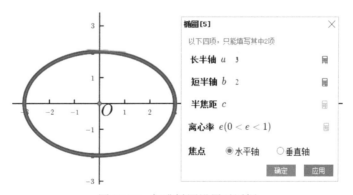

图 17-20　标准椭圆设置对话框

利用"圆锥曲线第二定义"菜单命令作图时，要先选择一条线（线段）和一个点（该点不在这条线上）作为准线和焦点，然后在弹出的对话框里输入离心率数值或表达式，再按 Enter 键。

利用"圆锥曲线第一定义"菜单命令作图时，需要选择三个点，且第三个点不在前两个点确定的直线上，然后在弹出的对话框里选择曲线类型即可。

通过网址 https://www.netpad.net.cn/svg.html#posts/362838 或者下面的二维码，打开相应的课件，如图 17-21 所示。也可以自己按下列步骤作图。

① 按操作说明 17-2 所介绍的方法作隐函数方程 $y=x^2-x+1-m$ 的曲线。

② 按操作说明 4-2 所介绍的方法建立可控制 m 变化的变量尺。

③ 拖动变量尺上的滑钮，调整 m，使曲线与 x 轴相交。

④ 用智能画笔作出曲线与 x 轴的交点 A 和 B。

⑤ 连 OA、OB，测量它们的长度，并计算二者的和。

如图 17-21 所示，改变 m 的取值，观察 OA 和 OB 的长度的变化。

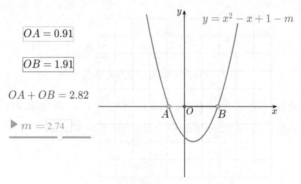

图 17-21　观察 OA 和 OB 之和的变化

【解】　抛物线 $y=x^2-x+1-m$ 的对称轴为 $x=\dfrac{1}{2}$，因此，如果方程 $x^2-x+1-m=0$ 有实根的话，大根一定大于 $\dfrac{1}{2}$。

如果 $1-m\geqslant 0$（即 $m\leqslant 1$）时方程的两个实根为非负数，则当 $\dfrac{3}{4}\leqslant m\leqslant 1$ 时，$|x_1|+|x_2|=x_1+x_2=1$。

当 $m>1$ 时，方程有一个正根 x_1 和一个负根 x_2，$|x_1|+|x_2|=x_1-x_2$。$|x_1|+|x_2|\leqslant 5 \Leftrightarrow (x_1-x_2)^2\leqslant 25$，即 $(x_1+x_2)^2-4x_1x_2\leqslant 25$，$1^2-4(1-m)\leqslant 25$，解之得 $m\leqslant 7$。

综上所述，当 $\dfrac{3}{4}\leqslant m\leqslant 7$ 时，方程 $x^2-x+1-m=0$ 的两个根 x_1 和 x_2 满足 $|x_1|+|x_2|\leqslant 5$。

【例 17-9】　设 a 为参数，解关于 x 的不等式 $ax^2-(a+1)x+1<0$。

【分析】　这是一个一元二次不等式。

① 当 $a=0$ 时，不等式为 $-x+1<0$，解为 $x>1$。

② 当 $a \neq 0$ 时，不等式的左边是二次函数 $y=ax^2-(a+1)x+1$，你能用数形结合的方法解释一元二次不等式吗？不妨画几个图或者在计算机上做实验，看看参数 a 的变化对不等式的解有什么影响。

③ $y=ax^2-(a+1)x+1$ 的图像为过点（1，0）的抛物线，考察该抛物线在 x 轴以下的部分。

通过网址 https://www.netpad.net.cn/svg.html#posts/362840 或者下面的二维码，打开相应的课件。也可以自己按下列步骤作图。

① 作出函数 $y=ax^2-(a+1)x+1$ 的图像。

② 作出控制参数 a 的变化的变量尺。

如图 17-22 所示，拖动变量尺上的滑钮改变 a 的值，观察函数图像与 x 轴的位置关系，通过计算得出不等式的解，并与实验结果对照。

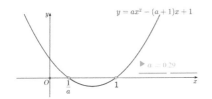 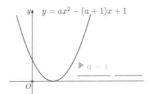 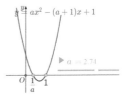

图 17-22　当 $a>0$ 时，改变 a 的取值，观察函数图像上的红色部分

【解】　① 当 $a=0$ 时，不等式为 $-x+1<0$，$x>1$。

② 当 $a>0$ 时，$ax^2-(a+1)x+1<0$ 可以化为 $\left(x-\dfrac{1}{a}\right)(x-1)<0$。当 $a=1$ 时，不等式无解；当 $0<a<1$ 时，$1<x<\dfrac{1}{a}$；$a>1$ 时，$\dfrac{1}{a}<x<1$。

③ 当 $a<0$ 时，$ax^2-(a+1)x+1<0$ 可以化为 $\left(x-\dfrac{1}{a}\right)(x-1)>0$，不等式的解在两根之外，即 $x>1$ 或 $x<\dfrac{1}{a}$，如图 17-23 所示。

【例 17-10】　若抛物线 $y=x^2+ax+2$ 与连接两点 M（0，1）和 N（2，3）的线段（包括 M、N 两点）有两个相异的交点，求 a 的取值范围。

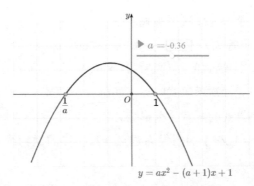

图 17-23　当 $a < 0$ 时，改变 a 的值，观察函数图像上的红色部分

【分析】　首先思考以下问题。

①　抛物线 $y = x^2 + ax + 2$ 具有怎样的特点？

②　抛物线在什么条件下不与线段 MN 相交？

③　需要满足几个条件时抛物线才与线段 MN 有两个不同的交点？

想清楚以上问题后就不难求出满足条件的参数 a 的取值范围了。

通过网址 https://www.netpad.net.cn/svg.html#posts/362841 或者下面的二维码，打开相应的课件，如图 17-24 所示。也可以自己按下列步骤作图。

①　按操作说明 17-2 介绍的方法作二次方程 $y = x^2 + ax + 2$ 的曲线。

②　用菜单命令作出整数点 M（0，1）和 N（2，3）并连接这两个点。

③　按操作说明 4-2 介绍的方法插入控制 a 的变量尺，或作可拖动的点（a，0）。

④　利用智能画笔作出抛物线 $y = x^2 + ax + 2$ 与线段 MN 的交点。

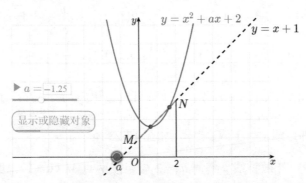

图 17-24　改变参数 a 的值，观察抛物线与线段的交点的个数

在课件中，拖动变量尺上的滑钮，改变参数 a 的值，观察抛物线与线段 MN 的交点的个数。

单击"显示或隐藏对象"按钮，可将本题转化为另一个函数的零点分布问题（见图 17-25），有助于理解后面的解答过程。

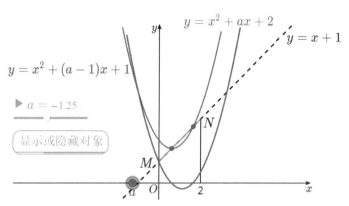

图 17-25　将本题转化为另一个函数的零点分布问题

【解 1】　设过点 M、N 的直线方程为 $y=kx+b$。根据直线经过点 M（0，1）得 $y=kx+1$，又由直线经过点 N（2，3）得 $k=1$，所以过点 M、N 的直线的方程为 $y=x+1$。下面考虑抛物线与直线相交的条件。

把 $y=x+1$ 代入 $y=x^2+ax+2$，得 $x^2+(a-1)x+1=0$。由判别式 $(a-1)^2-4>0$ 得 $a<-1$ 或 $a>3$。

考虑到抛物线与线段 MN 相交，故舍去 $a>3$（想想为什么）。把 $x=2$ 和 $y=3$ 代入 $y=x^2+ax+2$，得到 $a=-\dfrac{3}{2}$。所以，满足条件的 a 的取值范围是 $-\dfrac{3}{2}\leqslant a<-1$。

【解 2】　抛物线 $y=x^2+ax+2$ 与线段 MN 有两个交点的条件如下。

① 在区间 [0，2] 的两端有 $x^2+(a-1)x+1\geqslant0$，由 $4+2(a-1)+1\geqslant0$ 推导出 $a\geqslant-\dfrac{3}{2}$。

② 在（0，2）内，$x^2+(a-1)x+1$ 的最小值为负数，由此推导出 $0<\dfrac{1-a}{2}<2$ 且 $\dfrac{(1-a)^2}{4}-\dfrac{(1-a)^2}{2}+1<0$。前者等价于 $-3\leqslant a\leqslant1$，后者等价于 $(1-a)^2>4$，即 $a<-1$ 或 $a>3$。

综合这些条件解得 $-\dfrac{3}{2} \leqslant a < -1$。

【例 17-11】　方程 $x^2-4x+3a^2-2=0$ 在区间 $[-1，1]$ 上有实根，求实数 a 的取值范围。

【分析】　首先思考以下问题。

① 抛物线 $y=x^2-4x+3a^2-2$ 具有什么特点？

② 这说明方程 $x^2-4x+3a^2-2=0$ 的根有什么特点？

③ 题目要求方程在区间 $[-1，1]$ 上有实根，在图上如何解释这个要求？你可以画几幅图，也可以在计算机上观察实数 a 的变化对方程的根的影响。

通过网址 https://www.netpad.net.cn/svg.html#posts/362842 或者下面的二维码，打开相应的课件，如图 17-26 所示。也可以自己按下列步骤作图。

① 按操作说明 17-2 作二次方程 $y=x^2-4x+3a^2-2$ 的图像。

② 作抛物线 $y=x^2-4x+3a^2-2$ 的对称轴。

③ 插入控制 a 的变量尺，或作可以拖动的点 $(a，0)$。

④ 用智能画笔作出抛物线 $y=x^2-4x+3a^2-2$ 与 x 轴的交点。

在课件中，拖动变量尺上的滑钮改变参数 a 的值，或选择点 $(a，0)$，用左、右箭头键进行微调，观察抛物线与 x 轴的交点，再通过计算求满足已知条件的 a 的取值范围。

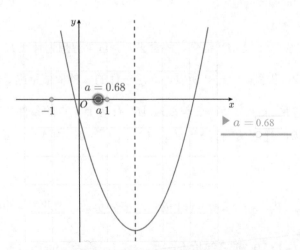

图 17-26　改变参数 a 的值，观察抛物线与 x 轴的交点

【解】　设 $f(x)=x^2-4x+3a^2-2$，注意此函数在区间 $[-1，1]$ 上递减。题目

要求方程 $x^2-4x+3a^2-2=0$ 在区间 $[-1,1]$ 上有实根，该问题可以转化为考察 $f(-1) \geqslant 0$ 且 $f(1) \leqslant 0$ 的情形。

当 $x=-1$ 时，$f(-1)=3a^2+3>0$。

当 $x=1$ 时，$f(1)=3a^2-5 \leqslant 0$。

解之得 $|a| \leqslant \dfrac{\sqrt{15}}{3}$。

所以，当 $|a| \leqslant \dfrac{\sqrt{15}}{3}$ 时，方程 $x^2-4x+3a^2-2=0$ 在区间 $[-1,1]$ 上有实根。

【例 17-12】 在坐标平面上，纵坐标与横坐标都是整数的点称为整点，试在二次函数 $y=\dfrac{1}{10}x^2-\dfrac{x}{10}+\dfrac{9}{5}$ 的图像上找出所有满足 $y \leqslant |x|$ 的整点 (x, y) 并说明理由。

【分析】 首先思考以下问题。

① 你知道所有坐标满足 $y=x$ 的点在直角坐标系中组成什么样的图形吗？

② 所有坐标满足 $y \leqslant x$ 的点构成了什么样的区域？

③ 进一步想想如何处理有关绝对值的问题，在平面上画出满足 $y \leqslant |x|$ 的区域。

④ 画出二次函数 $y=\dfrac{1}{10}x^2-\dfrac{x}{10}+\dfrac{9}{5}$ 的图像，你就不难得到这个问题的解答了。

通过网址 https://www.netpad.net.cn/svg.html#posts/362843 或者右侧的二维码，打开相应的课件，如图 17-27 所示。也可以自己按下列步骤作图。

① 按操作说明 9-1 介绍的方法进行操作，显示有刻度的坐标网格。

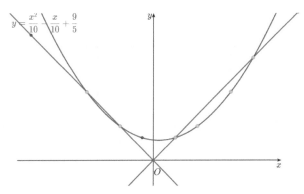

图 17-27 在抛物线上寻找满足一定条件的整点

② 作出二次函数 $y=\dfrac{1}{10}x^2-\dfrac{x}{10}+\dfrac{9}{5}$ 的图像。

③ 作出直线 $y=x$ 和 $y=-x$。

观察 $y=\dfrac{1}{10}x^2-\dfrac{x}{10}+\dfrac{9}{5}$ 的图像上满足条件 $y\leqslant|x|$ 的所有整点。

【解】 $\dfrac{1}{10}x^2-\dfrac{x}{10}+\dfrac{9}{5}\leqslant|x|$ 可以化为 $x^2-x+18\leqslant10|x|$。当 $x\geqslant0$ 时，不等式化为 $x^2-11x+18\leqslant0$，解得 $2\leqslant x\leqslant9$。

把 $x=2$，3，4，5，6，7，8，9 分别代入 $y=\dfrac{1}{10}x^2-\dfrac{x}{10}+\dfrac{9}{5}$ 中，得到以下满足整点条件的点：

$$\begin{cases}x=2\\y=2\end{cases},\begin{cases}x=4\\y=3\end{cases},\begin{cases}x=7\\y=6\end{cases},\begin{cases}x=9\\y=9\end{cases}$$

当 $x<0$ 时，不等式化为 $x^2+9x+18\leqslant0$，解得 $-6\leqslant x\leqslant-3$。把 $x=-3$，-4，-5，-6 分别代入 $y=\dfrac{1}{10}x^2-\dfrac{x}{10}+\dfrac{9}{5}$ 中，得到以下满足整点条件的点：

$$\begin{cases}x=-3\\y=3\end{cases},\begin{cases}x=-6\\y=6\end{cases}$$

综上可得，满足条件的整点有（2，2）、（4，3）、（7，6）、（9，9）、（-3，3）和（-6，6）。这在图上是一目了然的。

【例17-13】 已知 $f(x)=x^2+ax-1$ 在区间 $[0，3]$ 上有最小值 -2，求 a 的值。

【分析】 首先思考以下问题。

① 你知道 $f(x)=x^2+ax-1$ 的图像有什么特点吗？ a 对它有什么影响？

② 在区间 $[0，3]$ 上，$f(x)=x^2+ax-1$ 的图像是一条抛物线吗？怎样确切地描述它？

③ 画图并想想如何求这个函数的最小值，或者在计算机上观察参数 a 的变化对函数的最小值的影响。

通过网址 https://www.netpad.net.cn/svg.html#posts/362845 或者下面的二维码，打开相应的课件，如图17-28所示。也可以自己按下列步骤作图。

① 按操作说明17-2介绍的方法作出二次曲线 $y=x^2+ax-1$ 的图像。

② 作曲线 $y=x^2+ax-1$ 的对称轴，即直线 $x=-\dfrac{a}{2}$。

③ 按操作说明 4-2 介绍的方法插入控制 a 的变量尺，或作可拖动的点 $(a, 0)$。

在课件中，拖动变量尺上的滑钮，或选择点 $(a, 0)$ 并用左、右箭头键改变参数 a 的值，观察函数在 $[0, 3]$ 上的最小值，猜测满足条件的 a 值。

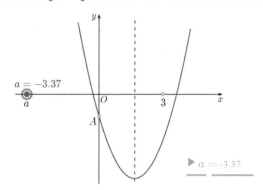

图 17-28　改变参数 a 的值，计算函数在 $[0, 3]$ 上的最小值

【解】　抛物线的对称轴方程为 $x = -\dfrac{a}{2}$。

① 当 $-\dfrac{a}{2} \leq 0$（即 $a \geq 0$）时，对称轴在区间 $[0, 3]$ 的左侧，函数在 $[0, 3]$ 上的最小值为 -1，不符合题意。

② 当 $0 \leq -\dfrac{a}{2} \leq 3$ 时，函数的最小值为 $\dfrac{-4-a^2}{4} = -2$，解之得 $a = -2$。

③ 当 $-\dfrac{a}{2} \geq 3$（即 $a \leq -6$）时，对称轴在区间 $[0, 3]$ 的右侧，函数在 $[0, 3]$ 上的最小值为 $f(3) = 9 + 3a - 1 = 8 + 3a$。若 $8 + 3a = -2$，则 $a = -\dfrac{10}{3}$ 与 $a \leq -6$ 矛盾，故舍去。

综上所述，$a = -2$。

【例 17-14】　已知函数 $f(x) = ax^2 - 2ax + 1$（$a \neq 0$），求 $f(x)$ 在区间 $[-1, 2]$ 上的最值。

【分析】　首先思考以下问题。

① 函数 $f(x) = ax^2 - 2ax + 1$（$a \neq 0$）的图像有什么特点？

② 参数 a 对函数在闭区间 $[-1, 2]$ 上的图像有什么影响？

③ 给出 a 的几个特殊值并画图，或在计算机上画出函数在闭区间 $[-1, 2]$ 上的图像。

通过网址 https://www.netpad.net.cn/svg.html#posts/362846 或者下面的二维码，打开相应的课件，如图 17-29 所示。也可以自己按下列步骤作图。

① 作二次函数 $y = ax^2 - 2ax + 1$ 的图像。

② 作抛物线 $y = ax^2 - 2ax + 1$ 的对称轴 $x = 1$。

③ 插入控制 a 的变量尺，或作可拖动的点（a，0）。

在课件中，改变参数 a 的值，观察函数在区间 $[-1，2]$ 上的最值。通过计算求满足题目要求的函数最值并与实验结果对照。

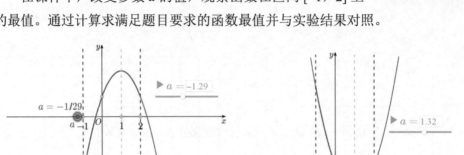

图 17-29　改变参数 a 的值，观察函数在区间 $[-1，2]$ 上的最值

【解】　当 $a > 0$ 时，函数的最大值是 $f(-1) = 3a + 1$，最小值是 $f(1) = -a + 1$；当 $a < 0$ 时，函数的最大值是 $f(1) = -a + 1$，最小值是 $f(-1) = 3a + 1$。

【例 17-15】　如图 17-30 所示，已知抛物线 $y = -\dfrac{1}{2}x^2 + x + 4$ 与 x 轴交于点 A 和 B，与 y 轴交于点 C。设点 Q 是线段 AB 上的一个动点，过点 Q 引 AC 的平行线交 BC 于点 E，连接 CQ。当 $\triangle CQE$ 的面积最大时，求点 Q 的坐标。

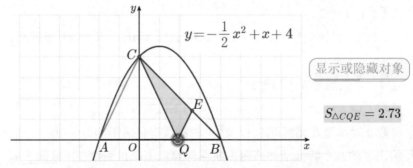

图 17-30　拖动点 Q，观察 $\triangle CQE$ 的面积的变化

【分析】　首先思考以下问题。

① 根据题目要求在纸上画出图形，并设点 Q 的坐标为（x，0）。

② 根据已知条件设法用点 Q 的坐标表示△CQE 的面积。

③ 考虑表示这个面积的二次函数的性质。

通过网址 https://www.netpad.net.cn/svg.html#posts/362847 或者下面的二维码，打开相应的课件。也可以自己按下列步骤作图。

① 作出二次函数 $y=-\dfrac{1}{2}x^2+x+4$ 的图像。

② 作出点 A（−2，0）、B（4，0）和 C（0，4），连接 AC 和 BC。

③ 在 AB 上取一点 Q，过点 Q 引 AC 的平行线交 BC 于点 E，连接 CQ。

④ 测量△CQE 的面积。

在课件中，拖动点 Q，观察△CQE 的面积的变化，计算△CQE 的面积最大时点 Q 的横坐标并与实验结果对照。

【解 1】　$S_{\triangle CQE}=S_{\triangle ABC}-S_{\triangle CAQ}-S_{\triangle BQE}$

其中，$S_{\triangle ABC}=\dfrac{1}{2}AB\times OC=12$。设 Q 为（x，0），则 $S_{\triangle CAQ}=\dfrac{1}{2}\times 4(4-x)$。因为△$BQE\sim$△$BAC$，所以 $\dfrac{S_{\triangle BQE}}{S_{\triangle BAC}}=\dfrac{BQ^2}{BA^2}$，$S_{\triangle BQE}=12\times\dfrac{BQ^2}{36}=\dfrac{(x+2)^2}{3}$。

设△CQE 的面积为 S，则 $S=12-(8-2x)-\dfrac{(x+2)^2}{3}=-\dfrac{1}{3}x^2+\dfrac{2x}{3}+\dfrac{8}{3}$。

当 $x=1$ 时，S 取最大值 3。

【解 2】　设 $QB=kAB$，则 $BE=kBC=(BC-EC)$，故 $EC=(1-k)BC$，于是：

$$\frac{S_{\triangle CQE}}{S_{\triangle ABC}}=\frac{S_{\triangle CQE}}{S_{\triangle CQB}}\cdot\frac{S_{\triangle CQB}}{S_{\triangle ABC}}=\frac{EC}{BC}\cdot\frac{QB}{AB}=k(1-k)=\frac{1}{4}-\left(k-\frac{1}{2}\right)^2\leqslant\frac{1}{4}$$

可见△CQE 的面积不超过△ABC 的 $\dfrac{1}{4}$ 且仅当 $k=\dfrac{1}{2}$ 时取最大值 3。此时，Q 是 AB 的中点，其坐标为（1，0）。

【解 3】　如图 17-31 所示，将 EQ 延长一倍到点 J，过点 J 作 BC 的平行线与 AC 交于点 K，连 JK 与 AB 交于点 I，则平行四边形 $CEJK$ 的面积为△CQE 的 4 倍，而△ABC 的面积比平行四边形 $CEJK$ 多出红色的一角。下略。

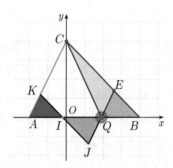

图 17-31　$\triangle ABC$ 的面积比平行四边形 $CEJK$ 多出红色的一角

【例 17-16】　已知抛物线 $y=-x^2+(\sqrt{3}-1)x+\sqrt{3}$ 与 x 轴交于点 A 和 B，与 y 轴交于点 C。设点 P 是抛物线在第一象限内的动点，求使四边形 $ABPC$ 的面积达到最大时点 P 的坐标以及此时该四边形的面积。

【分析】　首先思考以下问题。

① 画出图形，观察四边形 $ABPC$ 的面积是否与点 P 的位置有关。

② 能否把四边形 $ABPC$ 拆分成一些图形，以便计算它的面积。

③ 设法用点 P 的坐标表示四边形 $ABPC$ 的面积。

通过网址 https://www.netpad.net.cn/svg.html#posts/362848 或者下面的二维码，打开相应的课件，如图 17-32 所示。也可以自己按下列步骤作图。

① 按操作说明 17-2 介绍的方法画出抛物线 $y=-x^2+(\sqrt{3}-1)x+\sqrt{3}$。

② 用智能画笔作出抛物线与 x 轴的交点 A 和 B 以及与 y 轴的交点 C。

③ 在抛物线上取动点 P 并连接 A、C、P、B。

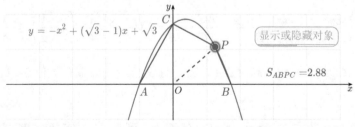

图 17-32　拖动点 P，观察四边形 $ABPC$ 的面积的变化

④ 测量四边形 $ABPC$ 的面积。

在课件中，选择点 P 并拖动，观察四边形 $ABPC$ 的面积的变化，构建解题思

路。计算使四边形 $ABPC$ 的面积达到最大时点 P 的坐标以及此时该四边形的面积，并与计算机实验的结果对照。

【解 1】 不难求出 $OC=\sqrt{3}$。设点 P 的横坐标为 x，则 $\triangle OPC$ 的面积 $S_{\triangle OPC}=\dfrac{x}{2}\times\sqrt{3}$。

令 $-x^2+(\sqrt{3}-1)x+\sqrt{3}=0$，解得 $x_1=\sqrt{3}$，$x_2=-1$。所以，$OB=\sqrt{3}$，$S_{\triangle OPB}=\dfrac{\sqrt{3}}{2}\times[-x^2+(\sqrt{3}-1)x+\sqrt{3}]$。

所以，四边形 $ABPC$ 的面积 $S_{ABPC}=\dfrac{\sqrt{3}}{2}+\dfrac{x}{2}\times\sqrt{3}+\dfrac{\sqrt{3}}{2}\times[-x^2+(\sqrt{3}-1)x+\sqrt{3}]=\dfrac{\sqrt{3}}{2}(-x^2+\sqrt{3}x+\sqrt{3}+1)$。

因此，当 $x=\dfrac{\sqrt{3}}{2}$ 时，四边形 $ABPC$ 的面积取最大值 $\dfrac{3}{2}+\dfrac{7\sqrt{3}}{8}$。这时点 P 的坐标为 $\left(\dfrac{\sqrt{3}}{2},\ \dfrac{3+2\sqrt{3}}{4}\right)$。

【解 2】 连接 BC，问题转化为求 $\triangle PBC$（见图 17-33）的面积的最大值。因为这个三角形以 BC 为底边，所以当它的高取最大值（即抛物线上的动点 P 与 BC 的距离最大）时，该三角形的面积取最大值。

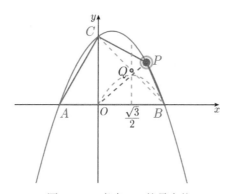

图 17-33　考虑 PQ 的最大值

设过点 P 且平行于 BC 的直线的方程为 $y=-x+m$，将其代入 $y=-x^2+(\sqrt{3}-1)x+\sqrt{3}$ 中，得 $x^2-\sqrt{3}x+m-\sqrt{3}=0$。令 $\Delta=0$，解得 $m=\dfrac{3}{4}+\sqrt{3}$。将 $y=-x+\dfrac{3}{4}+\sqrt{3}$ 代入 $y=-x^2+(\sqrt{3}-1)x+\sqrt{3}$ 中，得到 $x=\dfrac{\sqrt{3}}{2}$，$y=\dfrac{3+2\sqrt{3}}{4}$。这是使四边形

$ABPC$ 的面积达到最大时点 P 的坐标。再通过 $\triangle OPB$ 和 $\triangle OPC$ 的面积不难求出

四边形 $ABPC$ 的面积的最大值为 $\dfrac{3}{2}+\dfrac{7\sqrt{3}}{8}$。

【解3】 在课件中单击"显示或隐藏对象"按钮，可以看到图 17-33 所示的情形。自点 P 向 x 轴引垂线与 BC 交于点 Q，则 $\triangle PBC$ 的面积为 PQ 与 BC 的长度乘积之半。将 $-x^2+(\sqrt{3}-1)x+\sqrt{3}$ 与 $\sqrt{3}-x$ 相减得 PQ 的表达式为 $f(x)=-x^2+\sqrt{3}x$。

由于 $f(0)=f(\sqrt{3})$，所以它在 $x=\dfrac{\sqrt{3}}{2}$ 处取最大值 $f\left(\dfrac{\sqrt{3}}{2}\right)=\dfrac{3}{4}$，于是 $\triangle PBC$ 的面积的最大值为 $\dfrac{3\sqrt{3}}{8}$。

由于 $\triangle ABC$ 的面积为 $\dfrac{\sqrt{3}}{2}(1+\sqrt{3})=\dfrac{\sqrt{3}}{2}+\dfrac{3}{2}$，故四边形 $ABPC$ 的面积的最大值为 $\dfrac{3}{2}+\dfrac{7\sqrt{3}}{8}$。

第18章 关注数学的新题型

在这一章中，你将遇到一些新题型。这些类型的题目在课本中并不多见，但近年来不时出现在中考试题中。这类题目比以往的题目更加灵活，意在考查你发现、理解和深入分析数学问题的能力。因此，依靠重复记忆和简单模仿是难以应对这类题目的。

下面提供的题目重点在于帮你感悟构建解题思路的思维过程，以提高你的数学思维能力。建议你在阅读时不要急于看书中的解答，也不要急于打开相应的课件。在独立思考之后再看这些，你的收获会更大，计算机提供的课件会更加生动地诠释构建解题思路的过程。

【例 18-1】 在 $\triangle ABC$ 中，$\angle C=90°$，$AC > BC$，如图 18-1 所示。D 是 AB 的中点，E 为 AC 上的一个动点，连接 DE，作 $DF \perp DE$ 交 BC 于点 F，连接 EF。

① 在图 18-1（a）中，当 E 为线段 AC 的中点时，设 $AE=a$，$BF=b$，求 EF 的长度（用含 a、b 的式子表示）。

② 当点 E 在 CA 的延长线上时，依照题意补全图 18-1（b），用等式表示 AE、EF、BF 之间的数量关系，并加以证明。（选自 2020 年北京市中考试题。）

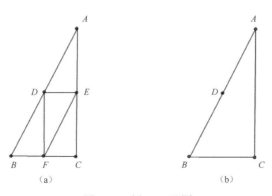

图 18-1 例 18-1 配图

【分析】　通过网址 https://www.netpad.net.cn/svg.html#posts/370533 或者下面的二维码，可以打开相应的课件。

第一问比较简单，相信你很快就能求出 $EF=\sqrt{a^2+b^2}$。第二问包括补全图 18-1（b）、用等式表示 AE、EF 和 BF 之间的数量关系以及证明三部分。补全图 18-1（b）考查你的阅读能力，看看你是否看懂了题目；猜测 AE、EF 和 BF 之间可能的数量关系考查你发现数学的能力；证明过程考查你的逻辑推理能力。

相信你已经补全图 18-1（b）（见图 18-2），现在猜测 AE、EF 和 BF 三者之间的数量关系。用圆规量一量就知道 $EF>BF$，也容易否定 $EF=BF+AE$，那么由第一问就容易联想到是否有 $EF^2=AE^2+BF^2$。你不妨以 EF 为直径画一个圆，再以点 F 为圆心、FB 为半径画一段圆弧与此圆交于点 G，看看 GA 是否等于 EA。（在网络画板中，你还可以通过动态的测量过程和计算功能验证这个事实。）这样一来就确信了 $EF^2=AE^2+BF^2$ 的猜想是正确的，剩下的工作就是严格的证明。

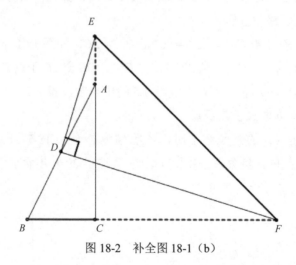

图 18-2　补全图 18-1（b）

我们的目标是利用已知条件构造一个以这三条线段为边的直角三角形。已知条件中的垂直和中点条件是要借助的，困难在于图中的三条线段离得太远，用什么办法移动其中一条呢？注意到 $\triangle FDE$ 是直角三角形，可以设想它是等腰三角形的一半，利用轴对称把另外一半画出来，如图 18-3 所示。这相当于把 EF 移到离 BF 较近的位置。

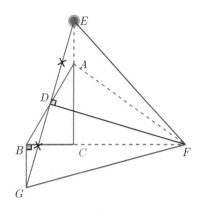

图 18-3　沿 *DF* 翻折直角三角形 *FDE*

延长 *ED* 到点 *G*，使 *GD＝ED*，连接 *FG*、*BG*。易证 *FG＝EF*，下面只需证明 *BG＝AE*，∠*GBF*＝90°。证明思路清晰可见，请你写出完整的证明过程吧。

从问题的猜想到结论的证明，我们经历了一个比较完整的数学活动。但这个数学活动并没有结束，值得反思的问题还有很多。例如，从对称的角度，我们设计了上面的证法，如果以 *ED* 为对称轴把△*FDE* 翻折过去，则会怎样呢？

图 18-4 显示这条路也是走得通的，请你补充这个证明过程。

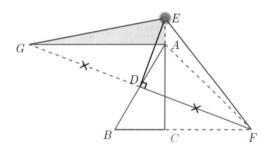

图 18-4　沿 *ED* 翻折△*FDE*

以上思路是根据轴对称构建直角三角形，现在换个思路。已知条件中有"*D* 是 *AB* 的中点"（关于与中点有关的问题，我们见得多了，如三角形的中位线定理，还有直角三角形斜边的中线是斜边的一半），能否在解决本题时充分利用这一条件呢？图 18-5 说明这两条定理可以在证明过程中发挥作用。

取 *AF* 的中点 *G* 和 *EF* 的中点 *H*，连接 *DG*、*GH*、*DH*，易证△*DGH* 是直角三角形，于是有 $DH^2＝DG^2＋HG^2$。等式两边同时乘以 4，就有 $EF^2＝AE^2＋BF^2$。

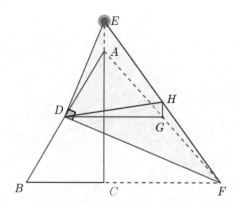

图 18-5　利用三角形的中位线定理构造斜边上的中线

　　回顾解题过程。首先是看清题目，这是本题数学思维的起点，而补全图 18-1（b）的过程有利于我们熟悉题目的已知条件和要求解决的问题，由此才能展开对问题的探索。接下来是构建解题思路，猜想、类比和实验都是我们发现数学的工具。构建解题思路的方法不止一种，转化是常用的有效手法。解题后反思也是很有意义的。反思有助于我们归纳提炼数学思想，还可以开拓解题思路，丰富我们的解题经验。本题的解法就不止上面几种，还有其他解法留给你思考，这里不再赘述。这里谈到的不仅是一题多解，还有一题多变，这又可以培养你举一反三、提出问题的能力。例如，在本题中，E 是 CA 的延长线上的一个动点，把这个条件改成 E 是直线 CA 上的动点行不行？我们猜测可能也是正确的，即仍然有 $EF^2=AE^2+BF^2$。

　　对不对呢？让我们做个实验。在计算机上做这个实验特别方便，只要用鼠标选择点 E 并拖动就行了。图 18-6 显示了点 E 在不同位置时的结果。

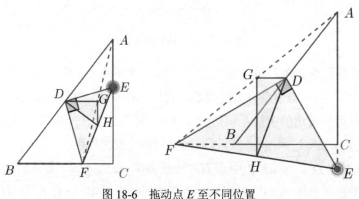

图 18-6　拖动点 E 至不同位置

　　不要追求做题的数量，不是题目做得越多越好，而要讲究做题的质量，每做一道题应该有更多的收获。

　　这个题目也可以通过坐标直接计算求解。

　　假设 C 为原点，A 的坐标 $(0, 2a)$，B 的坐标 $(2b, 0)$，则 D 的坐标 (b, a)。设 E 的坐标为 $(0, 2ax)$，F 的坐标为 $(2by, 0)$，$ED \perp FD$ 可表示为 $ED^2 + FD^2 = EF^2$，也就是 $(2x-1)^2a^2 + b^2 + (2y-1)^2b^2 + a^2 = 4a^2x^2 + 4b^2y^2$，即 $a^2 + b^2 - 2xa^2 - 2yb^2 = 0$。而 $AE^2 = 4a^2(x-1)^2$，$BF^2 = 4b^2(y-1)^2$，$EF^2 = 4a^2x^2 + 4b^2y^2$，容易看出恰好有 $AE^2 + BF^2 - EF^2 = 4(a^2 + b^2 - 2xa^2 - 2yb^2) = 0$。观察与计算同步实现。

　　【例 18-2】　如图 18-7 所示，已知正方形 $ABCD$，E 为 BC 上的一点，连接 DE，作点 C 关于 DE 的对称点 C'，连接 AC' 并延长，交 DE 的延长线于点 P。探究 AP、BP、DP 之间的关系，并证明你的结论。

　　【分析】　通过网址 https://www.netpad.net.cn/svg.html#posts/371713 或者下面的二维码，可以打开相应的课件。

　　注意到 E 是 BC 上的一个动点，AP、BP、DP 之间的关系似乎与点 E 的位置无关，那么就先把点 E 移动到一个特殊位置，考虑三者的关系。让我们做个实验（在计算机上只需用鼠标选择点 E，将其拖动到点 B 或 C）。设正方形的边长为 1，当点 E 移到点 B 时，点 P 与 B 重合，即 $BP = 0$，DP 与对角线 BD 重合，$DP = \sqrt{2}$，$PA = 1$。这时，$\sqrt{2}\, AP = DP + BP$。当点 E 移到点 C 时，AP 与对角线 AC 重合，$AP = \sqrt{2}$，DP、BP 分别与正方形的边 DC、BC 重合，仍然有 $\sqrt{2}\, AP = DP + BP$。所以，一般情况下似乎有 $\sqrt{2}\, AP = DP + BP$。

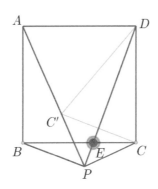

图 18-7　探究 AP、BP 和 DP 之间的关系

利用网络画板的测量功能，可以验证这个猜想。以下是在计算机上实验的几组数据：

|AP|=6.14	|AP|=5.61	|AP|=6.37
|BP|=2.18	|BP|=1.18	|BP|=2.69
|DP|=6.51	|DP|=6.76	|DP|=6.32
$\sqrt{2}*|AP|$=8.69	$\sqrt{2}*|AP|$=7.94	$\sqrt{2}*|AP|$=9.01
|BP|+|DP|=8.69	|BP|+|DP|=7.94	|BP|+|DP|=9.01

下面考虑构建证明思路，还是先考虑已知条件中有哪些可用。由于点 C 关于 DE 的对称点是 C'，所以有相等的角和相等的线段可以考虑，即 $\angle PDC = \angle PDC'$，$DC' = DC$。另外，考虑正方形的条件，可知 $\triangle ADC'$ 是等腰三角形。现在需要构造一个直角等腰三角形，使 AP 为其直角边，斜边长度为 $DP+BP$。为此需要一个 $45°$ 角。看来不管点 E 移动到何处，$\angle APD$ 都等于 $45°$。要证明这件事并不难，只需作出 AC' 的中点 F，如图 18-8 所示。根据等腰三角形的性质，马上有 $DF \perp FP$，而不难证明 $\angle FDP$ 等于 $45°$，于是 $\triangle DFP$ 为等腰直角三角形，$\angle APD$ 等于 $45°$。下面构造以 AP 为直角边的等腰直角三角形就好办了。过点 A 作 AG 垂直于 AP 并交 PD 的延长线于点 G，则 $\triangle PAG$ 为等腰直角三角形，于是 $AG=AP$。接下来根据边角边的条件容易证

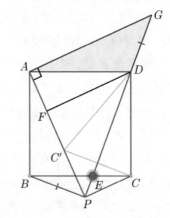

图 18-8　构造等腰直角三角形 PAG

明 $\triangle PAB \cong \triangle GAD$，$DG = BP$。由于 $PG = \sqrt{2}\,AP$，所以有 $\sqrt{2}\,AP = DP + BP$。

在上面的证明过程中得知 $\angle APB = 45°$，其实还可以通过别的途径证明 $\angle APB = 45°$。事实上，$\angle APC = 90°$，所以四边形 $APCD$ 为圆的内接四边形，而过 C、D、A 三点的圆即正方形 $ABCD$ 的外接圆，$\angle APB = \angle ACB = 45°$。

有了这个结果，解题思路更开阔了。例如，可以 AP 为一边构成等腰直角三角形，使其斜边的长度为 $BP+DP$。具体做法是过点 A 作 AH 垂直于 AP 并交 PB 的延长线于点 H，如图 18-9 所示。于是 $\triangle PAH$ 为等腰直角三角形，$AH=AP$，容易证明 $\triangle HAB \cong \triangle PAD$，$BH=DP$。在等腰直角三角形 PAH 中，$HP=\sqrt{2}\,AP$，所以 $DP+BP=\sqrt{2}\,AP$。

以上两种解法都基于构造一个等腰直角三角形，其实有了 $\angle APB=45°$ 和 $\angle APD=45°$，还可以有另外的解法。

如图 18-10 所示，作 DF 垂直于 AP，BQ 垂直于 AP，容易证明 $AQ=DF$，但 $DF=\dfrac{\sqrt2}{2}DP$，$PQ=\dfrac{\sqrt2}{2}BP$。因为 $PQ+AQ=AP$，所以 $\dfrac{\sqrt2}{2}DP+\dfrac{\sqrt2}{2}BP=AP$，于是 $DP+BP=\sqrt2\,AP$。这样就避开了添加辅助线构造等腰直角三角形。

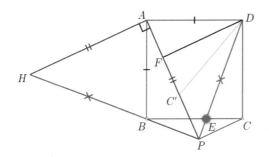

图 18-9　构造等腰直角三角形 PAH

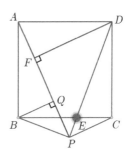

图 18-10　不添加辅助线构造等腰直角三角形

如果考虑到点 P 在正方形 $ABCD$ 的外接圆上（见图 18-11），则可以直接利用托勒密定理（圆的内接四边形的两组对边的乘积之和等于对角线之积），证明更加简捷。

$AP\times BD=DP\times AB+BP\times AD$，又有 $BD=\sqrt2 AB=\sqrt2 AD$，化简后得 $\sqrt2\,AP=DP+BP$。

如果直接计算，则也可以解决这个问题，如图 18-12 所示。

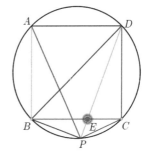

图 18-11　利用托勒密定理证明

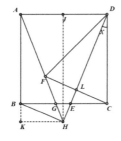

设 $AB=1$，$\angle CDE=x$，则 $\angle HDA=90°-x$，$\angle FDA=90°-2x$，因此 $\angle HAD=\angle DFA=45°+x$，$\angle DFC=90°-x$，$\angle AHD=\angle CFH=45°$。

$HD=HL+LD=LC+LD=\sin x+\cos x$

$HA=\dfrac{HA}{AD}=\dfrac{\sin(90°-x)}{\sin45°}=\sqrt2\,\cos x$，

$BH^2=BK^2+KH^2=(JH-1)^2+(1-JD)^2$
$=(DH\times\cos x-1)^2+(1-DH\sin x)^2=(\cos x-\sin x)^2$。

故 $HD+BH=2\cos x=\sqrt2\,HA$。

图 18-12　直接计算

本题还有别的解法，留给你思考。

【**例 18-3**】 如图 18-12 所示，在△ABC 中，AB=AC，∠BAC=90°，点 D 在射线 BC 上（与 B、C 两点不重合）。以 AD 为边作正方形 ADEF，使点 E 与 B 在直线 AD 的异侧，射线 BA 与 CF 相交于点 G。

① 当点 D 在线段 BC 上时，依题意补全图 18-13（a），判断 BC 与 CG 的数量关系与位置关系，并加以证明。

② 当点 D 在线段 BC 的延长线上且 G 为 CF 的中点时，连接 GE，AB=$\sqrt{2}$，则 GE 的长度为_____，简述求解思路。

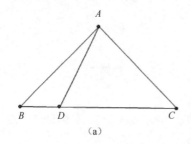
（a）

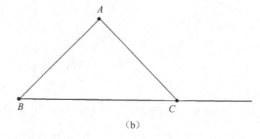
（b）

图 18-13　例 18-3 配图

【**分析**】 通过网址 https://www.netpad.net.cn/svg.html#posts/372059 或者下面的二维码，可以打开相应的课件。

本题的阅读量较大，要认真阅读题目的已知条件和要求，再画图。若画图准确，则第一问是不难回答的。我们一眼就可以看出 BC=CG 且 BC⊥CG，如图 18-14 所示。你可能还看出两个小三角形全等，于是不难推导出△ACG 是等腰直角三角形。

所以，准确画图很重要。图形画得准确，图形的相等及位置关系很容易观察到，然后才是逻辑证明。可以把点 D 看作动点，它在移动时有些部分在变化，有些部分没有变化。盯住不变的部分对于解决下面的问题可能有很大的帮助。所以，本题的第一问实际上是解决第二问的提示。

现在考虑第二问。看看图 18-15，图 18-15（a）是未考虑点 G 是否为 CF 的中点的情况，图 18-15（b）

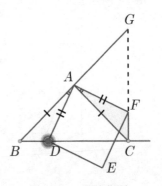
图 18-14　准确作图

中加进了这个条件。

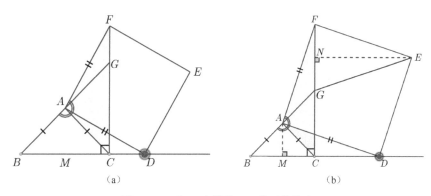

图 18-15　点 D 在线段 BC 的延长线上

在图 18-15（a）中，CF 仍然垂直于 BD，$CF=BD$，$AD=AF$，$\triangle BCG$ 为等腰直角三角形，$BC=CG$，$\triangle ABC\cong\triangle ACG$，这些在原图中仍然保留。图 18-15（b）中多了 G 为 CF 的中点，于是 $CG=CF/2=BD/2$。又因为 $BC=CG$，所以 $BC=CD$。准备了以上足够的条件后，再看要求的 GE，应该把它归入一个三角形中，于是想到了作 EN 垂直于 GF。看起来 GE 似乎等于 EF，即它等于正方形 $ADEF$ 的边长。作 AM 垂直于 BD，由 $AB=\sqrt{2}$ 可以求出 $BC=2$，$BD=4$，$CM=1$，于是 $DM=3$，$AD=\sqrt{10}$。容易证明 $\triangle AMD\cong\triangle FNE$，$FN=AM=BD/4=CF/4$。所以，$GN=NF$，$EN$ 为 GF 的垂直平分线，最终得到了 $GE=\sqrt{10}$。

这样便得到了本题的答案，下面请你清晰、有条理地把解答过程写出来。

【例 18-4】　如图 18-16（a）所示，抛物线 $y=ax^2+bx+\dfrac{7}{4}$ 经过 $A(1,0)$、$B(7,0)$ 两点并交 y 轴于点 D，以 AB 为边在 x 轴上方作等边三角形 ABC。

① 求抛物线的解析式。

② x 轴上方的抛物线上是否存在点 M，使 $\triangle ABM$ 的面积 $S_{\triangle ABM}=\dfrac{4\sqrt{3}}{9}S_{\triangle ABM}$？若存在，请求出点 M 的坐标；若不存在，请说明理由。

③ 如图 18-16（b）所示，E 是线段 AC 上的一个动点，F 是线段 BC 上的一个动点，AF 与 BE 相交于点 P。若 $CE=BF$，试猜想 AF 与 BE 的数量关系及 $\angle APB$ 的度数，并说明理由；若 $AF=BE$，那么当点 E 由点 A 运动到点 C 时，请直接写出点 P 经过的路径的长度（不需要写过程）。（选自黔西南州 2017 年中考试题。）

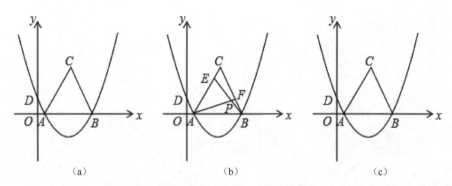

图 18-16　例 18-4 配图

【分析】　通过网址 https://www.netpad.net.cn/resource_web/presentation/#/13791 或者右侧的二维码，可以打开相应的课件。

对于第一问，由待定系数法容易求得抛物线的解析式为 $y=\dfrac{1}{4}x^2-2x+\dfrac{7}{4}$。对于第二问，根据等边三角形的性质可求得等边三角形 ABC 的高为 $3\sqrt{3}$，然后依据三角形的面积公式，结合已知条件，可求得 $S_{\triangle ABM}=12$。设点 M 的坐标为 $\left(a,\dfrac{1}{4}a^2-2a+\dfrac{7}{4}\right)$，然后依据三角形的面积公式，可得到关于 a 的方程，求出点 M 的坐标为 $(9，4)$ 或 $(-1，4)$。

关于第三问的第一小问，由已知条件可以证明 $\triangle BEC \cong \triangle AFB$，由角间的关系可以得到 $\angle APB=120°$。第二小问是动点的运动路径问题，经仔细审题可以知道，对点 F 的要求是：E 是线段 AC 上的一个动点，F 是线段 BC 上的一个动点，且满足在点 E 由点 A 运动到点 C 的过程中，$AF=BE$。由等边三角形特殊的对称性可知，在点 E 从点 A 向点 C 移动的过程中，点 E 的运动路径一定是 $A \to N \to C$（N 为 AC 的中点，下同），而点 F 可以有四种"走法"：① $B \to M \to C$（M 为 BC 的中点，下同）；② $C \to M \to B$；③ $B \to M \to B$；④ $C \to M \to C$。在点 F 运动的过程中，存在一个重要的临界位置——BC 的中点 M。

情形一：如图 18-17 所示，当 $AE=BF$ 时，点 F 从点 B 出发，沿线段 BC 向终点 C 运动，满足条件 $AF=BE$。在整个运动过程中，$\triangle ABE \cong \triangle BAF$，可得 $PA=PB$。这时，点 P 的运动路径是 AB 边上的高 CH。

情形二：如图 18-18 所示，当 $AE=CF$ 时，点 F 从点 C 出发，沿线段 CB 向终点 B 运动，满足 $AF=BE$。在整个运动过程中，$\triangle CBE \cong \triangle BAF$，

$\angle APB = 120°$，AB 为定长，点 P 的路径是以 A、B 为端点的一段弧（圆心角为 $120°$）。

情形三：如图 18-19 所示，当点 E 从点 A 向点 N 运动，点 F 从点 B 向点 M 运动时，有 $AE = BF$，则 $\triangle ABF \cong \triangle BAE$，$\angle BAF = \angle ABE$。因此，点 P 在 AB 的中垂线上，即此时点 P 的运动路径是线段 GH（点 H 为 AB 边的中点，点 G 为等边三角形 ABC 的中心）。如图 18-20 所示，当点 E 从点 N 向点 C 运动，点 F 从点 M 向点 B 运动时，$AE = CF$，则 $\triangle ABE \cong \triangle CAF$，$\angle ABE = \angle FAC$。易得 $\angle APB = 120°$，此时点 P 的运动路径是以 G 和 B 为端点、半径为 $2\sqrt{3}$、圆心角为 $60°$ 的一段圆弧。

情形四：如图 18-21 和图 18-22 所示，同情形三，当点 E 的运动路径为 $A \to N \to C$，点 F 的运动路径为 $C \to M \to C$ 时，满足条件 $AF = BE$，点 P 的运动路径是由以 A、G 为端点的一段弧 AG（圆心角为 $60°$）和线段 GC 组成的图形。

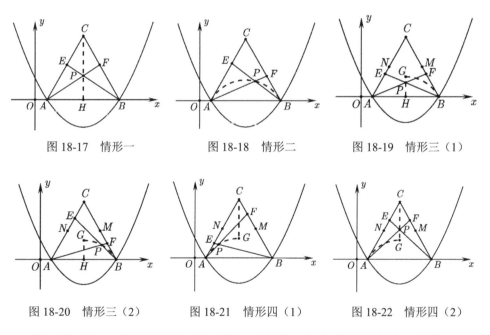

图 18-17　情形一　　　　　图 18-18　情形二　　　　　图 18-19　情形三（1）

图 18-20　情形三（2）　　　图 18-21　情形四（1）　　　图 18-22　情形四（2）

常见的动点运动路径有圆弧和直线，要结合已知条件和动点的运动特征，抓住变化过程中不变的量。当动点与定直线的距离不变时，或动点到定线段的两个端点的距离相等时，动点的运动路径是直线。当动点与一个定点（定点可在定直线上或定直线外）的连线与定直线构成的角的大小不变时，动点的运动路径是直线。当动点到定点的距离不变时，动点的运动路径是圆。当定长线段所对的角的度数不变时，动点的运动路径是圆。

如果对点 P 的运动路径还不清楚，则可以用网络画板将点 P 的运动过程直观地展示出来。网络画板是我们突破思维定式的一个重要工具，也是培养发散性思维的一个有力助手。

【例 18-5】　如图 18-23 所示，抛物线 $y = mx^2 - 16mx + 48m$（$m > 0$）与 x 轴交于 A、B 两点（点 B 在点 A 的左侧），与 y 轴交于点 C。点 D 是抛物线上的一个动点，且位于第四象限。连接 OD、BD、AC、AD，延长 AD 交 y 轴于点 E。

①若 $\triangle OAC$ 为等腰直角三角形，求 m 的值。

②若对任意的 m 值（$m > 0$），C、E 两点总关于原点对称，求点 D 的坐标（用含 m 的式子表示）。

③当点 D 运动到某一位置时，恰好使得 $\angle ODB = \angle OAD$，且点 D 为线段 AE 的中点，此时对于该抛物线上的任意一点 P（x_0，y_0）总有 $n + \dfrac{1}{6} \geq -4\sqrt{3}my_0^2 - 12\sqrt{3}y_0 - 50$ 成立，求实数 n 的最小值。（选自长沙市 2017 年中考试题。）

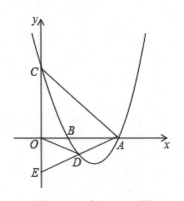

图 18-23　例 18-5 配图

【分析】　通过网址 https://www.netpad.net.cn/resource_web/presentation/#/13792 或者下面的二维码，可以打开相应的课件。

对于第一问，根据抛物线 $y = mx^2 - 16mx + 48m$ 的各项系数含有字母 m（$m > 0$），可知该抛物线的开口和位置是在变化的，但总是经过点 A（12，0）和 B（4，0），如图 18-24 所示。这是因为 $y = mx^2 - 16mx + 48m = m(x - 4)(x - 12)$（可以在网

络画板中做实验验证）。由已知条件"△OAC 为等腰直角三角形"想到 $OA=OC$，而点 C 的坐标为（0，48m），即可得到 $12=48m$，进而求出 m 的值。

对于第二问，根据 C、E 两点总关于原点对称，得到点 E 的坐标为（0，$-48m$）。当 m 的值变化时，点 D 的横坐标保持不变（用网络画板可以直观地看到）。为什么点 D 的横坐标不变呢？由直线 AE 经过点 E（0，$-48m$）和 A（12，0）可得解析式为 $y=4mx-48m$，联立抛物线方程 $y=mx^2-16mx+48m$，可以求出点 D 的坐标为（8，$-16m$）。

当然，点 D 的坐标还可以这样求：设点 D 的坐标为（x，$m(x-12)(x-4)$），过点 D 作 DH 垂直于 x 轴，垂足为点 H，如图 18-25 所示。因此，△AHD ∽ △AOE。利用比例关系列方程，也可以求出点 D 的坐标。如果你准确地作出了图形，可以猜想点 D 是抛物线的顶点，其坐标为（8，$-16m$）。现在只需验证点 C、E 关于原点 O 对称即可。怎么验证呢？求出经过 A、D 两点的直线的解析式，再计算它与 y 轴的交点的坐标，即可验证。这说明准确作图至关重要。

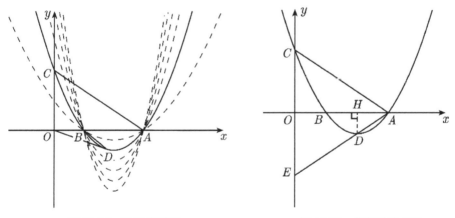

图 18-24　抛物线系列　　　　　图 18-25　作辅助线 DH

第三问的条件较多，特别是条件"此时对于该抛物线上的任意一点 P（x_0，y_0）总有 $n+\dfrac{1}{6}\geqslant-4\sqrt{3}my_0^2-12\sqrt{3}y_0-50$ 成立"较难理解。先根据已知条件中的 $\angle ODB=\angle OAD$ 以及 D 为线段 AE 的中点等信息，可以得到点 D 的横坐标为 6，进而得到其纵坐标是 $-12m$，如图 18-26 所示。△ODB 和 △OAD 是一对共边共角相似三角形，因此 $OD=4\sqrt{3}$。过点 D 作 DF 垂直于 x 轴，可得 $m=\dfrac{\sqrt{3}}{6}$。因此，抛

物线的解析式为 $y = \frac{\sqrt{3}}{6}(x-4)(x-12) = \frac{\sqrt{3}}{6}(x-8)^2 - \frac{8\sqrt{3}}{3}$。因为点 $P(x_0, y_0)$ 是抛

物线上的任意一点，故 $y_0 = \frac{\sqrt{3}}{6}(x-8)^2 \geqslant -\frac{8\sqrt{3}}{3}$。再将目光转向与 n 相关的不等式

$n + \frac{1}{6} \geqslant -4\sqrt{3}my_0^2 - 12\sqrt{3}y_0 - 50$（见图 18-27），把不等号的右边看成关于 y_0 的一个

二次函数。令 $t = -4\sqrt{3}my_0^2 - 12\sqrt{3}y_0 - 50 = -2y_0^2 - 12\sqrt{3}y_0 - 50 = -2(y_0 + 3\sqrt{3})^2 + 4$，

y_0 在题干中是函数值，可以取很多值。要使不等式成立，只需 $n + \frac{1}{6}$ 大于或等于 t 的

最大值。这里要注意考虑自变量 y_0 的取值范围，原二次函数 $y = \frac{\sqrt{3}}{6}(x-8)^2 - \frac{8\sqrt{3}}{3}$

的最小值为 $-\frac{8\sqrt{3}}{3}$，所以 $t_{最大值} = -2\left(-\frac{8\sqrt{3}}{3} + 3\sqrt{3}\right)^2 + 4 = \frac{10}{3}$。若要使 $n + \frac{1}{6} \geqslant$

$-4\sqrt{3}my_0^2 - 12\sqrt{3}y_0 - 50$ 成立，则 $n + \frac{1}{6} \geqslant \frac{10}{3}$，即 $n \geqslant 3\frac{1}{6}$。所以，实数 n 的最小值

为 $\frac{19}{6}$。

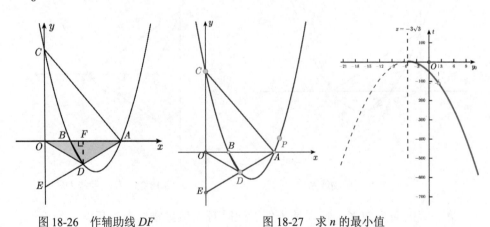

图 18-26　作辅助线 DF　　　　　图 18-27　求 n 的最小值

【例 18-6】　对于平面直角坐标系 xOy 第一象限中的点 $P(x, y)$ 和图形 W，

给出如下定义：过点 P 作 x 轴和 y 轴的垂线，垂足分别为 M 和 N，若图形 W 中

的任意一点 $Q(a, b)$ 满足 $a \leqslant x$ 且 $b \leqslant y$，则称四边形 $PMON$ 是图形 W 的一个

覆盖，点 P 为这个覆盖的一个特征点。例如，已知点 $A(1, 2)$ 和 $B(3, 1)$，则

点 $P(5, 4)$ 为线段 AB 的一个覆盖特征点。

① 已知点 C（2，3），在 P_1（1，3）、P_2（3，3）和 P_3（4，4）三个点中，____是△ABC 的覆盖特征点。若在一次函数 $y=mx+5$（$m\neq0$）的图像上存在△ABC 的一个覆盖特征点，求 m 的取值范围。

② 以点 D（2，4）为圆心、1 为半径作圆，在抛物线 $y=ax^2-5ax+4$（$a\neq0$）上存在⊙D 的覆盖特征点，直接写出 a 的取值范围。

【分析】 通过网址 https://www.netpad.net.cn/svg.html#posts/372297 或者下面的二维码，可以打开相应的课件。

这个题目有点怪，你可能一开始连题目都看不懂。"覆盖""覆盖特征点"是什么意思？你过去可能从来没有见过。另外，题目中的图形 W 指的是什么也不明白。这种题目被称为"新定义"问题，是近年来出现的一种新题型。这种题目"新"在考查你的数学阅读理解能力和自主学习能力。这种能力对于你今后的数学学习是非常重要的。在今后阅读一本数学书或一篇数学文章时，我们常常要面对过去从没有见过的新概念。

解决这个题目时，先要从读懂新定义入手，研究一下题目给出的特例"已知点 A（1，2）和 B（3，1），则点 P（5，4）为线段 AB 的一个覆盖的特征点"。画个图看看，原来这里的图形 W 指的是线段 AB，四边形 $PMON$ 是它的一个覆盖，P 是线段 AB 的一个覆盖特征点。按这样理解，覆盖线段 AB 的特征点也不止一个，如图 18-28 右上方区域中的任何一个点 Q 都可以作为线段 AB 的特征点。而被覆盖的图形也可以是三角形、四边形、圆或其他图形。

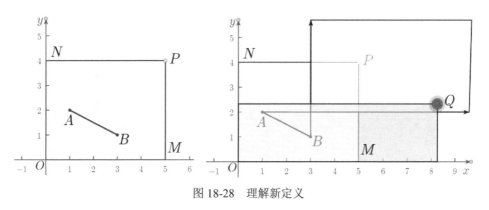

图 18-28 理解新定义

理解了新定义，下面的问题就不难解决了！

① 显然 P_2（3，3）和 P_3（4，4）是 $\triangle ABC$ 的覆盖特征点（见图18-29）。

考虑一次函数 $y=mx+5$（$m\neq0$）存在 $\triangle ABC$ 的覆盖特征点的图像是一族直线，$m\geqslant-\dfrac{2}{3}$，且 $m\neq0$（见图18-30）。

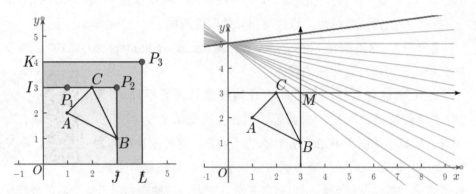

图 18-29　P_2 和 P_3 是 $\triangle ABC$ 的覆盖特征点　　图 18-30　图像存在 $\triangle ABC$ 的覆盖特征点

② 当 $a>0$ 时，抛物线的开口朝上，必过阴影区域，见图18-31；当 $a<0$ 时，需要讨论，计算抛物线经过覆盖区域的特征点 P（3，5）时 a 的值，$a=-\dfrac{1}{6}$。

所以，当 $a\leqslant-\dfrac{1}{6}$ 时，抛物线上也存在 $\odot D$ 的覆盖特征点。至此，看来有点"怪"的问题也被我们轻松解决了！

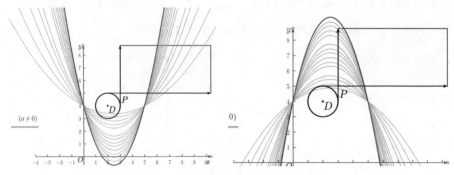

图 18-31　抛物线上存在 $\odot D$ 的覆盖特征点

此题的答案是 $a>0$，或 $a\leqslant-\dfrac{1}{6}$。

回顾以上的解题过程，你知道对于这类问题如何确定两个关键参数 a、b

了吧？

【例 18-7】　如图 18-32 所示，在平面直角坐标系 xOy 中，定义直线 $x=m$ 与双曲线 $y_n=\dfrac{n}{x}$ 的交点 $A_{m,n}$（m 和 n 为正整数）为"双曲格点"，双曲线 $y_n=\dfrac{n}{x}$ 在第一象限内的部分沿着竖直方向平移或者以平行于 x 轴的直线为对称轴进行翻折后得到的函数图像为其"派生曲线"。

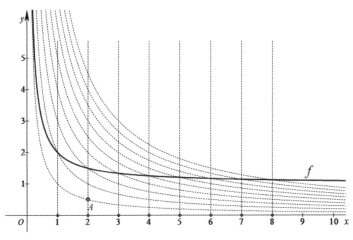

图 18-32　例 18-7 配图

① 双曲格点 $A_{2,1}$ 的坐标为_____；若线段 $A_{4,3}A_{4,n}$ 的长度为 1 个长度单位，则 $n=$_____。

② 图 18-32 中的曲线 f 是双曲线 $y_1=\dfrac{1}{x}$ 的一条派生曲线且经过点 $A_{2,3}$，那么 f 的解析式为 $y=$_____。

③ 画出双曲线 $y_3=\dfrac{3}{x}$ 的派生曲线 g（g 与双曲线 $y_3=\dfrac{3}{x}$ 不重合），使其经过双曲格点 $A_{2,a}$、$A_{3,3}$ 和 $A_{4,b}$。

【分析】　通过网址 https://www.netpad.net.cn/svg.html#posts/372323 或者下面的二维码，可以打开相应的课件。

这里有双曲格点和派生曲线两个新定义，另外符号 $A_{m,n}$ 比较陌生。把 m 和 n 换成几个具体的数字就好理解了，例如双曲格点 $A_{2,1}$ 就是直线 $x=2$ 与双曲线 $y_1=\dfrac{1}{x}$ 的交点 $\left(2,\dfrac{1}{2}\right)$。理解了

$A_{m,n}$ 的意义以后，我们就容易求第一问的第二小问。由 $\dfrac{n}{4} - \dfrac{3}{4} = 1$ 得 $n = 7$。

现在考虑第二问。根据曲线 f 是双曲线 $y_1 = \dfrac{1}{x}$ 的一条派生曲线，它应该是由双曲线 $y_1 = \dfrac{1}{x}$ 向上平移得到的。设曲线 f 的解析式为 $y = \dfrac{1}{x} + m$，既然该线经过点 $A_{2,3}$，那么我们就计算这个点的坐标，即 $x = 2$ 与 $y_3 = \dfrac{3}{x}$ 的交点，得 $A_{2,3} = \left(2, \dfrac{3}{2}\right)$。将其代入 $y = \dfrac{1}{x} + m$ 中，得 $m = 1$。所以，$y = \dfrac{1}{x} + 1$。

最后一问的派生曲线如图 18-33 所示。

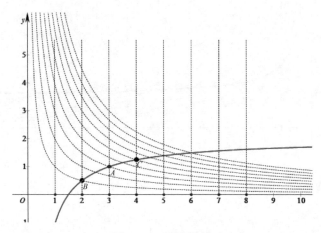

图 18-33　派生曲线

根据派生曲线的定义，$y_3 = \dfrac{3}{x}$ 的派生曲线 g 的解析式为 $y = \dfrac{3}{x} + m$ 或 $y = -\dfrac{3}{x} + m$。由于曲线 g 经过点 $A_{3,3}$，即过点（3，1），所以可将 $A_{3,3}$ 的坐标代入 $y = \dfrac{3}{x} + m$，得 $m = 0$。此时，曲线 g 与 $y_3 = \dfrac{3}{x}$ 重合，不符合题意。将 $A_{3,3}$ 的坐标代入 $y = -\dfrac{3}{x} + m$，得 $m = 2$，于是曲线 g 的解析式为 $y = -\dfrac{3}{x} + 2$。不难计算它经过点 $A_{2,1}$ 和 $A_{4,5}$。

看来解决"新定义"问题也不难，关键在于要从具体的特例入手理解"新定义"的实质。与上一题不同的是，在本题中要着重理解抽象的数学符号 $A_{m,n}$ 的含义（双曲格点）。

【例 18-8】 在平面直角坐标系 xOy 中，定义直线 $y=ax+b$ 为抛物线 $y=ax^2+bx$ 的"特征曲线"，$C(a, b)$ 为其"特征点"。设抛物线 $y=ax^2+bx$ 与其特征直线交于 A、B 两点（点 A 在点 B 的左侧）。

① 当点 A 的坐标为 $(0, 0)$，点 B 的坐标为 $(1, 3)$ 时，特征点 C 的坐标为 _____。

② 若抛物线 $y=ax^2+bx$ 如图 18-34 所示，那么在所给的图中标出点 A、B 的位置。

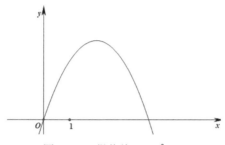

图 18-34 抛物线 $y=ax^2+bx$

③ 设抛物线 $y=ax^2+bx$ 的对称轴与 x 轴交于点 D，其特征直线交 y 轴于点 E，点 F 的坐标为 $(1, 0)$，$DE \parallel CF$。

若特征点 C 为直线 $y=-4x$ 上的一点，求点 D 和 C 的坐标。

若 $\dfrac{1}{2} < \tan\angle ODE < 2$，则 b 的取值范围是 _____。

【分析】 通过网址 https://www.netpad.net.cn/svg.html#posts/372358 或者下面的二维码，可以打开相应的课件。

本题新定义了抛物线的特征直线和特征点，这容易理解。抛物线与特征直线的交点的坐标就是 $y=ax^2+bx$ 和 $y=ax+b$ 组成的方程组的解。第一问给出了两个交点的坐标分别为 $(0, 0)$ 和 $(1, 3)$，将其代入方程组中，反解出 a、b，于是得到点 C 的坐标为 $(3, 0)$。

关于第二问，解 $y=ax^2+bx$ 和 $y=ax+b$ 组成的方程组，得：

$$\begin{cases} x_1 = 1 \\ y_1 = a+b \end{cases}$$

$$\begin{cases} x_2 = -\dfrac{b}{a} \\ y_2 = 0 \end{cases}$$

下面求解第三问。如图 18-35 所示，因为特征点 C 是直线 $y = -4x$ 上的一个点，所以 $b = -4a$，点 D 的横坐标为 $-\dfrac{b}{2a} = 2$，$DF = 1$。又因为点 E 的坐标为（0，b），所以 $CE /\!/ FD$。因为已知条件中有 $DE /\!/ CF$，四边形 $DFCE$ 为平行四边形，所以 $CE = FD = 1$，$a = -1$，特征点 C 的坐标为（-1，4）。

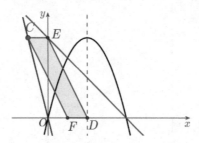

图 18-35　特征点 C 是直线 $y = -4x$ 上的一个点

解答第三问的第二小问时，需要考虑两种情况，即抛物线开口朝上与开口朝下。第一种情况如图 18-36 所示。

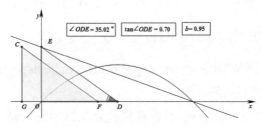

图 18-36　抛物线开口朝下

由于 $DE /\!/ CF$，不难证明 $\dfrac{OE}{OD} = \dfrac{GC}{GF}$。

由此可知，$\dfrac{b}{-\dfrac{b}{2a}} = \dfrac{b}{1-a}$，即 $b = 2a^2 - 2a$。

$\tan \angle ODE = \dfrac{OE}{OD} = \dfrac{b}{-\dfrac{b}{2a}} = -2a$，由 $\dfrac{1}{2} < \tan \angle ODE < 2$ 可得 $\dfrac{1}{2} < -2a < 2$，

$-1 < a < -\dfrac{1}{4}$。考虑 $b = 2a^2 - 2a$，得到 b 的取值范围是 $\dfrac{5}{8} < b < 4$。

第二种情况如图 18-37 所示。

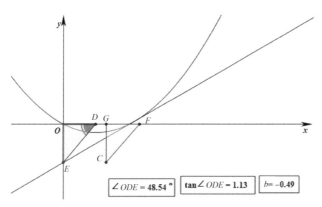

图 18-37　抛物线开口朝上

这时，$\tan\angle ODE = \dfrac{OE}{OD} = \dfrac{-b}{-\dfrac{b}{2a}} = 2a$，从而可得 $\dfrac{1}{2} < 2a < 2$，$\dfrac{1}{4} < a < 1$，因此

$-\dfrac{1}{2} \leqslant b < 0$。

（把 $b = 2a^2 - 2a$ 当作 a 的二次函数，由自变量 a 的变化范围得到 b 的变化范围。）

【例 18-9】　在平面直角坐标系 xOy 中，$\odot O$ 的半径为 1，A、B 为 $\odot O$ 外的两点，$AB = 1$。给出如下定义：平移线段 AB，得到 $\odot O$ 的弦 $A'B'$（点 A'、B' 分别为点 A、B 的对应点），线段 AA' 的长度的最小值称为 AB 到 $\odot O$ 的"平移距离"。

① 如图 18-38 所示，平移线段 AB，得到 $\odot O$ 的长度为 1 的弦 P_1P_2 和 P_3P_4，则这两条弦的位置关系是_____。在点 P_1、P_2、P_3、P_4 中，连接点 A 与点_____的线段的长度等于线段 AB 到 $\odot O$ 的平移距离。

② 当点 A、B 都在直线 $y = \sqrt{3}x + 2\sqrt{3}$ 上时，记线段 AB 到 $\odot O$ 的平移距离为 d_1，求 d_1 的最小值。

③ 当点 A 的坐标为 $\left(2, \dfrac{3}{2}\right)$ 时，记线段 AB 到 $\odot O$ 的平移距离为 d_2，直接写出 d_2 的取值范围。（选自北京市 2020 年中考试题。）

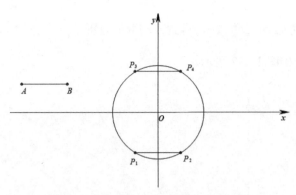

图 18-38　平移线段 AB，得到弦 P_1P_2 和 P_3P_4

【分析】 通过网址 https://www.netpad.net.cn/svg.html#posts/372471 或者下面的二维码，可以打开相应的课件。

① 容易看出这两条弦的位置关系是平行，在点 P_1、P_2、P_3、P_4 中，连接点 A 与 P_3 的线段的长度等于线段 AB 到 $\odot O$ 的平移距离。

② 这里 AB 是直线 $y = \sqrt{3}x + 2\sqrt{3}$ 上的一条动线段，考虑 AB 在不同位置时它到 $\odot O$ 的平移距离，见图 18-39。

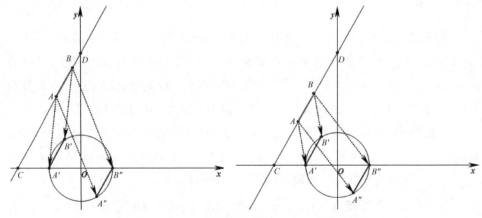

图 18-39　AB 在不同位置时，它到 $\odot O$ 的平移距离

这样一来，我们容易看出当 $AA' \perp CD$（见图 18-40）时，d_1 取最小值 $\dfrac{\sqrt{3}}{2}$。

③ 看看图 18-41，就会明白 d_2 的取值范围，其最小值为 $\dfrac{3}{2}$，最大值为 $\dfrac{7}{2}$。

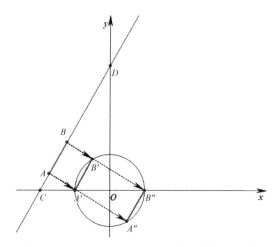

图 18-40　$AA' \perp CD$ 时，AB 到 $\odot O$ 的平移距离

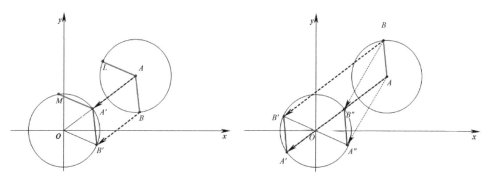

图 18-41　线段 AB 到 $\odot O$ 的平移距离的最小值与最大值

所以，对于这种题来说，看懂了新定义以后并不难，计算不复杂，也无需更多的逻辑证明。

【例 18-10】　在平面直角坐标系 xOy 中，$\odot O$ 的半径为 1，对于点 A 和线段 BC，给出如下定义：若将 BC 绕点 A 旋转时可以得到 $\odot O$ 的弦 $B'C'$（点 B'、C' 分别是点 B、C 的对应点），则称线段 BC 为 $\odot O$ 的以 A 为中心的"关联线段"。

① 如图 18-42 所示，点 A、B_1、C_1、B_2、C_2、B_3、C_3 的横、纵坐标都是整数。在线段 B_1C_1、B_2C_2、B_3C_3 中，$\odot O$ 的以 A 为中心的关联线段是＿＿＿＿。

② $\triangle ABC$ 是边长为 1 的等边三角形，点 A 的坐标为 $(0, t)$，其中 $t \neq 0$。若 BC 是 $\odot O$ 的以 A 为中心的关联线段，求 t 的值。

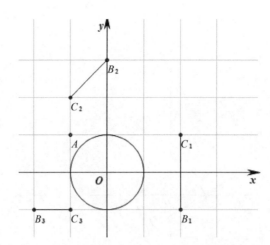

图 18-42 哪条线段是 ⊙O 的以 A 为中心的关联线段

③ 在 △ABC 中，$AB=1$，$AC=2$。若 BC 是 ⊙O 的以点 A 为中心的关联线段，请直接写出 OA 的最小值和最大值，以及相应的 BC 的长度。（选自北京市 2021 年中考试题。）

【分析】 通过网址 https://www.netpad.net.cn/svg.html#posts/372822 或者下面的二维码，可以打开相应的课件。

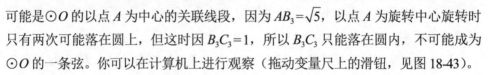

① B_1C_1 不必说了，因为它的长度为 2，它不可能是半径为 1 的 ⊙O 的关联线段（除非是直径，但 $AC_1=3$，$AB_1=\sqrt{13}$，所以这不可能）。在剩下的两个选项中，B_2C_2 是可以的，以点 A 为旋转中心沿顺时针方向旋转 90° 时刚好得到 ⊙O 的一条弦。B_3C_3 不可能是 ⊙O 的以点 A 为中心的关联线段，因为 $AB_3=\sqrt{5}$，以点 A 为旋转中心旋转时只有两次可能落在圆上，但这时因 $B_3C_3=1$，所以 B_3C_3 只能落在圆内，不可能成为 ⊙O 的一条弦。你可以在计算机上进行观察（拖动变量尺上的滑钮，见图 18-43）。

② 点 $A(0，t)$ 是 y 轴上的一个动点，△ABC 是边长为 1 的等边三角形，若 BC 是 ⊙O 的以点 A 为中心的关联线段，则只可能出现图 18-44 所示的两种情况（在计算机上，你可以拖动点 A 或 B，对此进行验证）。因此，OA 就是边长为 1 的菱形的一条对角线，不难求出 $OA=\sqrt{3}$。所以，t 的值是 $\sqrt{3}$ 或 $-\sqrt{3}$。

③ 与第二问相比，这里的不确定性增大了。点 A 的位置没有确定，BC 的长度也没有确定，但是 BC 应该是 ⊙O 的以点 A 为中心的关联线段。所以，BC 是 ⊙O 的一条弦。

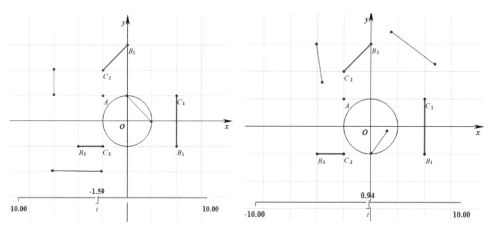

图 18-43　拖动变量尺上的滑钮，绕点 A 旋转各条线段

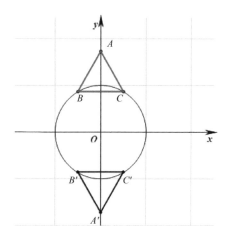

图 18-44　BC 是 ⊙O 的以点 A 为中心的关联线段

不妨先在 ⊙O 上选取 B、C 两点，然后根据 AB=1 和 AC=2 确定点 A，如图 18-45 所示。连接 OA，考虑 B、C 两点移动时的变化，不难得到 OA 的最大值和最小值。（你可以在计算机上体验这一变化。）所以，OA 的最大值和最小值分别是 2 和 1。

当 OA 取最大值时，△AOC 为等腰三角形，AO=AC=2，OC=1，BC 为 OA 边上的中线，如图 18-46 所示。作 CD 垂直于 AO，设 OD=x，于是有 $CD^2=1^2-x^2=2^2-(2-x)^2$，解之得 $x=\dfrac{1}{4}$，$CD=\dfrac{\sqrt{15}}{4}$。在 △BCD 中，$CB^2=CD^2+BD^2=\dfrac{3}{2}$，所以 $BC=\dfrac{\sqrt{6}}{2}$。

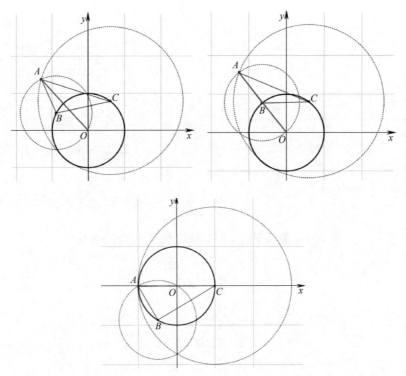

图 18-45　BC 是 ⊙O 的以点 A 为中心的关联线段时，求 OA 的最大值和最小值

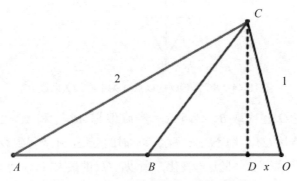

图 18-46　OA 取最大值时，求 BC 的值

当 OA 取最小值时，容易得到 $BC=\sqrt{3}$。

回顾构建第三问的解题策略的过程，发现有时逆向思维能够发挥很大的作用。如果从正面思考，由于点 A 的位置不确定，BC 的长度不确定，所以讨论起来就会出现多种情况。从正面思考时情况复杂，那么就从反面逆向思考。我们抓

住了 BC 最后是⊙O 的一条弦,于是选择⊙O 的两个动点 B、C,然后根据 AB 和 AC 的长度确定动点 A。这时,OA 的变化范围就一目了然了。这其实利用了数学实验。在计算机上,只需用鼠标拖动点就能轻松实现这一实验。

【例 18-11】 在平面直角坐标系 xOy 中,对于 A、A' 两点,若在 y 轴上存在点 T,使得 $\angle ATA' = 90°$,且 $TA = TA'$,则称 A、A' 两点互相关联,其中一个点叫作另一个点的关联点。已知点 M(-2,0)和 N(-1,0),点 Q(m,n)在一次函数 $y = -2x + 1$ 的图像上。

① 如图 18-47 所示,在点 B(2,0)、C(0,-1)、D(-2,-2)中,点 M 的关联点是_____(填"B""C"或"D")。

若在线段 MN 上存在点 P(1,1)的关联点 P',则点 P' 的坐标是_____。

② 若在线段 MN 上存在点 Q 的关联点 Q',求实数 m 的取值范围。

③ 分别以点 E(4,2)、Q 为圆心,1 为半径作⊙E 和⊙Q。若对于⊙E 上的任意一点 G,在⊙Q 上总存在点 G',使得 G、G' 两点互相关联,请直接写出点 Q 的坐标。(选自常州市 2021 年中考试题。)

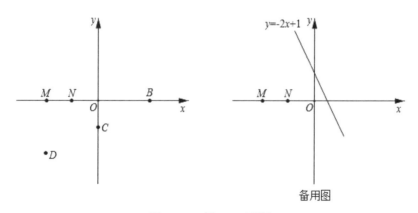

图 18-47 例 18-11 配图

【分析】 通过网址 https://www.netpad.net.cn/resource_web/presentation/#/13793 或者下面的二维码,可以打开相应的课件。

解决第一问的关键是读懂新定义"关联点"。根据关联点的定义容易知道,不在 y 轴上的点 A 关于 y 轴的对称点一定是它的关联点。同时,点 T、A、A' 的关系确定,即这三个点构成等腰直角三角形。如图 18-48 所示,点 T 在 y 轴上,点

A 的关联点应该有两个，把点 A 绕点 T 沿顺时针和逆时针方向旋转 90° 即可得到（$\triangle TAA_1$ 和 $\triangle TAA_2$ 始终为等腰直角三角形）。我们容易想到，若点 T 在 y 轴上的位置不确定，则点 A 的关联点有无数个。这些点的分布有没有规律呢？（在网络画板里拖动点 T 并观察。）我们可以发现点 A 的两个关联点在两条直线上，并且它们与 x 轴所构成的锐角是 45°，即它们与第一、三象限和第二、四象限的角平分线平行或重合，必过点 A 关于 y 轴的对称点 A'。当点 A_1 在 AT 的上侧时，设 A、A_1 的坐标分别为（a，b）和（x，y），过点 A、A_1 分别作 y 轴的垂线，垂足为 B、C（见图 18-49），则有 $\triangle ATB \cong \triangle TA_1C$，易得 $y=x+a+b$。同理，当点 A_2 在 AT 的下侧（见图 18-50）时，$y=-x-a+b$。换一个角度看，把点 A 看作定点，点 T 的运动路径是 y 轴这条直线，点 A_1 是点 T 绕点 A 沿顺时针方向旋转 45°，再以点 A 为位似中心，以 $\sqrt{2}:1$ 放大而来的；点 A_2 是点 T 绕点 A 沿逆时针方向旋转 45°，再以 $\sqrt{2}:1$ 放大后得到的。因此，可以把点 A_1、A_2 的运动路径看作由点 A 绕 y 轴沿逆（顺）时针方向旋转 45°，再以点 A 为位似中心，以 $\sqrt{2}:1$ 放大后得到的。在求点 M（−2，0）和 P（1，1）的关联点时，只需求出关联点所在路径的直线解析式即可。点 M 的关联点所在路径的直线解析式为 $y=x-2$ 或 $y=-x+2$，点 P 的关联点所在路径的直线解析式为 $y=x+2$ 或 $y=-x$，点 M 的关联点是点 B，点 P' 的坐标是（−2，0）。

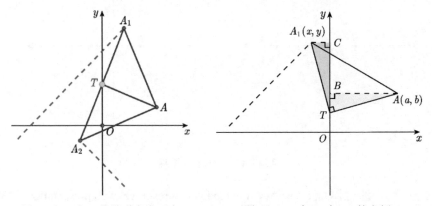

图 18-48　点 A 的关联点有两个　　　　图 18-49　点 A_1 在 AT 的上侧

　　第二问提到线段 MN 上存在点 Q 的关联点 Q'，反过来，点 Q' 的关联点是点 Q。点 Q 是直线 $y=-2x+1$ 上的一个动点，而点 Q' 的运动轨迹是 x 轴上的一条线段。相对来说，研究点 Q' 较为容易。如图 18-51 所示，不妨在线段 MN 上任取一点 Q'，作点 Q' 关于 y 轴的对称点 Q''，再过点 Q'' 分别作平行于第一、三象限和第二、四象限的角平分线的直线 l_1 与 l_2。由第一问讨论的结论可知，点 Q' 的关联点 Q 必定落在直线 l_1 或 l_2 上。

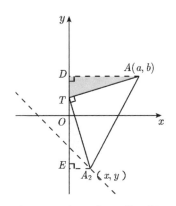

图 18-50 点 A_2 在 AT 的下侧

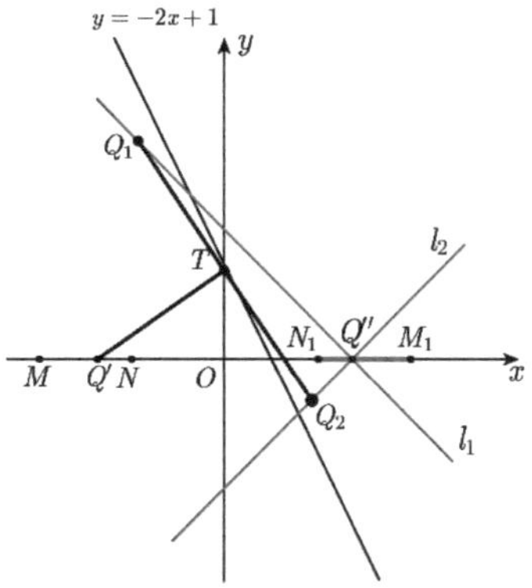

图 18-51 作平行线 l_1 和 l_2

当点 Q' 在线段 MN 上运动时，点 Q'' 也在线段 MN 关于 y 轴的对称线段 M_1N_1 上运动。如图 18-52 所示，过线段 M_1N_1 上的每一点都作与第一、三象限和第二、四象限的角平分线平行的直线，则这些"直线簇"会形成两个矩形区域，点 Q' 的关联点 Q（Q_1、Q_2）都会落在这两个矩形区域内（含边界）；而点 Q 在直线 $y=-2x+1$ 上。因此，点 Q' 的关联点 Q 应是直线 $y=-2x+1$ 与这两个矩形区域（含边界）的公共部分，即线段 EF 和线段 GH。

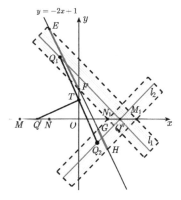

图 18-52 作出两个矩形区域

怎么求 m 的取值范围呢？如图 18-53 所示，设点 $Q(m, -2m+1)$ 的关联点 Q' 位于 QT 的左侧，过点 Q 作 QA 垂直于 y 轴，垂足为点 A，易证 $\triangle QTA \cong \triangle TQ'O$，得 $OQ'=AT=2m-1+m=3m-1$。因此，$-2 \geqslant -3m+1 \geqslant -1$，解得 $\dfrac{2}{3} \leqslant m \leqslant 1$。同理，可求得点 $Q(m, -2m+1)$ 的关联点 Q' 位于 QT 的右侧时 m 的取值范围是 $-1 \leqslant m \leqslant 0$。

当然，也可以利用第一问的结论解题。设点 Q 的坐标为 $(m, -2m+1)$，其关联点所在直线的解析式为 $y=x+(-2m+1)+m$ 或 $y+=-x+(-2m+1)-m$。令 $y=0$，可得 $x=m-1$ 或 $x=-3m+1$，最后求得 m 的取值范围为 $\dfrac{2}{3} \leqslant m \leqslant 1$ 或 $-1 \leqslant m \leqslant 0$。

关于第三问，只需利用解决第一、二问的思路和方法，按图索骥，即可解决。如图 18-54 所示，在⊙E 上任取一点 G，作点 G 关于 y 轴的对称点 G'，过点 G' 作第一、三象限和第二、四象限的角平分线的平行线 l_1 与 l_2，则点 G 的关联点 G' 一定在直线 l_1 或 l_2 上。点 G 在⊙E 上运动时，点 G' 也在⊙E 关于 y 轴对称的 ⊙E' 上运动，如图 18-55 所示。过⊙E' 上的每一点都作第一、三象限和第二、四象限的角平分线的平行线，这些"直线簇"会形成两个矩形区域，则点 G 的关联点都落在这两个矩形区域内（含边界）。要使⊙Q 上总存在点 G 的关联点 G'，⊙Q 就一定在这两个矩形区域内（含边界）。这两个矩形区域的宽和⊙Q 的直径都为 2，因此圆心 Q 一定在这两个矩形区域的对称轴上，即在过点 E' 且与第一、三象限和第二、四象限的角平分线平行的直线上，如图 18-56 所示。下面仿照第二问的解答过程即可，最后求得符合题意的点 Q 的坐标为 $\left(-\dfrac{5}{3},\ \dfrac{13}{3}\right)$ 或 $(3,\ -5)$。

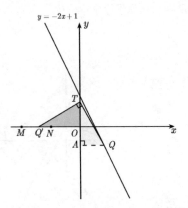

图 18-53　证明△QTA≌△$TQ'O$

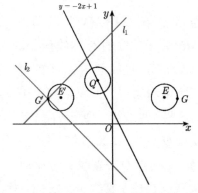

图 18-54　在⊙E 上取一点 G

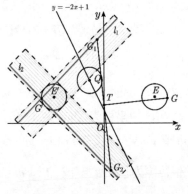

图 18-55　作出两个矩形区域

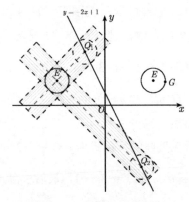

图 18-56　求点 Q 的坐标

【例 18-12】 如图 18-57（a）所示，在平面直角坐标系 xOy 中，半径为 1 的
⊙O 与 x 轴的负半轴交于点 A，点 M 在 ⊙O 上，将点 M 绕点 A 沿顺时针方向旋
转 60° 得到点 Q。点 N 为 x 轴上的一个动点（点 N 不与点 A 重合），将点 M 绕
点 N 沿顺时针方向旋转 60° 得到点 P，PQ 与 x 轴所夹的锐角为 α。

① 如图 18-57（a）所示，若点 M 的横坐标为 $\dfrac{1}{2}$，点 N 与 O 重合，则 $\alpha=$_____。

② 若点 M 的位置如图 18-57（b）所示，请在 x 轴上任取一点 N，画出直线
PQ，并求 α 的度数。

③ 当直线 PQ 与 ⊙O 相切时，点 M 的坐标为_____。

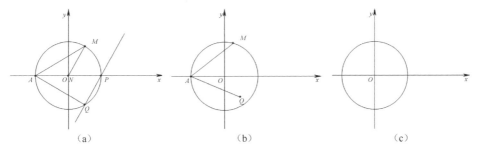

（a）   （b）   （c）

图 18-57　例 18-12 配图

【分析】 通过网址 https://www.netpad.net.cn/svg.html#posts/372835 或者下面
的二维码，可以打开相应的课件。

① 这个题目可以看成一个阅读题，我们认真阅读之后发现
第一问不难解答。由于点 P 正好落在 ⊙O 与 x 轴的正半轴的交
点上，容易求出 $\alpha=60°$。

② 如图 18-58 所示，点 N 是 x 轴上的任意一点，这提示
我们第一问的结论 $\alpha=60°$ 仍然可能成立。抓住已知条件中旋转 60° 的条件以及
图中有两个等边三角形 MAQ 和 MNP，不管点 N 和 M 如何变化，这些都是不
变的。所以，只要能证明 $\angle CBQ=\angle AMC$，就能确定 $\alpha=60°$。为此，需要证明
$\angle MAC=\angle CQB$。容易证明 $\triangle MAN\cong\triangle MQP$，于是问题迎刃而解。

回顾问题解决的过程，我们抓住了两个关键点：一个是在第一问得出结论的
启发下获得的猜想 $\alpha=60°$，另一个是由"旋转"图形的不变性得到等边三角形
与一对全等三角形。

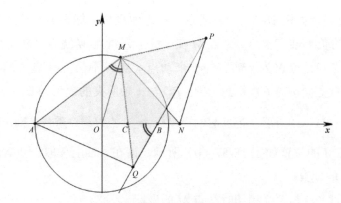

图 18-58　在 x 轴上任取一点 N

③ 我们通过实验发现，不管如何移动点 M，∠MQB 总等于∠MAB，所以 Q、A、M、B 四点共圆，∠MBO＝60°，如图 18-59 所示。当∠MOB＝30°时，∠OMB＝90°，于是可得 MB 与⊙O 相切。

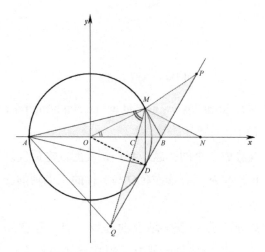

图 18-59　PQ 与⊙O 相切

看起来这时 PQ 也与⊙O 相切。为了证明这个猜想，作 OD⊥PQ。在直角三角形 OMB 和 ODB 中，∠MBO＝∠DBO＝60°，BO 是公共边，所以△OMB ≌ △ODB，OD＝OM。因为 OM 是⊙O 的半径，所以 OD 也是⊙O 的半径。于是，PQ 也与⊙O 相切。这样，点 M 的特殊位置（∠MOB＝30°）就和 PQ 与⊙O 相切联系起来了。我们容易得到这时点 M 的坐标为 $\left(\dfrac{\sqrt{3}}{2},\ \dfrac{1}{2}\right)$。继续移动点 M，我们还会有新的发现（见图 18-60），这时点 M 的坐标为 $\left(-\dfrac{\sqrt{3}}{2}, -\dfrac{1}{2}\right)$。

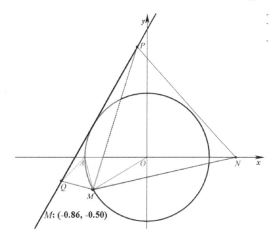

M: (-0.86, -0.50)

图 18-60　继续移动点 M

【例 18-13】　已知函数 $y = \begin{cases} -x^2 + nx + n & (x \geqslant n) \\ -\dfrac{1}{2}x^2 + \dfrac{n}{2}x + \dfrac{n}{2} & (x < n) \end{cases}$（$n$ 为常数）。

① 当 $n = 5$ 时，点 $P(4, b)$ 在此函数的图像上，求 b 的值和此函数的最大值。

② 已知线段 AB 的两个端点的坐标分别为 $A(2, 2)$、$B(4, 2)$，当此函数的图像与线段 AB 只有一个交点时，直接写出 n 的取值范围。

③ 当此函数图像上有 4 个点到 x 轴的距离等于 4 时，求 n 的取值范围。（选自长春市 2019 年中考试题。）

【分析】　通过网址 https://www.netpad.net.cn/resource_web/presentation/#/13794 或者右侧的二维码，可以打开相应的课件。

对于第一问，由已知条件知道，对于自变量 x 的不同取值范围，函数有着不同的解析式，因此这是一个分段函数问题。本题的难点是 n 在变化，不确定，同时没有图像。为了方便解决问题，我们先设函数 $y = \begin{cases} -x^2 + nx + n & (x \geqslant n) \\ -\dfrac{1}{2}x^2 + \dfrac{n}{2}x + \dfrac{n}{2} & (x < n) \end{cases}$ 的图像为 C，抛物线 $y = -x^2 + nx + n$（$x \geqslant n$）记作 f_1，抛物线 $y = -\dfrac{1}{2}x^2 + \dfrac{n}{2}x + \dfrac{n}{2}$（$x < n$）记作 f_2。如图

18-61 所示，先画出函数图像，求出 f_1、f_2 的对称轴、顶点坐标、它们与 y 轴的交点的坐标。两条抛物线的对称轴都是直线 $x=\dfrac{n}{2}$，f_1 的顶点是 $\left(\dfrac{n}{2},\ \dfrac{n^2}{4}+n\right)$，它与 y 轴的交点及其对称点的坐标是 $(0,\ n)$、$(n,\ n)$。注意到 f_1 的各项系数是 f_2 的 2 倍，容易得到 f_2 的顶点的坐标是 $\left(\dfrac{n}{2},\ \dfrac{n^2}{8}+\dfrac{n}{2}\right)$，它与 y 轴的交点及其对称点的坐标是 $\left(0,\ \dfrac{n}{2}\right)$、$\left(n,\ \dfrac{n}{2}\right)$。由于 $n=5$ 是确定的，先画出这种情况

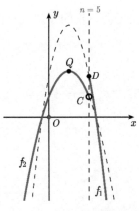

图 18-61　画出函数图像

下的函数图像。点 $P\ (4,\ b)$ 的横坐标 4 小于 5，因此将点 P 的坐标将代入 f_2 的解析式，即可求出 b 的值。分别在 f_1 和 f_2 上求出最大值，再加以比较，得到最大值是 $\dfrac{45}{8}$。在课件中拖动变量尺上的滑钮，能直观地观察图像的变化。

　　关于第二问，由于点 $A\ (2,\ 2)$、$B\ (4,\ 2)$ 在第一象限内，先看看 n 的变化对图像 C 的位置的影响。图 18-62 展示了几种情况下图像的位置。此函数的图像与线段 AB 只有一个交点时，$n>0$。

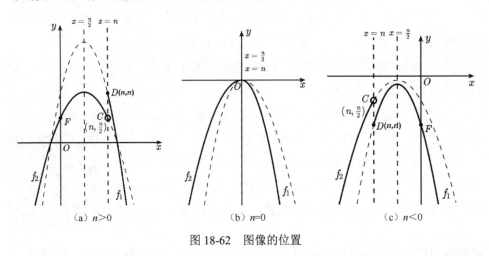

图 18-62　图像的位置

　　设 f_1、f_2 与直线 $x=n$ 的交点分别为点 D、C，易得 C、D 两点的坐标为 $\left(n,\dfrac{n}{2}\right)$、$(n,\ n)$，如图 18-63 所示。先找到临界位置，当点 D 与点 A 重合时，f_1、f_2 与直

线 $x=n$ 只有一个交点。将点 A 的坐标（2，2）代入 f_1 的解析式，得 $n=2$。同理，当

点 A 在 f_2 上时，f_1、f_2 与直线 $x=n$ 有两个交点，此时 $n=\dfrac{8}{3}$；当点 B 在 f_1 上时，f_1、f_2

与直线 $x=n$ 有两个交点，此时 $n=\dfrac{18}{5}$；当点 B 与点 C 重合时，此时 f_1、f_2 与直线 $x=n$

没有交点。所以，当 $\dfrac{18}{5}<n<4$，$2\leqslant n<\dfrac{8}{3}$ 时，函数图像与线段 AB 只有一个交点。

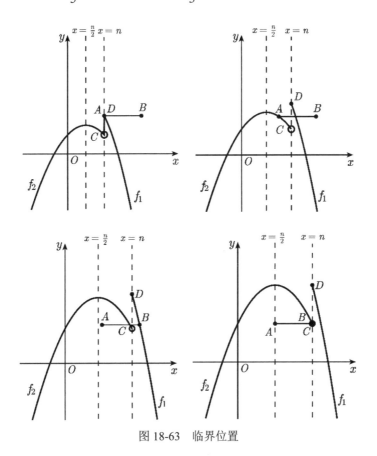

图 18-63　临界位置

　　在上面的解答过程中，需要不断改变 n 的值，画出图像 C，过程比较烦琐。

不妨化动为静，把 n 看作常数，移动线段 AB，观察它与图像 C 在第一象限内的

交点的变化。由 A（2，2）、B（4，2）、$C\left(n，\dfrac{n}{2}\right)$、$D$（$n$，$n$）容易看出：点 O、A、

D 是直线 $y=x$ 在第一象限内的部分，点 O、B、C 是直线 $y=\dfrac{1}{2}x$ 在第一象限内的

部分。如图 18-64 所示，设 f_1、f_2 与直线 $y=x$ 和 $y=\frac{1}{2}x$ 的交点分别为点 F、E。如图 18-65 所示，当点 A 与 D 重合时，这些图像恰好有一个交点，此时 $n=2$；当点 A 与 E 重合时，点 E 的坐标是（2，2），将其代入 f_1 的解析式，求得 $n=\frac{8}{3}$。同理，当点 B 与 F 重合时，$n=\frac{18}{5}$；当点 B 与 C 重合时，$n=4$。找出这些临界点，观察图形，容易得到 $\frac{18}{5}<n<4$，$2\leqslant n<\frac{8}{3}$ 时，图像与线段 AB 只有一个交点。拖动变量尺上的滑钮，可以直观地看到交点的变化。

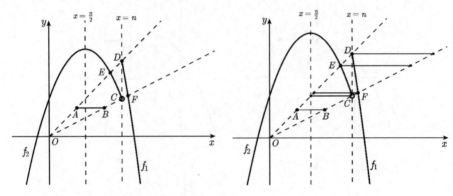

图 18-64　E、F 为函数图像的交点　　　　图 18-65　求 n 的值

求解第三问时，读懂"当此函数图像上有 4 个点到 x 轴的距离等于 4"至关重要，实际上就是此函数的图像 C 与直线 $y=\pm 4$ 有 4 个交点。直线与抛物线有无交点的三种情况分别是：无交点、两个交点、一个交点。当 $f_1=0$，$f_2=0$ 时，它们的解相同，$\Delta=n^2+4n$。下面分 $n>0$，$n=0$，$n<0$ 三种情况讨论函数图像 C 与直线 $y=\pm 4$ 有 4 个交点时 n 满足的条件。

当 $n>0$ 时，图像 C 在 x 轴的下方一定有两个点到 x 轴的距离为 4，那么图像 C 在 x 轴的上方有两个点到 x 轴的距离为 4。如图 18-66 所示，先比较 f_1、f_2 的最高点。设 f_2 的顶点为 Q，则 Q 的坐标为 $\left(\frac{n}{2}, \frac{n^2}{8}+\frac{n}{2}\right)$。易知 $n>4$ 时，点 Q 在点 $D(n, n)$ 的上方，此时有三个点到 x 轴的距离为 4，不符合题意。如图 18-67 所示，当点 D（n，n）在点 $C\left(n, \frac{n}{2}\right)$ 的上方，点 $C\left(n, \frac{n}{2}\right)$ 在直线 $y=4$ 上或直线 $y=4$ 的上方

时，图像 C 在 x 轴的上方有两个点到 x 轴的距离为 4，因此 $\dfrac{n}{2} \geqslant 4$，即 $n \geqslant 8$。如

图 18-68 所示，当点 $Q\left(\dfrac{n}{2}, \dfrac{n^2}{8} + \dfrac{n}{2}\right)$ 恰好在直线 $y=4$ 上时，$n=4$，而点 D（4，4）

也在直线 $y=4$ 上，图像 C 在 x 轴的上方有两个点到 x 轴的距离为 4。如图 18-69
所示，当 $n<4$ 时，图像 C 在直线 $y=4$ 的下方，不存在图像 C 在 x 轴的上方有
两个点到 x 轴的距离为 4 的情况。

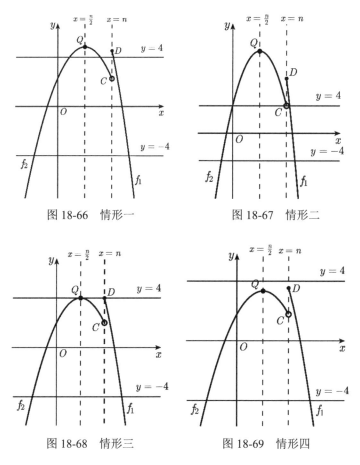

图 18-66　情形一　　　　　　　图 18-67　情形二

图 18-68　情形三　　　　　　　图 18-69　情形四

当 $n=0$ 时，如图 18-70 所示，f_1 和 f_2 与直线 $y=-4$ 各有一个交点，与直线
$y=4$ 没有交点。

当 $n<0$ 时，如图 18-71 所示，f_1 的顶点 $P\left(\dfrac{n}{2}, \dfrac{n^2}{4} + n\right)$ 在 x 轴的上方。当

$\dfrac{n^2}{4}+n=4$ 时，解得 $n=-2\pm2\sqrt{5}$，正值舍去，则点 C 的纵坐标为 $-1-\sqrt{5}$。点 C 在直线 $y=-4$ 的上方，所以 f_2 与直线 $y=-4$ 有一个交点，f_1 与直线 $y=-4$ 有两个交点。因此，当 $n=-2-2\sqrt{5}$ 时，图像 C 上有 4 个点到 x 轴的距离为 4。如图 18-72 所示，当 $n<-2-2\sqrt{5}$，即 f_1 的顶点 $P\left(\dfrac{n}{2},\dfrac{n^2}{4}+n\right)$ 在直线 $y=4$ 的上方，点 C 在直线 $y=-4$ 的下方时，f_1 与直线 $y=-4$ 和 $y=4$ 都有两个交点，即 $\dfrac{n}{2}\leqslant-4$，或

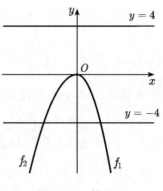

图 18-70　情形五

$n\leqslant-8$。所以，当 $n\geqslant8$，$n=4$，$n=-2-2\sqrt{5}$，$n\leqslant-8$ 时，图像 C 上有 4 个点到 x 轴的距离为 4 的情形。拖动变量尺上的滑钮，能直观地看到存在 4 个点到 x 轴的距离为 4 的情形。

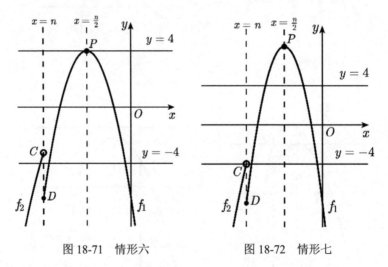

图 18-71　情形六　　　　　图 18-72　情形七

　　上面介绍了合情推理的思维过程，其中实验、猜想、联想、想象给了我们很大的帮助。借助计算机实验，我们的学习效率会得到极大的提高。

　　当然，数学解题归根结底需要依靠人脑，依靠人的思维，而不能依赖计算机，但是计算机确实有助于我们发现问题和深入思考，特别是对于动态数学、"新定义"之类的新题型。所以，还是让计算机作为我们学习数学的助手吧！

附录 ◉ 操作说明索引

数学从来就有实验。思考数学问题时，免不了算算画画，这在本质上就是在做数学实验。广为流传的七巧板、九连环、华容道等数学玩具，以及剪纸折纸游戏、立体模型制作与观察，都可以归入数学实验之列。两手空空地想问题，设想某种情景做推理，也可以叫作"思想实验"。爱因斯坦做研究就得益于几个深刻的思想实验。

但数学实验获得教育领域的广泛认可，甚至成为大学课程的内容，则是近二三十年的新鲜事，其驱动力来自现代信息技术的发展。计算机的普及和数学软件的问世，使数学实验脱胎换骨，被人们刮目相看。

中华人民共和国教育部于 1996 年启动了"面向 21 世纪非数学专业数学教学体系和内容的改革"研究项目，并在 2000 年正式发布《高等数学改革研究报告》，提出把"数学实验"作为非数学专业的四门数学课程之一。而在 1999 年，中国科学技术大学的李尚志教授等已经推出了《数学实验》教材。此后，好几个高校编著的《数学实验》教材相继出版。这些教材里用的都是国外开发的数学软件。

大学要做数学实验，那么中小学呢？2011 年，教育部颁布的《普通高中数学课程标准》提到了数学实验，《义务教育数学课程标准》更是把"数学实验室"列为课程资源之一。

对于多数中小学的老师和孩子们，数学实验是个陌生的新事物。什么是数学实验？中小学生怎样做数学实验？用什么工具设备做数学实验？数学实验在学习数学的过程中有什么积极作用？一系列问题期待做出切实具体的回答。

现实的强烈需求促成了《少年数学实验》一书的立题创作计划。

数学实验要有好的软件支持。自 1996 年以来，我和几位合作者一直在努力研发适合我国基础数学教育的动态数学软件。经过十几年的磨炼，我们推出了广受老师们青睐的超级画板。它比从美国引进的几何画板多了智能画笔、符号计算、编程环境、自动几何证明等功能，能够为学数学和教数学提供更适宜的平台环境，自然成为《少年数学实验》配套软件的不二之选。

　　写这样一本书的作者应当具有丰富的基础数学教学经验，了解老师和学生，热爱数学教育。我在中学里只教过几年书，但我知道王鹏远老师有40多年的数学教学经验，而且十分热心于现代信息技术在数学教育中的应用。在我国推广几何画板和超级画板的项目活动中，他都是骨干。果然，一提起此事，他就高兴地答应了。全书初稿主要他来执笔，我则参与讨论定稿，并在技术和资源方面多做支持。

　　使用超级画板，本来就可以快速准确地做数值计算和符号计算，方便快捷地做出动态变化的图形，对图形中的几何对象进行动态测量，对测量的数据进行计算。在此基础上，我们还应用了国家数字学习中心基于超级画板开发的更为方便快捷的"方便面"。在"方便面"环境下，很多操作更为简捷。"方便面"的命令用汉语拼音首字母构成，容易理解和记忆。例如，在做三个变量 x、y、z 的变量尺时，只要在编程栏里输入"blc3（x, y, z）"，然后按 Ctrl+Enter 组合键即可。这里的"blc"是"变量尺"三个字汉语拼音的首字母。为了这本书的读者，我们特别增添了一些命令。例如，用于画齿轮的命令"clx"由"齿轮线"三个字汉语拼音的首字母组成，我们在使用该命令时可以直接设置齿数、半径、齿高等参数。这些工作使作图操作大为简化，便于读者把主要精力用在理解和探索实验涉及的数学事实、数学方法和数学思想上。除了提供适用的技术之外，我们还设计制作了180多个可在计算机屏幕上演示的动态页面，供读者配合文字阅读、赏玩和操作。

　　虽然书中数学实验的素材多与校内的课程内容有关联，但这里着力启迪小读者的思维，引导他们发现屏幕上千变万化的图案和书本上简洁抽象的数学符号的内在关联，体会数学之美、数学之巧、数学之力、数学之丰富多彩。

　　这里值得一提的是，书中有些看似浅显的例子却有着深刻的学术背景，甚至有研究发展的空间。例如，对于第10章介绍的"两个点如何相加"问题，深入讨论下去会引出一套有趣的处理几何问题的新方法。这方面的进一步讨论已发展为科学基金课题和博士论文选题。又如，第11章"从面积到正弦"在不经意间回答了国际数学教育大师弗赖登塔尔在其名著《作为教育任务的数学》中提出的"能否提前两年学习三角"的问题，也就是寻求三角知识在小学数学知识基础上的生长点问题。关于这个问题，国外的数学教育研究者直到现在还没有提出可操作的方案。我们不仅提出了如这里所述的方案，而且已经进行了全程的教学实践，取得了很好的效果。

将有些常见于书刊的例子收入本书时，我们结合信息技术做了推陈出新的再创造。例如，有关眼睛错觉的几个实验充分展示了动态图像的特色，提供了错觉的量化方法，实验的味道更浓了。

回顾写作过程，感到比起只有文字阅读功用的科普书，写这样的书要付出更多的时间和精力，但这是值得的。读者的认可使我们感到极大的欣慰。

从《少年数学实验》第 1 版出版到现在，这几年间信息技术又有了长足的发展。继承和发展了超级画板功能的网络画板问世了。它具有跨平台、多终端、上网能用、无需下载安装等特色，这样我们在智能手机和平板电脑上也能做数学实验了。基于此，我们推出了《少年数学实验》（第 2 版），对第 1 版进行了全面修订，增加了部分新的内容，并重新制作了配套课件。

我们热切地盼望并相信更多更好的有关数学实验的科普读物将会面世。

张景中